全过程工程咨询实务与PPP规范化应用

◎ 黄小利　何应时　著

中南大学出版社

www.csupress.com.cn

长沙

图书在版编目(CIP)数据

全过程工程咨询实务与 PPP 规范化应用／黄小利，何应时著. —长沙：中南大学出版社，2020.10

ISBN 978-7-5487-4174-9

Ⅰ.①全… Ⅱ.①黄… ②何… Ⅲ.①建筑工程—咨询服务 Ⅳ.①F407.9

中国版本图书馆 CIP 数据核字(2020)第 175944 号

全过程工程咨询实务与 PPP 规范化应用
QUANGUOCHENG GONGCHENG ZIXUN SHIWU YU PPP GUIFANHUA YINGYONG

黄小利　何应时　著

□责任编辑	陈应征　郑　伟	
□责任印制	易红卫	
□出版发行	中南大学出版社	
	社址：长沙市麓山南路	邮编：410083
	发行科电话：0731-88876770	传真：0731-88710482
□印　　装	长沙市宏发印刷有限公司	

□开　　本	787 mm×1092 mm 1/16	□印张 23	□字数 435 千字		
□版　　次	2020 年 10 月第 1 版	□2020 年 10 月第 1 次印刷			
□书　　号	ISBN 978-7-5487-4174-9				
□定　　价	78.00 元				

前　言

　　在古汉语里，"咨询"二字是分开使用的，咨是共议、商量之意，询是请教、询问之意，但二者义近，互有兼容。如《左传》载"必咨于周"，"当咨于忠信，以补己之不及"；如《尚书·尧典》载"询于四岳"等。在现代汉语中，将其合二为一，成为一个复合词组"咨询"。词义也兼具融和了二者，包含着咨询者与被咨询者之间强烈的互动能量。所以，咨询的要义：一是于咨询者而言，必是"有疑而询"，并希望得到一个好答复，诚如诸葛亮所言"咨诹善道、察纳雅言"。二是于被咨询者而言，用现在的话说，就是当人家有事请教你的时候，你要用负责任的态度，进行认真研究、分析，结合自己的知识和经验，给人家一个可以实际操作的建设性的好主意。如今，咨询已成为被咨询者的主动服务行为，并逐渐形成了门类广泛的中介咨询服务体系。以工程建设项目为对象的工程咨询服务作为一项具有重要参谋作用的社会服务活动，已在国家经济建设领域的投资决策中被广泛应用。

　　工程咨询服务在我国不是自今日始。早在 2270 余年前，蜀郡守李冰及其子率众于秦昭王末年（公元前 256—公元前 251 年）修建水利枢纽工程都江堰，1410 余年前，李春于隋朝年间（595—605 年）修建桥梁工程赵州桥，这些古代的能工巧匠们绝对是进行了项目建设的必要性与可行性研究，进行了项目选址与建设方案的论证与比选，进行了投资测算、风险分析以及社会效益与经济效益评估的。这些伟大的人与自然和谐共荣、造福千秋万代的国家重点工程是工匠们为当时的政府提供了深思熟虑、精心设计、精细施工组织的优秀工程咨询服务方案后的产物。历代智慧的中国工匠们创造了无数经典的工程建设管理体制与制度，但往往只是就事论事，并没有上升到系统化、理论化的"工程咨询"层面。19 世纪末，丹麦提出"工程咨询"概念并将其上升到系统化、理论化层面。20 世纪 30 年代工程咨询被美国用于工程项目的决策，二战后工程咨询正式成为一个独立的服务行业。系统化、理论化的工程咨询于我国起步较晚，以国家计委 1983 年 2 月 2 日颁发《关于建设项目进行可行性研究的试行管理办法》为起点，正式开启了我国工程咨询研究，也相继有了专门的工程咨询服务中介机构。专业的工程咨询服务在我国仅有不到 40 年的历史。

我国的工程咨询，主要为工程项目建设前期阶段的投资决策提供咨询服务，称为"工程（投资）咨询"；工程咨询服务的对象也主要是政府出资的项目建设单位和该项目的审批决策机关。工程咨询服务围绕项目建设的可行性研究而展开。建设项目的可行性研究是一个依据国家有关法律、法规、政策和相关行业规范及标准，对拟建项目地的区域社会经济、项目选址与建设条件、建设内容与规模、建设方案、建设投资与资金来源、投资效益、能源节约与环境保护、实施进度与项目管理、社会评价及风险因素等重大建设要素进行全面调查分析论证的过程。通过对这一系列重大建设要素的研究，以判断项目的建设必要性、建设方案的可行性、建设内容与建设投资的合理性。对经可行性研究认为建设可行的项目，将其研究过程进行准确描述、对研究资料和相关初步方案进行筛查比选分析、对各分项研究成果进行归纳总结，形成一份完整的报告书，这便是建设项目的可行性研究报告。作为政府投资项目，为了进一步落实决策科学化、民主化程序，可行性研究报告须再经专家评估评审。专家评审后的可行性研究报告将成为政府主管机关批复项目建设的决策依据。但项目后续的一系列投融资、建造施工、运营维护等工作将由政府或政府所属的项目建设单位自己组织完成。这就是政府投资项目的传统建设模式。

我国经济发展突飞猛进，经济改革不断创新。2013 年，党的十八届三中全会做出了"允许社会资本通过特许经营等方式参与城市基础设施投资和运营"的重大决策，创新了我国城市基础设施建设新模式——政府与社会资本合作（PPP）模式。PPP 模式的大力推广应用，为我国城市基础设施和公共服务领域建设项目的投融资与建设运营方式开辟了新的途径，拓宽了我国新型城镇化建设的融资渠道，解决了政府对大批亟待建设的城乡基础设施和公共服务领域的项目建设资金短缺、管理任务繁重的重大难题，转移了政府投资、建设与运营项目的风险，促进了政府职能的转变，提升了国家治理能力。推广运用政府与社会资本合作（PPP）模式已被确定为国家的重大经济改革任务。

由此，我国工程咨询服务也增加了一个新的分支——PPP 咨询服务。PPP 咨询服务扩大了传统工程咨询服务的内涵，把工程咨询服务从主要为政府投资人进行项目建设的可行性研究、提供建设项目可行性研究报告扩展到了为政府和社会资本双方投资人提供 PPP 项目识别、项目准备、项目采购、项目执行和项目移交五个阶段的全过程的咨询服务；把工程咨询服务对象从主要为项目建设的单一投资主体——政府服务转变为项目建设的共同投资主体——政府和社会资本双方服务；把工程咨询服务过程从主要是项目建设前期决策阶段延伸到了项目的投融资、建造施工与运营维护直至项目合作期终结移交的全过程。

　　政府和社会资本合作建设某一基础工程的事例在我国也早已有之，例如很多官办民助、民办官助或官督商办、官督民办的水利工程、道路工程、桥梁工程、公共市政工程等就属于"政府和社会资本合作"的建设项目。小的不说，有规模的如清光绪二年（1876）直隶总督李鸿章委派轮船招商局总办唐廷枢创建"官督商办"的开平矿务局；清光绪三十四年（1908）慈禧下旨，成立性质为"官督民办"的京师自来水股份有限公司等。这些就是官府负责进度、安全、质量的监督，商家民众出钱建设的项目。同样，这种"合作建设"也只是处于一种原始的，没有上升到系统化、理论化或"政府与社会资本合作"概念的层面。1982 年英国提出"PPP 模式"概念并将其上升到系统化、理论化层面。我国也曾于 1995 年广西来宾 B 电厂的建设项目进行过试点。该项目因法国电力公司和阿尔斯通公司联合体获得 18 年的特许经营权，而成为中国第一个国家批准的 BOT 项目。

　　PPP 在我国的火爆始于 2014 年，故 2014 年也被称为"中国 PPP 元年"。此时，地方建设什么都言必 PPP，在 PPP 模式运用的最初 4 年时间里，总投资就达 18.28 亿元。目前我国已成为世界上规模最大的 PPP 市场，实现了起步即腾飞的快速转折。

　　PPP 的大力推进，对于地方经济稳增长、促改革、惠民生等无疑发挥了十分重要的积极作用。也正是基于 PPP 的正面意义，很多地方执行者便迫不及待起来，为大力吸引社会资本投资，发展 PPP 项目，不惜超出自身财力违规举债、承诺、担保或固化政府支出责任，以致 PPP 模式应用范围被泛化滥化，隐形债务显著膨胀，经济发展后劲受到严重影响。于是，2017 年底以加大力度贯彻国务院（国发〔2014〕43号）文件、财政部出台（财办金〔2017〕92 号）文件为标志，国家开始了对 PPP 项目的重拳整顿。经过 2018 年一年的清理，大批违规违法违反程序仓促上马的拟建PPP 项目纷纷被拒之全国 PPP 综合信息平台项目库（以下简称"库"）外，或被清退出库，或被停止实施。整顿力度之大犹如一场突如其来的飓风，横扫神州大地，PPP模式应用一下子从云端跌落平地。

　　正当地方政府和业界纷纷存疑 PPP 在我国将何去何从之际，2019 年 3 月 7 日财政部发布《关于推进政府和社会资本合作规范发展的实施意见》（财金〔2019〕10号），继四年前财金〔2014〕76 号文件再次重申："在公共服务领域推广运用政府和社会资本合作（PPP）模式，引入社会力量参与公共服务供给，提升供给质量和效率，是党中央、国务院作出的一项重大决策部署。"但同时，该文也严肃指出：PPP 模式的应用必须"规范发展"，并提出了一系列严格要求。PPP 应用由轰轰烈烈终于回归理性。各级地方政府和以 PPP 咨询为主业的咨询机构无需迷茫，不应因噎废食，而应继续做好相关功课，进一步深入研究 PPP 的理论与实操方法，掌握好国家政策，以迎接新的 PPP 机遇的到来。

在习近平总书记治国理政新理念新思想新战略指引下，我国改革开放后蓬勃兴起的工程咨询服务在不断发展。2017 年 2 月 21 日国务院办公厅发布《关于促进建筑业持续健康发展的意见》（国办发〔2017〕19 号），提出要培育全过程工程咨询的理念。

所谓全过程工程咨询，是指项目建设投资咨询、环境影响评价、地质勘察以及建构筑物实体工程的设计、造价、监理、招标代理等全过程、全方位的咨询。发展全过程工程咨询的基本路径是将原为分散的独立的各专业咨询企业采取联合经营、并购重组等方式组成独立的或联合体式的全过程工程咨询企业，以利统一组织、统筹安排、协调配合，整合专业资源，打破传统的某单项工程咨询服务受时间、空间以及相关程序的约束，提升工程咨询服务质量，提高投资决策效率，节约工程建设投资，提高建设工程质量，缩短建设工期，加快建设项目投资落地，对深化工程咨询与工程建设领域的供给侧结构改革、加快产业转型升级、促进经济可持续发展、培育具有国际水平的全过程工程咨询企业具有十分重要的意义。

全过程工程咨询，对咨询服务企业而言，其服务战线更长、布点更多、涉及面更广、组织管理更细更严密了；对咨询服务从业人员而言，其执业操守与执业能力要求也更严更高了。因此，企业即员工，咨询从业人员一定要加强职业道德修养，坚守诚实守信原则，对职业心怀敬畏，带着一份使命感、责任感和成就感为完成每一份优质咨询服务成果而努力。要刻苦学习、增强悟性，举一反三，触类旁通、融会贯通。要在实践中敏于观察、勤于积累、善于总结，提升解决实际问题的能力。要努力把自己培育成理论与实践相结合、书本知识与实践经验兼具的复合型人才。

本书结集了撰写于 2013 至 2019 年间的关于研究、解决工程咨询服务实际问题以及怎样提供规范化咨询服务成果的文章 25 篇。这些文章不空谈理论和问题，而是谈理论如何与实践相结合，通过"知其然"进而"知其所以然"；谈问题怎样解决以及为什么这么解决，授之以渔，以利单兵作战；既有对长期工程咨询实践经验的总结、提炼、提升以发挥理论指导作用，又在工程咨询、PPP 咨询的理论和实操上做了创新性探索，提出了解决相关问题的思路与对策。根据内容，本书分上、下篇。

上篇"全过程工程咨询实务"收录文章 13 篇。本篇"全过程工程咨询实务"并未系统阐述全过程工程咨询各专业的所有内容，而只是就"全过程工程咨询"中的部分内容在实践中的应用阐述一些基本理论、原则与要求。这些文章着重阐述了以下几个议题：一是提出了撰写可行性研究报告的"十问三要素"原则，并用具体实例对比评析的方式阐述编制建设项目可行性研究报告时必须搞清、搞懂的一些基本概念与要求。二是阐述了建设项目怎样进行"建设必要性"分析、怎样进行可行性研究报告的评估和怎样撰写评估报告。三是对建设项目后评价进行了深入研究，提出了具体的评价指标体系与量化评价体系。四是阐析了工业产业园规划、"飞地经济"、重金属污染治理以及我国中西部以小城镇为基础的新型城镇化建设等专业问题，为这些问题的进一步深入研究或项目实施提供了思路。五是咨询服务的其他实务研究，例如，绿色建筑设计评价等。

下篇"PPP 规范化应用"收录文章 12 篇，着重阐述以下几个议题：一是阐析了 PPP 项目前期准备的规范化问题，解说了 PPP 项目《物有所值评价报告》《财政承受能力论证报告》和《实施方案》的编制内容与要求，为编制这三篇姊妹篇文件提供了较为规范化的动态模式。二是关于 PPP 项目如何采购、如何制定调价机制、如何进行绩效评价、如何进行中期评估等，回答了 PPP 模式应用中的主要关切。三是阐述了农业供给侧领域、国有存量资产、公立医院等采用 PPP 模式建设的新思路。四是关于对 PPP 项目物有所值的认识，阐析了物有所值定性评价指标设置的理论依据。

本书内容的独到之处在于，它切合了当前国家建设突飞猛进、政府对咨询服务成果要求更高更趋规范化的新形势。它以研究、解决工程咨询服务实际问题以及怎样提供规范化咨询服务成果为宗旨，对工程咨询服务企业及其从业人员而言，能使其明白具体建设项目的咨询工作该怎么做、在自己的手上怎样生产出一份为政府主管部门、为业主所明白的可操作的咨询服务成果；对政府主管部门和业主而言，能使其清楚地了解咨询服务机构提供的咨询服务成果是否说明白了和是否于己可用。这一特点正是本书的价值所在。

本书中的文章均已作为湖南中财项目管理有限公司的培训教材，极大地提升了公司执业团队的专业素质与执业能力，提高了咨询服务质量，为政府投资项目建设发挥了重要的参谋作用，受到了广泛赞誉。

社会永远向前，国家经济建设永无止步，为工程建设服务的全过程工程咨询服务行业也会永不停歇，支撑工程咨询服务内容与服务质量的这些基础知识必不可少，也不会过期，而只会不断充实与丰富。在习近平新时代中国特色社会主义思想指引下，要用理论创新、制度创新、实践创新去解决全过程工程咨询服务包括 PPP 咨询服务中不断涌现的新问题，为培育具有国际水平的全过程工程咨询服务企业、造就全过程工程咨询服务专业人才做出积极贡献。

此外，由于书中内容均为独立成篇，是对全过程工程咨询中所遇到的部分问题的部分阐述，所以并不系统，也不甚成熟，很多方面还需进一步深入探索研究。文中所谓理论上的见解、待事上的观点以及相关实施方法，均为笔者于实践中的心思所得，谨以此抛砖引玉，希望有更多生花妙笔与锦绣雄文来为国家的经济建设出谋献策，共铸华夏辉煌。

2019 月 12 月 31 日于长沙

目 录

上篇：全过程工程咨询实务

《卧龙湖北部园林景观工程可行性研究报告》评析 ………………………… (003)

政府投资项目咨询评估纵横谈 …………………………………………………… (051)

可行性研究报告中项目"建设必要性"评议依据概述 ………………………… (062)

项目后评价指标体系与量化评价体系研究 …………………………………… (070)

重金属污染综合治理工程可行性研究之重点剖析 …………………………… (088)

浅议工业产业园建设的规划原则 ……………………………………………… (098)

农业县引入"集团企业入园"的"飞地经济"新模式探索 …………………… (106)

科技创新成果转化引入代建制的机会研究 …………………………………… (115)

我国中西部以小城镇为基础的城镇化建设路径探索 ………………………… (126)

我国工程建筑领域应尽快实施绿色建筑设计评价 …………………………… (137)

我国工程项目建设前期工作中一个亟待修正的程序 ………………………… (144)

建设项目可行性研究报告评审介绍：看图说话 ……………………………… (153)

结合项目特点设计评标标准 …………………………………………………… (159)

下篇：PPP规范化应用

PPP规范发展的前期准备 ……………………………………………………… (165)

PPP项目《实施方案》编制动态模式与解说 ………………………………… (177)

PPP项目《物有所值评价报告》编制动态模式与解说 ……………………… (237)

PPP项目《财政承受能力论证报告》编制动态模式与解说 ………………… (266)

做好 PPP 项目采购你应该知道这些 ……………………………………………（277）

PPP 项目如何制订调价机制——以污水处理厂污水处理价格的调整为例………（285）

PPP 项目的绩效评价 ………………………………………………………………（295）

PPP 项目如何进行中期评估 ………………………………………………………（309）

农业供给侧领域的 PPP 模式探索 ………………………………………………（320）

创新 ROT 转让运作方式，加快存量项目重焕新生 ……………………………（331）

"后勤保障合作" PPP 模式建设公立医院新思路 ………………………………（342）

如何看待 PPP 的"值"与"不值"—— 对 PPP 项目"物有所值定性评价"的认识

………………………………………………………………………………………（349）

全过程
工程咨询实务

《卧龙湖北部园林景观工程可行性研究报告》评析

引　言

改革开放以来，我国经济建设突飞猛进，以对工程建设项目进行可行性研究和编制可行性研究报告为主要咨询内容的工程咨询服务行业异军突起、迅速发展，咨询企业亦如雨后春笋般大量涌现。为规范可行性研究工作的内容和方法，指导可行性研究报告（下称"可研报告"）的编制。2002 年 1 月，国家发展计划委委托中国国际工程咨询公司组织编写的《投资项目可行性研究指南（试用版）》（下称《指南》）出版发行，《指南》为我国工程咨询服务发挥了奠基石般的重大作用。

为了适应急速发展的咨询服务需要，大批年轻人从学校或其他行业匆匆走上工程咨询服务岗位。他们勤奋肯干，上岗即成为工程咨询服务的中坚力量。但因工程建设项目千差万别，咨询服务内容深而广，很多年轻同行并不具备这方面的广泛专业知识。加之，具体到某一个建设项目，往往时间紧迫，咨询服务成果要求快速提交，使得项目建设可行性研究过程被简化，编制可行性研究报告时，也无暇顾及《指南》的要求，而是不得不参考甚至复制同行的现成资料，从而导致可研报告在低水平上重复，同质化现象十分严重。

从《卧龙湖北部园林景观工程可行性研究报告》中节选出来的 40 处问题，也是其他建设项目可行性研究报告中常见的问题。它们较为典型地反映出部分工程咨询人员对建设项目可研报告的内涵不甚了解，以致编制的可研报告"迷雾重重"，不知所云，不能满足国家发改委关于可研报告的内容与深度要求，不能为后续的专家评审提供真实信息，不能为政府审批提供决策依据。其中，有的是因为编制人员知识储备不够、经验较少力不从心所致，有的则是因为时间匆忙无暇用力，又动脑较少想当然而为之。本《评析》以该报告原文为问题点，有针对性地阐述被评内容为什么不能"那样"而应该"这样"，以使大家既知其然又知其所以然。希望有志于从事工程咨询服务工作的年轻同事认真阅读参考，并通过这些评析实例加深印象，触类旁通、举一反三地运用于自己的工作实践中，以提升可行性研究报告的整体质量，规范可行性研究报告的表述内容。如果大家领悟了 50 个评析点的内涵，并在自己的作品中完善了三倍于 40 处类似原文所提到的不足之处，我们的作品便会日臻完善，建设项目的可研报告质量便会有质的提升。

评析正文

[原文] 01：可研报告的章节

原文的章节（节选）：第 1 章 总论：（一）项目背景、（二）项目概况；第 2 章 项目建设背景及必要性分析：（一）项目建设背景、（二）项目建设必要性分析；第 3 章 场址选择及建设条件：（一）场址选择、（二）建设条件；……；第 12 章 研究结论与建议：（一）研究结论、（二）建议。附表、附图、附件。

[评析] 01：可研报告的章节设置

原国家发展计划委委托中国国际工程咨询公司组织编写出版的《投资项目可行性研究指南》，对可行性研究报告的章节与内容做了一定的深度要求，为各地咨询机构在编制项目可研报告时提供了重要参照。但工程咨询经历了近四十年的发展，已不断充实与完善了上述《投资项目可行性研究指南》的内容。

可研报告的"章"是项目可研报告的系统性层级，基本上是由浅入深地递进。这符合项目建设决策者与审批者的思维逻辑。例如，你向某领导提出要建一个项目时，领导必会询问乃至追问：这项目叫什么名字、什么性质、建在什么地方、建些什么内容、建多大规模、为什么要建、能不能建、有什么条件建、要多少时间建、怎么建、要多少钱建、钱从哪里来、有什么经济效益、有什么建设风险、对社会有什么利益，以及是否符合国家相关法律法规、行业相关标准规范等等。这些追问是理所当然的，也是必须回答的。为便于理解与记忆，将这一系列追问简称为"十问"。

回答这"十问"，便有如下对应的章目：总论、建设背景与建设必要性、建设内容与建设规模、建设期、建设地点与建设条件、建设方案、投资估算与资金筹措、经营性项目的财务分析、风险分析、社会评价、研究结论与建议等等。此外，根据我国社会经济发展的情况，可研报告中相继增加了"节能专篇""环境保护专篇""绿色建筑专篇""项目招投标专篇""社会稳定风险评估专篇"等专门篇章，以及与之相适应的国家法律、法规、设计规范与建设标准在章节中的应用。这些篇章都是整个可研报告的内容与深度所要求的。但本报告只设了十二章，缺少了应有的其他某些章目，有的章目名称也不合适。

"十问"中最核心的是"建设内容与规模""建设方案"和"投资估算"。即有什么建设内容与规模就有什么样的建设方案，有什么样的建设方案就有什么样的投资估算。它们是建设者与审批者最关心、关注的内容。这三者又紧密相连，具有严密的因果逻辑关系，我们称之为可研报告"三要素"。其中某项内容（工程）的"建设方案"，就是指建设内容"怎么建"，包括场地选择、原材料选择、工艺方案与工艺路线选择、建筑结构及基础型制选择、水电气设备设施选择，以及所依据的法律法规标准规范等等。这些"选择或比选"是项目可行性研究与可研报告的重要内容。

"节"是章中内容系统的层级，分层次阐述这一章的具体内容，"节"的多少与篇幅由阐述的内容与深度确定。但本报告所有"章"全都只有两节就显然不合情理了，而且有的"节"中的内容混乱。这些均不符合建设项目可行性研究的实际与可研报告的编制要求。

章、节设置不当，将无法充分阐述项目建设的可行性研究过程，难以得出逻辑合理的研究结论。针对上述问题将在以下"评析"中的其他部分进一步阐析。

［评析］02："附表""附图"和"附件"应有具体名称和序号

本报告在章目之外加列了"附表""附图"和"附件"。这"三附"于可研报告必不可少。"附表"主要是可研报告中设备购置、投资分析、经济效益分析等内容与数据的细化与归类，是一种使用很多文字、语言都无法阐述清楚的内容能一目了然、一看就明白的表达方式。每张表应编有表名和表号。"附图"是可研报告中建设内容与建设方案的形象表达，能让人直观地看到项目建构筑物的布局、相关建构筑物的内部结构、工艺路线、设备式样，以及项目总体或分项工程建成后的预期效果等，一切尽在不言中。它包括项目区位图，项目位置图，总平面图，效果图，单体建构筑物的平、立、剖图，道路、桥隧、沟渠等的纵断与横断面图，项目的工艺流程图和设备图样等，部分附图还应放在正文的相关表述之下。"附件"主要是政府各职能部门以文件形式下达的对项目建设的指令性要求和必须遵循的主要原则，包括立项批复、规划审批单和规划设计条件书、用地预审意见、土地蓝线或红线图、环评批复和节能审查意见，以及政府针对本项目的具体政策、会议纪要、领导批示和其他具有法律效力的证明等文件。此外，地勘报告、质量检测报告等有助于说明可研报告中某一内容的有效文件也应作为附件列入，这些附件是本项目建设具有合法性的依据。

原文的"三附"只是"类名"，应在"类名"下列出具体是些什么表、什么图和什么附件，以及在各自类别中的序号。

［原文］02：总论

［评析］03："总论"的基本要求

可研报告的"总论"是对该报告全文主要内容的概括，是审阅者在阅读冗长的《可研报告》前首先最想知道的要点与主要技术经济指标，也是审批机关对《可研报告》写批复文件时所要批复核定的主要内容。因而，总论所涉及的建设内容以及工程数量与投资额度，均为可研报告中推荐方案所确定的建设内容、工程数量与投资额度，具有唯一性与确定性。

"总论"是一完整篇章，必要的"节、点"不能缺失，一般需要有如下"节"才能表述清楚，即项目概况（包括项目名称、建设性质、建设地点）、建设内容与规模、建设单位及简介、研究范围和依据、投资估算与资金筹措、建设期、主要经济技术指标表、研究结论与建议。

本报告的"总论"仅有"项目背景""项目概况"两节，这是不够的。其中，"项目背景"还不属于总论应该表述的内容。而且"节"下"点"的设置十分混乱，内容也不完整，不足以将本报告的主要内容概括到位。特别是缺少"研究结论与建议"一节。"研究结论"是经"可行性研究"之后，对本项目的建设到底是"行"还是"不行"的回答，是本报告的审阅者最先想知道的结果。"建议"是在"可行性研究"中发现的问题，或是对今后的建设与运营中可能遇到的问题所提供的解决办法与措施。其中，有的还应请求政府或其他方解决。故提出的建议要有针对性、建设性，建议要合法、合理和具有可操作性，不要说空话（参阅本文"〔评析〕50"）。

"总论"中的表述要言简意赅，突出整篇报告的主要内容与数据，如果有推荐方案，必须采用推荐方案中的内容与数据，不必列出比选方案的内容与数据，不必重述正文章节中的若干内容，不能成为报告全文内容的缩写。

〔原文〕03：项目背景

项目背景：1项目名称（略）、2建设单位概况（略）、3可研报告编制单位（略）、4可研报告编制依据（略）、5项目提出的理由与过程（节选）：卧龙湖位于某县城东北角，1973年围湖造田，2003年退田还湖。为了对接大东城，构建吸引核，该县于2008年12月26日全面启动卧龙湖生态公园建设，至今已投资26亿余元，完成了1200户、6000余人的拆迁与11000亩土地征收；2011年1月20日成功实现蓄水；2011年启动了绿化景观、环湖道路、环湖支路等基础设施建设工作，目前正在加快推进；2011年12月在环湖项目控规设计全球招标中，美国一家设计公司中标，目前已完成区域规划设计。伴随卧龙湖项目的快速推进，建设单位已经开展了卧龙湖园林景观工程的方案设计工作。

〔评析〕04：总论中不需要做背景分析

可研报告的"总论"中不需要做背景分析，原文1～4点也不是"项目背景"，这些内容应分别归入"总论"中的其他相关"节"中。第5点"项目提出的理由与过程"中的"过程"可以算作"背景"，但该"背景"应归入本报告的"第二章项目建设背景与建设必要性"中的"项目建设背景"一节（见〔评析〕16）。而"项目提出的理由"又是项目建设"必要性"的另一种说法（见〔评析〕17）。

〔原文〕04：项目概况

〔评析〕05：可研报告的"项目概况"表述

在一般项目的介绍资料中，"项目概况"可以是对本项目全部内容的概括性、归纳性表述，以使阅读者大致了解项目的全貌。但在可研报告中，它的第一章为"总论"，总论的实质就是对全文内容的概括。总论中的第一节为"项目概况"，但该概况只交待项目中的部分要点，例如项目名称、项目性质、建设地点等，其他的相关要点分别在总论中的其他"节"中表述。

这里最需关注的是"项目名称"。项目名称必须是本项目立项批复上的名称，也就是本项目的立项申请报告、立项批复、可研报告以及今后可研批复的项目名称。这些名称必须完全一致，否则，便会被视为不是同一个项目，会带来今后法律上的风险。有的项目没有立项就做可研报告，需要新定项目名称时，就从体现项目主题或依据项目主要工程考虑一个贴切的有概括性的名称。

原文的"项目概况"既不是"全部内容的概括"，也不是"项目中的部分要点"，而且该写的没写，不该写或不必写的写得很详细，以下将结合实例评析。

[原文] 05：总体目标

总体目标（节选）：通过整体规划建设，将卧龙湖建成一个以湖光山色、自然生态美景为基础，集休闲、旅游、娱乐、健身、水上活动于一体的综合性公园，更好地发挥卧龙湖对于整个县城的生态景观、经济社会等各方面的积极作用，为本县乃至本市增色。

[评析] 06："什么是"总体目标"

"总体目标"是指项目建成后"要求（或应该或可以）"达到的理想境界。此点既可以放入"建设方案"一章的第一节，以表明本项目在完成"下述"建设方案后，要求（或应该或可以）实现的目标；也可放入"建设内容与建设规模"表述之后，以表明本项目在完成"上述"的"建设内容与建设规模"之后，要求（或应该或可以）实现的目标。"总体目标"一定要有明确指向，要能与本项目的建设内容相衔接。原文"总体目标"的内容是对整个"卧龙湖生态公园"而言的，而本项目所建设的内容只是该公园"北部"中的一部分内容，所以"整体目标"范围大于本项目的建设内容，对于本项目的针对性不强。

[原文] 06：卧龙湖整体景观结构

卧龙湖整体景观结构（节选）："一环连八区，一岛映八湾"，一环：休闲畅游的主环湖游廊，其贯穿八个主要景观分区。八区："娱、智、禅、源，康、乐、泽、礼"，娱——娱乐休闲港区；智——创智企业区；禅——卧龙禅院区；源——历史人文区；

康——健康养生运动区；乐——家庭游乐区；泽——湿地文化区；礼——城市观光区。一岛：香岛；八湾：贝泉湾、禅智湾、芙蓉湾、偃月湾、金沙湾、玲珑湾、沉雁湾、月琴湾。

[评析] 07：可研报告内容的层级设置

原文"卧龙湖整体景观结构"是置于"总论"的第四级标题下的内容，想要表达的是这个项目所要建设的"建设内容与规模"。但可研报告的"建设内容与规模"只需要阐述甚至是只需要列示本项目"建"些什么、建多少"量"就可以了，其他描述或解释都不需要放在这里。原文恰恰没有写明白"建"了什么、"建"了多少。

在可研报告的写作层级上，一般是第一级为"章"，二级为"节"，三级为"点"。如有需要，也可在"点"下设第四级"小点"。这些节点的设置，都要遵循逻辑关系，符合归类原则，下一层级的内容要能作为论据以论证上一层级的内容。在一般情况下，还应力避第四级"小点"的设置，以免论述层次不清、结构松散、逻辑混乱。

[原文] 07：本次园林景观设计范围

本次园林景观设计范围（节选）：项目红线范围内面积约 1721150 ㎡，其中自然水域面积约 1131137 ㎡（不在此次设计范围内），园林景观面积约 590013 ㎡（图示略）。

[评析] 08：可研报告的特定用词与数据应全文一致

"自然水域"是什么概念？括号里的"不在此次设计范围内"又是什么意思？"其中自然水域面积约 1131137 ㎡"与后面"建设内容与规模表"中的由"自然水体"和"规则水体"构成的"景观水体"共 19278 ㎡ 又有什么关系？类似的特定概念和来历不明的数据在文本中屡屡出现，却均无交代。可研报告文本中属于同一概念的特定用词必须前后一致或同一名称所包含的内涵必须前后一致；有新的或有特定含义的名词，以及它们与相邻概念的关系，均应有所解释。相关数据要有来源，全文要前后一致，分合要不离数据链，计算要有依据。否则会因突然冒出的"生面孔"而令人不知所云。

[原文] 08：主要建设内容

主要建设内容（节选）：本项目主要建设卧龙湖北部三个分区的园林景观工程，包括创智企业区、历史人文区、健康养生运动区。主要建设内容如表 01 所列：

原文表 01　　　　卧龙湖北部园林景观工程建设内容表（节选）

序号	项目名称	数量	单位	序号	项目名称	数量	单位
1	绿化	459952	m^2	1.4	湿地	22570	m^2
1.1	常规绿化	430044	m^2	2	土方工程	922452	m^3
1.2	草坪	1369	m^2	……	……	……	……
1.3	茶园	5969	m^2	11	标志和设施	1	项

注：共 11 大项，32 小项

[评析] 09：什么是"建设内容"与"建设规模"

建设内容与建设规模就是"建什么"与"建多少"。其中，"建设内容"就是指本项目要建些什么东西。这些"东西"是指独立的具有专门使用功能的子项工程，包括建筑物、构筑物、设备设施、软件载体，以及可恢复原物功能或为原物提升价值的构件等各子项内容。而"建"包括新建、改建、扩建、维修、装饰装修以及设备购置与安装等所有工程行为，以及该行为所完成的内容数量。这些子项工程的"每一项"都必须有名称、度量单位和数值。"名称"就是建设的每一子项的"项目名称"，就是这个项目所要建设的"东西"叫什么名字。"建设规模"就是建设内容的带有计量单位的"数值"。但是构成这个子项工程的分部工程却不能同时作为建设内容而并列。例如建市政道路 10000 平方米，不能又并列写"建路面工程 10000 平方米、建路基工程 10000 平方米"，因为路面与路基只是"道路工程"的分部工程。但如果是道路改造工程，在原有路基上加铺沥青路面 10000 平米又是可以的。在可研报告中，建设内容的名称、计量单位、数值三者缺一不可，且往往会出现在同一语境中。如建草坪 1369 m^2、建茶园 5969m^2，而不可能只说"建草坪、建茶园"或"建草坪 1369、建茶园 5969"。有些项目的建设内容很多很杂，要善于分类分项整理。一经整理确定，全文的表述就以此为准，方不会使内容混乱，也不会遗漏。"遗漏"了建设内容，在可研报告中称为"漏项"，会造成建设项目某部分内容的缺失、投资估算的不足。可研报告一经批复，今后再补增该部分内容与补增该部分内容的投资都会有非常大的麻烦。准确的建设内容为建设方案提供了"载体"。将每项"建设内容"是如何建的，采用什么工艺、什么材料等一一描述，就形成了"建设方案"。优化的"建设方案"又为"投资估算"的准确性、科学性提供了依据。所以，在编制可研报告之前，首先就要花功夫与建设单位、设计单位一起搞清楚本项目的"建设内容、建设规模"。特别是一些庞大的基础设施工程和公共建筑工程，如水利枢纽工程、道路桥梁工程、大型综合医院建设等项目更要对建设内容有一个通盘的、全面的考虑和清晰的了解，否则后续工作将难以为继。

这里有两个值得注意的地方：一是同一子项工程，例如"防洪堤工程"，在"建设内容与规模表"里，它是表示建设了什么东西，有多大的量。故它应归于"建设内容"栏下，规模的量值归于"数量"栏下；在"主要技术指标表"里，它是表示工程属性特征的一个指标，其属性特征归于"指标名称"栏下，表示多少的量值归于"指标值"栏下；在"投资估算表"里，它是项目工程造价估算的对象，"防洪堤工程"是一个子项工程，应归于"工程名称"栏下和"工程量"栏下。"防洪堤工程"虽在这三份表里归属不一样，但内涵一样，数值也必是一样，分别如评析表 01、02、03 所示。

评析表 01　　　　　　　　　　**建设内容与规模表**

序号	建设内容	单位	数量	备注
1	防洪堤工程	m	14615	堤顶宽 4m，堤顶标高 90.50m，

评析表 02　　　　　　　　　　**技术经济指标表**

序号	指标名称	单位	指标值	备　注
	防洪堤工程	m	14615	堤顶宽 4m，堤顶标高 90.50m，

评析表 03　　　　　　　　　　**投资估算表**

序号	工程名称	单位	工程量	单方造价（元）	估算价值（万元）					占总值比例（%）
					建筑工程	设备购置	安装工程	其他费用	合计	
一	工程费用									
	防洪堤工程	m	14615							

二是在投资估算里，有些分部工程又可以单列。例如前面说的建市政道路 10000 平方米，可以分别写成"路面工程 10000 平方米、单价多少"，"路基工程 10000 平方米，单价多少"。因为路面与路基可以分开施工，且工艺与用材都不一样。它们分开计价，共同构成"道路工程"的造价，会使"道路工程"的整体造价估算更准确。

［评析］10：建设内容的"分类"法则

前面说了，要把建设内容讲清楚，但很多同行却总是讲不清楚，特别是一些建设内容很多很庞杂的工程不知如何表述建设内容。这里介绍"纵向分类法"和"横向分类法"两种办法。

纵向分类法：例如前面说到的"绿化"有"常规绿化、草坪、茶园、湿地"四小项。这是相对"卧龙湖项目"整体而言有这四项。但在"智""源""康"三个区块里，可能某一区域这四项都有，也可能某一个区块只有其中的一项或两三项。这就好比这栋"房子"（代表项目）有甲、乙、丙三个"房间"（代表区块），每个"房间"都有"椅子"（代表大项），但不一定每个"房间"都有大、中、小三种规格的椅子（代表小项）一样。"纵向分类"时，不讲"房间"，只讲整栋"房子"里有"椅子"100 条，其中，大号椅子 30 条、中号椅子 40 条、小号椅子 30 条。也就是说，"纵向分类"是按整体项目的建设内容与数量分，一样样讲清楚。这种分类比较多见，也较省事。

横向分类：即把"纵向分类"中的"绿化"内容分别归到"智""源""康"三个区块里去，以便清楚地知道每个区块里常规绿化、草坪、茶园、湿地又各有多少面积。正如把上述"房子"里的"椅子"分别归到各个"房间"里去一样：甲"房间"共有椅子 50 条，其中，大号 20 条、中号 20 条、小号 10 条；乙"房间"共有椅子 28 条，其中，大号 8 条、中号 20 条、小号 0 条；丙"房间"共有椅子 22 条，其中，大号 0 条、中号 0 条、小号 22 条。"横向分类"把每个"房间"里的"椅子及规格和这种规格的数量"都表述清楚了。

分类只是"建设内容与规模"的一种表述形式，纵向分或横向分都行，关键是要说清"建了什么"与"建了多少"，且总数一致。两种分类法都最好用"表格"的形式列出。"表格"能将内容、规格、规模、单位等都集中体现出来。

评析表 04　　　　　　　　　**纵向分类法（按项目整体分）**

序号	建设内容	单位	合计	建设区块		
				甲房间	乙房间	丙房间
合计	整栋房子（项目）	张	100	50	28	22
1	大号椅	张	28	20	8	0
2	中号椅	张	40	20	20	0
3	小号椅	张	32	10	0	22

评析表 05　　　　　　　　横向分类法（按建设区域分）

序号	建设区块	单位	建设内容			合计
			大号椅	中号椅	小号椅	
合计	各类房间（区块）	张	28	40	32	100
1	甲房间	张	20	20	10	50
2	乙房间	张	8	20	0	28
3	丙房间	张	0	0	22	22

原文的"卧龙湖北部园林景观工程建设内容表（节选）"列有 11 大项，32 小项，而"投资估算"表中又将建设内容列出土方工程、景观工程、建筑工程及其他配套工程等四大类。这种前后不一致的建设内容表述是不允许的。

[评析] 11：可研报告的"建设内容与规模"

可研报告的"建设内容与规模"需要在两处地方表述：一是总论中单列一节，这是审阅者必须首先要获知的信息，同时也便于审批机关作批复时进行采摘。对于建设内容较多的项目，"建设内容与规模"只列出"类"及类下的"大项"即可。二是可研报告中单列一章"建设内容与建设规模"。该章需要详细罗列出从类到大项再到小项的全部建设内容和它们的量（规模）。在单列的"建设内容与建设规模"章里，根据不同项目或不同的审批要求，还需要进行"规模合理性论证"。规模合理性论证从以下几方面进行：一是根据市场需求论证，本项目为什么要建（或只建）这么大的（设计）生产能力，以及相配套的设备设施。二是根据相关规范与标准要求论证，如政府投资的政府办公用房等项目，需要论证建设内容与规模的合理性。三是根据工程配套要求论证，如某中学改扩建时配套建设的运动场地、停车场地、变压器等某单项工程需要新增建设内容与规模的合理性。

论证以后，可以概括阐述本项目的这些"内容与规模"在建设完成后能够实现一个怎样的目标或达到怎样的效果。本《报告》没有单设"建设内容与建设规模"专章，所以很多问题表述混乱，思路不清。

[原文] 09：项目拟建地点

项目拟建地点（节选）：项目位于某县县城北部的卧龙湖北部湖区，规划范围为卧龙湖公园修建性详细规划范围内北部湖岸及水面，东侧以高湖瀑布为界，西侧以游乐港为界。香岛及香堤路、捞刀河路、万明路、环湖支路占地除外，总面积 1721150 m²，其中陆地面积 590013 m²，水域面积 1131137 m²。

[评析] 12："建设地点"的表述

可研报告里的"建设地点"应是外地人或邮递员能找得到的地方，故应该表述到某个最小的行政单位，例如乡镇街道与村组。但项目不同，表述不一样。"建设地点"根据项目不同，用地有三种情形：一是"点"状项目，如一家医院、一所学校，"建设地点"应表述到最小行政单位；二是"块"状项目，如成片开发的工业产业园、环境整治区域，应表述它在哪个或哪几个行政区域里，然后，再以最明显的地理标志来限定区域边界，如东、南、西、北的四至边界在哪里或在由哪些标识物合围的区域；三是"线"状项目，如道路、河渠，地下管廊、输电线路、输油管道等，除表述行政单位或跨区的行政单位外，还应加上道路、河渠、管廊、输电线路、输油管道等两端的起始点以及与它们相交相接的其他工程及交接点。

但若项目处于辽阔的沙漠或海洋之中，"建设地点"则可以用经纬坐标表示。

原文用还没有实现的"修建性详细规划范围"及"拟建"的"高湖瀑布"之类来表述项目地点是不对的。尚在"规划"中的东西，到哪里去找？本项目应按"块"状项目的要求去表述建设地点。此外，"香岛"以下的文字也与"建设地点"没有关系，无需赘述。

[原文] 10："总论"中的项目投资估算

项目投资估算（节选）：本项目总投资估算约 22180 万元，其中工程费用 18143 万元。拟定其资金来源为自有资金和银行贷款。

[评析] 13："总论"中的项目投资估算要列出投资构成

1. 可研报告"总论"中的投资估算要列出投资总额和构成

包括工程费、工程建设其他费、预备费、建设期利息、土地征收（购置）与拆迁安置费等。如果还有其他资产内容所形成的总投资，也要分别列上，例如实物投资（评估）价值量、专利权投资（评估）价值量等。

2. 关于"投资"的相关知识

（1）项目投资的分类

在《注册咨询工程师（投资）资格考试参考教材之四》（2012版）（下称《教材》）中，"项目总投资"有"概算法"和"形成资产法"两种分类法。

①按"概算法"分

项目总投资由建设投资、建设期利息、流动资金三部分构成。其中：

A. 建设投资：指项目在筹建和建设期间所花费的全部建设费用，包括工程费（又包括建筑工程费、设备购置费、安装工程费）、工程建设其他费和预备费（又包括基本预备费、涨价预备费）。也就是说，建设投资由建筑工程费、设备购置费、安装工程费、工程建设其他费、基本预备费、涨价预备费六项构成。（注：现已不再分基本预备费和涨价预备费，只合称预备费。）预备费＝（工程费＋工程建设其他费）×预备费率。预备费率在5％～10％之间取值。

建设投资的这一规定与《建设项目经济评价方法与参考（第三版）》（发改投资〔2006〕1325号）（下称《评价》）规定一致，建设投资就指这几项。

B. 建设期利息：指债务资金在建设期内发生并应计入固定资产原值的利息，包括借款或债券的利息以及手续费、承诺费、管理费等融资费用。

C. 流动资金：指项目运营期内长期占用并周转使用的运营资金。（政府投资的基础工程项目一般不安排流动资金）

D. "概算法"项目总投资＝建筑工程费＋设备购置费＋安装工程费＋工程建设其他费＋预备费＋建设期利息＋流动资金

②按"形成资产法"分

项目总投资也由建设投资、建设期利息、流动资金三部分构成，但内涵有别。其中：

A. 建设投资：包括固定资产费用（工程费用＋固定资产其他费用）、无形资产费用、其他资产费用、预备费用。也就是说，建设投资由工程费用、固定资产其他费用、无形资产费用、其他资产费用、预备费五项构成。

B. 建设期利息。（同上）

C. 流动资金。（同上）

D. "形成资产法"项目总投资＝工程费用＋固定资产其他费用＋无形资产费用＋

其他资产费用＋预备费＋建设期利息＋流动资金。

③"概算法"和"形成资产法"的不同之处是"建设投资"的表述内容。

3. 项目投资的几个概念及在不同文件中的不同内涵

在涉及相关投资的事项中，经常会看到、听到或用到：项目总投资、投入总资金、投资总额、建设投资、动态投资、静态投资等表述投资的概念，这些概念到底是什么含义，现根据相关文件精神予以厘清：

（1）项目总投资

①在《评价》中的"项目总投资"用于建设项目的经济评价，称为"评价的'项目总投资'"。

《评价》的"项目总投资"，就是前面《教材》"概算法"分类的"项目总投资"，即项目总投资＝建设投资＋建设期利息＋流动资金＝建筑工程费＋设备购置费＋安装工程费＋工程建设其他费＋预备费＋建设期利息＋流动资金，七项之和构成总投资。

②在《国务院关于固定资产项目试行资本金制度的通知》（国发〔1996〕35 号）中，"项目总投资"将作为计算资本金基数（下称资本金基数），称为"'资本金基数'的'项目总投资'"。

资本金基数的"项目总投资"是"投资项目的固定资产投资与铺底流动资金之和"。其中：

A. 固定资产投资由"由建筑工程费、设备购置费、安装工程费、工程建设其他费、预备费、建设期利息"六项构成。

B. 铺底流动资金是指流动资金中的非债务资金，是项目投产初期为保证项目建成后进行试运转或试产期间支付原材料、动力及人工工资等所必需的流动资金，占全部流动资金的 30%。

C. 资本金基数的"项目总投资"＝建筑工程费＋设备购置费＋安装工程费＋工程建设其他费＋预备费＋建设期利息＋铺底流动资金，七项之和构成总投资。

上述《评价》和"资本金基数"所表述的两个"项目总投资"的区别仅在于"流动资金"。项目《评价》的"项目总投资"中的流动资金是指全部流动资金，"资本金基数"的"项目总投资"中的流动资金是只占全部流动资金 30% 的"铺底流动资金"。

（2）项目投入总资金

在《投资项目可行性研究指南》（计办投资〔2002〕15 号）（下称《指南》）中，投资估算是在对项目的建设规模、技术方案、设备方案、工程方案及项目实施进度等进行研究并基本确定的基础上，估算项目投入总资金（包括建设投资和流动资金）并测算建设期内分年资金需要量。投资估算是制订融资方案、进行经济评价，以及编制初步设计概算的依据。但其内容仍然是建设投资＋建设期利息＋流动资金＝建筑工程费＋设备购置费＋安装工程费＋工程建设其他费＋预备费＋建设期利息＋流动资金。之所以称为"项目投入总资金"，《教材》将其解释为"避免与资本金制度中的'项目总投资'概念混淆"。

由上可知，"项目投入总资金"只是《评价》中的"项目总投资"名称的改变。

（3）投资总额

投资总额主要用于外商投资项目。对于外商投资项目，无论是项目评价，还是资本金基数，均使用"投资总额"这一投资概念。

投资总额也由建设投资、建设期利息和流动资金三部分构成，与"概算法"分类的"项目总投资"和《评价》用的"项目总投资"的含义相同。所以，外商投资项目的"投资总额"只是"概算法"分类中间"项目总投资"名称的改变。

（4）建设投资

①前面已述《教材》的"概算法"中，建设投资由建筑工程费、设备购置费、安装工程费、工程建设其他费、预备费五项构成，不包括建设期利息。

②在《评价》中，建设投资由建筑工程费、设备购置费、安装工程费、工程建设其他费、预备费五项构成，不包括建设期利息。

③在《指南》中，建设投资由建筑工程费、设备购置费、安装工程费、工程建设其他费、预备费、建设期利息六项构成，包括了建设期利息。

④在"资本金基数"里，固定资产投资由"由建筑工程费、设备购置费、安装工程费、工程建设其他费、预备费、建设期利息"六项构成，包括了建设期利息。

（5）静态投资和动态投资

这两个投资概念应用频率较低，在《指南》中表述为：建设投资可分为"静态投资"和"动态投资"两部分。静态投资部分由建筑工程费、设备购置费、安装工程费、工程建设其他费、基本预备费构成；动态投资部分由涨价预备费和建设期利息两项构成。其中，涨价预备费现很少列出，故动态投资部分就是建设期利息。基本预备费也统称预备费。由此，"静态投资"就是《评价》中的建设投资；"动态投资"就是建设投资＋建设期利息。

4. 可行性研究报告里的"总投资"与 PPP 项目实施方案里的"总投资"概念

（1）可研报告的投资估算

在编制建设项目的可行性研究报告（下称可研报告）的投资估算实践中，项目总投资是按"概算法"计算的，项目总投资＝建设投资＋建设期利息＋流动资金＝建筑工程费＋设备购置费＋安装工程费＋工程建设其他费＋预备费＋建设期利息＋流动资金。

其中，在计算工程费用或工程建安费（建筑工程费＋设备购置费＋安装工程费）时，是根据工程各子项内容和工程量，及政府或行业主管部门公布的或市场调查的当期单位造价标准进行估算的。

在计算建设期利息时，是以全部估算总投资为基数、以当期银行正常贷款利率计算的。

（2）PPP 项目的投资估算

在编制 PPP 项目投资估算实践中，项目总投资按上述资本金制度计算：从投资属性上分，项目总投资＝资本金＋债务资金；从投资构成上分，项目总投资＝项目固定资产投资＋铺底流动资金＝建筑工程费＋设备购置费＋安装工程费＋工程建设其他费＋预备费＋建设期利息＋铺底流动资金。

PPP 项目的投资总体上依据可研报告里的投资，但因以下原因必须做适当调整：

①PPP 项目具有很强的竞争性，根据招标条件和投标承诺，PPP 项目投资中的工程费用可能会在可研报告投资中的工程费用基础上有所下浮，一般情况下的下浮率为 3～5 个百分点。因此，PPP 项目投资中的工程费会比可研报告中的工程费用少。

②PPP 项目中的总投资的资金来源，一部分是项目公司中各合作方按约定出资比例用自有资金投入的资本金。资本金以外的另一部分资金需要通过融资渠道借入，称为债务资金。计算 PPP 项目建设期利息时，资本金不计利息，只以债务资金为基数计算利息。由此计息基数比可研报告的计息基数小了许多。

③考虑资金市场因素，这部分债务资金的综合融资利率会比当期银行正常贷款利率高许多。在 2019 年 8 月 20 日前，以银行当期基准利率（4.9%）为基数上浮 15%～30%计算利息。2019 年 8 月 20 日起，按"全国银行间同业拆借中心"每月 20 号公布的"市场报价利率"为基数上浮 15%～30%计算利息。

以上三项原因（也可能还有别的原因）会导致 PPP 项目总投资和可研报告总投资出现较大差异。由此必须加以调整，并应将调整情况加以说明。

[原文] 11：主要技术经济指标

主要技术经济指标：

原文表 02　　　卧龙湖北部园林景观主要技术经济指标表（节选）

序号	指标名称	单位	面积	序号	指标名称	单位	面积
1	总面积	m^2	1721150	3.4	停车场	m^2	23881
2	水域面积	m^2	1131137	3.5	园路面积	m^2	29964
3	景观面积	m^2	590013	3.6	木栈道	m^2	11066
3.1	绿化面积	m^2	459952	3.7	沙滩面积	m^2	20082
3.2	景观水体	m^2	19278	4	总投资	万元	22179.91
3.3	硬质广场	m^2	25790				

[评析] 14：技术经济指标的基本概念

技术经济指标是国家、各级政府、各生产经营单位对所拥有的人力、财力、物资、能源、技术、设备、设施等资源以及其他社会资源、自然资源利用后的状况及其结果的描述。它由指标名称、指标单位和指标值三者构成，共同反映某项事物的属性特征与数量特征，是对生产经营活动进行计划、组织、管理、指导、控制、监督、检查和绩效考核的重要依据。由不同技术经济指标组成的技术经济指标体系能反映一个国家、一级政府或一个工程项目中各种技术经济现象相互依存的多层关系，反映社会经济活动或企业生产经营活动的技术水平、管理水平和经济成果。

可研报告常用的技术经济指标有实物量指标与价值量指标、数量指标与质量指标等多种类型的指标。对一个具体建设项目而言，应依据具体情况设置。设置的指标一定要定义明确、指向具体、范围特定、边界清晰、过程可控、结果可量。

[评析] 15："技术经济指标表"里的"建设内容与规模"

在可研报告的"技术经济指标表"里，"建设内容与规模"是最主要的指标内容。建设内容繁多时，可以不详列内容分类中的每一小项，但必须有包容全部小项的"大项"名称或"类"的名称，且须概念统一。但在编制可研报告的实践中，很多报告里的建设内容较为混乱。如原文的"技术经济指标表"里，建设内容存在如下问题：

（1）没有全部反映建设内容，归类混乱。本《报告》的其他章节显示，本项目有十一大项工程，而投资估算表里又只列出了"土方工程""景观工程""建筑工程"和"其他辅助工程"四大类工程。但该表又以"面积"分类，列了"景观面积"。其他大量内容又只字未提，且新造出"水域面积"名称，这就是"概念不一"，使阅读者不知所云。（2）没有反映土地利用的相关指标，如容积率、绿地率等。（3）没有反映建设时间段和建设速度的指标，如建设期等。

为了改变这种混乱状况，应按〔评析〕10"建设内容的分类法则"重新调整。在表明某具体项目综合实力的同一张技术经济指标表里，要用一个"技术经济指标体系"，不要再把它分开成技术指标和经济指标。

此外，不同项目的"技术经济指标表"里应有多项指标，这个表是一个反映项目整体特征和综合实力的指标体系，故指标设置应有针对性、系统性和关联性。

〔原文〕12：项目建设背景

项目建设背景：1 长株潭城市群概况（略）；2 十二五发展规划将某县纳入长株潭都市区（略）；3 推进新型城镇化，必须加快县城和中心镇发展（略）；4 某县概况：（1）区域概况（略）、（2）经济概况（略）、（3）环境保护（略）。

〔评析〕16："建设背景"就是本项目是在什么情况下启动建设的

什么是"背景"？就是这个事件是在什么情况下产生的，为什么会有这件事，产生这件事有什么样的来历。打个比方，杜甫写于 757 年的《春望》："国破山河在，城春草木深。感时花溅泪，恨别鸟惊心。烽火连三月，家书抵万金。白头搔更短，浑欲不胜簪。"该诗有什么背景呢？那就是 756 年，安史之乱发生，杜甫在投奔唐肃宗途中为叛军俘获并带至长安，虽因官微未囚，但战火已经延续了半年多，不知家况如何，家讯难得，心急如焚。于是第二年三月，杜甫就写了这首诗，表达了当时亟盼亲人平安的心境。这就是写作该诗的背景。

启动一个项目，也是有它的建设背景的。项目的"背景"有从宏观视野分析的大背景，包括国家经济战略部署、中长期发展规划、宏观经济政策，特别是国家产业指导政策、产业结构调整等；有从微观角度阐述的小背景，如地方政府的发展规划、地方经济结构调整、政府对建设项目的具体指导意见，如专题决议、会议纪要、领导批示，或是本项目启动后的进展状况等。但无论大背景、小背景或是已开展的工作，都要能归拢到正是在"这种背景"下，"这个项目"才得以"建、改、扩"。"这种背景"

是"这个项目"的具有"个性特点"的背景，而不能漫无边际。强调这一点，是因为有很多可研报告的编制者往往只机械地罗列一些国家政策条文，而不是依据这些政策指导，结合地方经济和地方施政去做项目启动的背景分析。

本项目是个生态公园建设项目，是城市在发展与扩张过程中必要的配套基础设施工程。可以在国家大力建设环境友好型社会大背景下，从当地经济发展、创建文明城市、生态城市、宜居城市、社会和谐、人民安居乐业，以及"退田还湖"，综合利用等角度分析本项目的建设背景。本节原文"背景"洋洋万余言，却与本项目的建设没什么紧密联系，更因大量地搬用了冗长的该县国民经济发展概况而空耗了大量纸墨。

建设项目的背景分析，不必着墨太多，言简意明就行了。

[原文] 13：项目建设必要性分析

1项目建设是推进两型社会建设的必然要求（略），2项目建设是促进城市经济发展、社会进步的需要（略），3项目建设是提高土地利用效率的迫切需求（略），4项目建设是改善民生的具体体现（略），5项目建设是改善环境质量、提升城市品位的重要举措（略）。

[评析] 17：项目建设有必要性是项目建设的前置条件

无论是新建项目还是改、扩建项目，可研报告都必须有"项目建设必要性"的分析，因为"有必要"是项目建设的前置条件。写"项目建设必要性"实际就是写项目"为什么要建设"。项目建设的前提一定是建设项目"本身"符合国家和地方的法律法规、标准规范、经济发展规划，以及市场规律、技术经济理论、社会公序良俗和民心民意。例如要建一个赌场项目或引进国外的某些色情项目除不符合我国法律外，也有违我国的公序良俗等等。但符合这些"前提理由"的项目并非一定就得建设，还要看实际的需要；有实际需要，也不是一定就得建设。例如，不能因为耕地有实际需要，就去堵河造田、围湖造田。因此，在项目建设前，就要先去充分论证项目建设的必要性。"建设必要性"论述既体现在专门的章节里，也体现在其他章节中的技术经济指标内容的确认上。例如，要论证某建筑物的抗震等级、安全等级、相关配置的标准等是高了还是低了。若标准低了，实现不了使用功能，有的甚至可能酿成灾难性后果；标准高了，就会因质量过剩而造成人力、财力、物力的大量浪费。论证就是摆事实讲道理，因而文字表述要充分而肯定，不可含含糊糊、模棱两可。其中，有的项目可做建设与不建设的利弊分析、前景预测分析，或配以现场实景照片与建后效果图示，或检测鉴定报告之类，以更显项目建设的"必要"。但所有分析与佐证资料必须实事求是、客观真实。要力避某些形象工程、政绩工程以及重复建设项目的通病——言过其实地夸大作用，牵强附会地拔高意义，唯领导意思的违心迎奉。

在专门论述建设必要性的章节，应分别围绕一个独立的"必要性"论点去论述，切忌用论证这一个论点的理由又去论证另一个论点。（参看本书上篇《可行性研究报告中项目"建设必要性"评议依据概述》）

原文提出的五条建设理由主要从宏观经济与区域经济发展角度阐述了建设的必要性，没有跑题，但少了相关的数据支撑。

[原文] 14：场址选择

场址选择（节选）：项目用地选址在某县卧龙湖公园内，即卧龙湖北部湖岸及水面，东侧以高湖瀑布为界，西侧以游乐港为界的区域作为卧龙湖北部园林景观工程的具体建设场址。（附"项目场址区位图"略）

[评析] 18："场址选择"与"项目位置图""项目区位图"

"场址选择"就是建设用地具体选在什么地方。既然是"选"，就有比较。项目性质不同，对用地的要求不一样。同一个项目，也需要选用更合适的地块。所以，建设用地应有方案比选，特别是水坝、桥梁、铁路、公路等大型工程以及放射性、恶臭、有毒、传染等污物的存放、填埋、焚烧等工程。水文地质、风向、周边人文及自然环境等条件都是比选的内容。但政府投资项目用地场址一般都已由相关规划部门进行了先行论证，确定了用地区域或是地块，或者所选用地场址必须符合相关规划，只能在规划的某个区域或地块上建设。除了一些国家级大型工程的场址和较长距离的管、线、路以及桥隧可以进行充分比选挑拣外，其他项目的用地场址较少在可研报告中去进行比选。但不管选不选，场址是存在的。对用地场址的描述就涉及了"项目位置图"和"项目区位图"。

"项目位置"是具体到了项目用地红线的位置，它可以在最小行政单位内，也可跨界多个最小行政单位。表示项目具体场址的地图叫"项目位置图"，它有明确的红线边界，也就是四至边界，表达的是在项目红线以外较近的距离内有着怎样的地物环境，或者说，这个项目被怎样的地物所包围，例如描述建设项目的东、南、西、北面有什么道路或建构筑物等，以说明这个项目的边界。项目位置就是这些四至边界所包围的范围。由于是"范围"，"项目位置图"必定是个"面"。

"项目区位图"是建设项目地块在较大地域版图上的位置。这个"地域版图"是以项目为中心向四周辐射"一定距离"后的范围。这个"一定距离"不是等距离的半径，这个"范围"也没有确定的边界。但从图上可以看出这个项目处在一个怎样的大范围的地理位置上，以及在怎样的地形地貌与社会人文生态环境之中。例如从长沙市某居民小区在长沙市版图上的位置，可以看出该小区在整个长沙市市区内的交通环境，以及与商场、医院、学校等社会人文环境的关系。在项目的区位图中，项目的位置有可能只是一个"点"。这两张图应在项目选址正文下列出。

原文以"卧龙湖北部湖岸及水面，东侧以高湖瀑布为界，西侧以游乐港为界的区域"表示"具体场址"，是不对的，因为那是还没建成的标志。所选的"项目场址区位图"也不对，应选取建设项目的"项目位置图"。

[原文] 15：基地现状分析

基地现状分析（节选）：（1）基地为"退田还湖"用地性质，土壤可以满足植物苗木的正常生长。（2）基地仅有一棵枫香大树被保留下来，其余几乎无可留用的乔木、灌木、花草。（3）湖岸基本建设完成，有些驳岸过于粗疏。（4）沙滩已经填沙，但需要继续堆填。（5）基地地形平缓，竖向变化不够丰富。（6）捞刀河取水点设置了净化处理装置，对景观水质有相当程度的保证。

[评析] 19：项目"现状"是亲眼所见的项目基地的样子

"基地现状"不是"分析"出来的，是客观存在的那个样子。故不是"分析"，是"描述"。什么是"现状"？就是你亲自去趟项目基地，极目一望，顿时"摄入眼帘"的景物，就是项目基地的现状。对项目基地的仔细观察、深入了解，是可研报告编制者应做的工作。因为，对项目基地现状的每一种现象的处理都关系到项目的建设方案和投资估算，务必认真对待。

对新建项目的原始地块，应准确描述所见到的该地块上的地形地貌及地上建构筑物，要目测相关物体的数量与它们相互间的相对位置与距离。例如，基地上的高台与低洼是什么样子，树木田园是什么样子，房屋道路是什么样子；对已改造过的地块，也应描述所见到的建构筑物拆除、土地整理后的实况。总之，看到什么，就客观真实地记录什么，包括形象描述和度量。对现场景物的描述要有方位、数量的概念。不要加以推测、扩展、延伸，不要把规划的或将来会有的东西写成"现状"。同时要结合地形图，找到有代表性的地形标高和拟建建构筑物地基的设计标高等。此外，还要确认这块地的权属、用地边界等。可研报告里对项目基地现状的描述，不是文学作品里用来"触景生情"的描写，它的目的是告诉建设、设计和施工三方：这块土地的地上物要拆除什么、保留什么，地表要进行怎样的整治，地基要做怎样的处理，地下管网敷设和地面建构筑物布局如何，施工将要做怎样的施工组织安排，为土方挖填、沟槽基坑开挖提供依据。

对改扩建项目"现状"的了解要更详细一些。例如你要去查看这个被改扩建的项目已有一些什么建构筑物、有些什么设备设施，它们现在的新旧程度、破损状况，哪些需要改、哪些需要扩，因改扩又涉及哪些需要拆除；而改扩建的"建"，又是建在哪里，建的地块又是什么现状，也要确认这块地的权属与用地边界等等。详细了解后，都要在可研报告中进行综合反映。

对项目地的踏勘与考察，除了听介绍和自己目睹外，最好的办法就是拍下照片，录下视频，有条件的最好用无人机从空中拍摄全景，以更好地了解项目全貌。

原文的"基地现状分析"实际上是对地块现状的评价，例如土壤可以满足植物正常生长、驳岸过于粗疏、沙滩需要继续堆填等。整体不符合"基地现状"描述要求。很多基本的、显著的现状特征都没有写进去。例如，项目区域已"退田还湖"，没有了居民和农田，湖区水位已很浅，测量标志显示湖面现有水位为 32.95 米（据资料，该湖最低水位为 32.50 米，最高水位为 33.43 米），湖岸呈缓坡向下延伸，环湖道路路基已基本拉通，但未完成路面铺设。暂在东、南两面有出入口与周边市政道路连接，还有社会捐建的 10 亩友谊林长势兴旺茂盛等等。至于土壤能不能满足植物苗木的正常生长、湖水对景观水质有没有相当程度的保证，你既看不到，又与"现状"没有关系。

［原文］16：建设条件

［评析］20：可研报告里为什么要阐述项目的"建设条件"

"建设条件"的分析是项目建设可行性研究与可研报告中的十分重要的内容。"建设条件"是指在建设期内对项目建设有重要正负影响的因素，其中正影响因素有利于项目建设，要加以利用；负影响因素将有碍建设，需要规避或克服。"建设条件"不仅关系"建设方案"的制订，还将直接影响项目建设投资及项目运营效益。因为同一个项目在不同的"建设条件"下，其平面布局、建设施工工艺、材料选择、投资规模、运营成本等都将有很大的差别。例如，沿海有台风，北方有冰冻，西南多地震，需要采取相应防范措施；远离交通要道，要增修接运道路；地形复杂，地下工程需要攻克更多技术难关；征地拆迁多，社会稳定性风险加大。因此，一定要认真尽职调查、分析项目所处地的自然与社会人文条件，为制订建设方案甚至调整建设内容提供依据。一切抽象的、远离本项目的、项目建成后才可能形成的、道听途说的条件都不能列为本项目的"建设条件"。

[原文] 17：地理位置、地形地貌

地理位置（节选）：本项目场址位于湖南省东北部的某县境内。某县为中国湖南省所辖县，位于湖南省中部偏北，隶属某地级市管辖。县境北接某市，东接某市，南邻某市，西面和某区接壤。地势东北向西南倾斜，海拔 150 米以上的有明月大山、兴云山、飘峰山、影珠山、龙华山、天华山等 42 座，北部明月大山海拔 659 米；主要河流为湘江及其支流。

地形地貌（节选）：某县地处湘中丘陵盆地向洞庭湖平原过渡地带，山、丘、岗、平原、水域交错分布。境内东部有大围山、九岭、连云山等幕阜山余脉，山峦起伏，主峰为大围山七星岭，海拔 1607.9m，与连云山（1600.3m）构成天然屏障。西部属雪峰山东缘余脉，主峰为瓦子寨，位于某县境的西部，海拔为 1070.8m。西北部为大龙山脉，最高峰海拔 658.6m；县东北为某县的黑糜峰，海拔 590.5m。中部丘岗散布，范围广阔，一般海拔在 50～150m 之间，最低海拔在某县北面的乔口镇附近，只有 23m。

[评析] 21：地理位置、地形地貌应指向具体

项目地的地理位置、地形地貌以及上面讲的项目地现状都是可研报告应阐述的内容，同时应指向具体。其中"地理位置"就是表述项目建在哪里，它与项目位置、项目区位是同一个地方，但内涵有所区别。"项目位置"是告诉你项目建在什么地点，是在哪些已知的四至边界之中；"项目区位"是指项目的方位，它的视野范围不是周边的四至边界，而可以很远地延伸与扩展；"项目地理位置"也表示了项目的方位，但它更能传达出地理知识方面的丰富信息，着重表明项目处在一种怎样的地形地貌、水文气象地质、物产资源、水陆交通等环境中。

原文中的地理位置、地形地貌照抄某县全境资料，地域范围讲到了遥远的周边各市区县，地形地貌讲到了山脉、丘陵、平原、河湖，交通讲到了水、陆、空。唯独没讲清卧龙湖具体在什么地方，该地有什么样的地形地貌与人文环境，湖水、污水、废

水从哪里来到哪里去，周边有哪些水、电、路等市政公共基础设施，甚至连既是卧龙湖边上最重要的地貌特征也是卧龙湖生命之源的捞刀河都没提到。

[原文] 18：地质概况

地质概况（节选）：在大地构造位置上，该县位于扬子准地台的东南隅，次级构造单元的西北部，紧邻华南褶皱系。该县地质结构主要由砂砾岩、粉砂岩、砂岩、砾岩及板岩等岩层组成，最上层多为网纹红土。

[评析] 22："项目地的"地质概况"要以地勘报告为依据

"地质概况"是所有建构筑物的基础设计与上部结构设计的依据，不但直接关系到投资大小，更关系到工程安全。做好地质勘察是民用和公共建筑以及公共基础设施项目建设的前置条件，地质勘察报告也是做好项目可研报告的必要资料。可研报告关于"地质状况"的描述一定要以本项目地块上的地勘报告为准，要如实照录地勘报告中的相关指标与结论。要列出地勘报告名称、地质勘探实施单位名称和勘察日期，以表明资料的真实性以及勘探单位的责任。切不可随意拼凑，或想当然地由彼及此、张冠李戴，甚至妄下论断。有的项目如果还没有做地勘，可比照就近其他项目的地勘资料做简要描述，但一定要说明资料来源，声明本项目的基础与结构工程方案是在参照某处地勘资料基础上的临时方案，最终将按实际地勘修正。同时，要敦促建设方尽快做好地质勘察工作，为后续初步设计提供科学依据。

[原文] 19：水文气象条件

水文气象条件（节选）：该县属中亚热带季风湿热气候区，多年平均气温在 16.8℃～17.3℃之间，最冷期 4.5℃～5.4℃，最热期 28.8℃～29.3℃，最高气温 43℃，最低气温－12℃。年日照时数 1610～1750 小时，年均无霜期 280 天，年均雾天 26.4 天，多年平均降雨量为 1483.6mm，降水主要集中在 4～7 月份，多年平均地表径流深 550～8506mm，径流总量 82.65 亿 m^3，年均相对湿度为 80%，年均蒸发量为 1206.9mm。

某河属湘江支流，河水现状水质较差，上游有生活污水及工业污水排入；经过处理后排入某河再进入卧龙湖，远期目标是达到二类水水质标准。

[评析] 23："水文气象"资料的来源

水文气象是项目地区内一种相对稳定的或遵循某种规律的自然现象。这些现象所包括的气象特征、河流水量、地下水位与水质等方面的相关数据多为历史某期实际观测、记录和积累所得。（但也有因特别重大的自然伟力或某些人造大型工程建成而改变历史记录的，如大型水利枢纽工程、强烈地震、星球撞击等可以改变地下水位高度、水质）。项目中的很多建设内容都可能依据这些信息采取对应的防范措施，例如防地下水对钢筋的腐蚀、防渗漏等。而"某河水现状水质较差"等近期形成的地表水水质，或远期达到的水质目标之类都不在可研报告所要表述的"水文气象"范围之内。但可在"技术方案"与"环境保护"中分析原因并采取措施。

[原文] 20：交通条件

交通条件（节选）：卧龙湖地处长江中游的某县，该县素有荆楚重镇、湖湘首邑之美誉。境内既有捞刀河、浏阳河、湘江三水通江达海，又有某国际机场架通连接国内外的空中桥梁；107、319 国道、京珠高速公路、武广客专、沪昆客专、京广复线、长石铁路等纵横交错，贯通东西南北，水陆空连为一体，交通便捷，地理优势明显。

[评析] 24：可研报告里的"交通条件"是什么意思

可研报告里的"交通条件"有两重含义。一是指在建设期，建设所需的建工设备、建筑材料、施工人员及生活资料的运进，场内渣土、建筑垃圾等废弃物的运出是否有必要的道路与出入口，需不需要开拓临时出入口或修建临时道路。二是项目建成后，项目运营中货物人员的运进运出是否方便，是否与外界有更多更便捷的出入通道。项目涉及的铁路、公路、水路的接运能力、承载能力，以及道路上桥、涵、隧的有效宽度、净高的通行能力等是否满足与本项目有关的物资运进运出的要求也在考虑范围内。"交通条件"可以按先远后近的顺序表述，即外围有哪些水、陆、空交通条件，项目周边又有哪些道路和出入口与外围的水路空网相连接；也可反之，即先近后远。总之，讲"交通条件"的目的是阐明该项目地是否闭塞、运输出入是否方便。尤其是具有社会公共资源性质的项目，更应注重四周的出入口与市政道路连接以及社会停车位状况的描述。如果交通条件确实是完善的，便顺理成章地有"交通便捷，地理优势明显"之说，否则就要提出解决交通不畅问题的建议，并要考虑有可能增加必要的投资。

另外，捞刀河、浏阳河是湘江的一级支流，不能将此三河并列称"三水通江达海"。

原文介绍了某县的交通全貌，但没有讲清卧龙湖"这个项目"里面及周边路网与出入口的情况，从而使项目内外交通没有衔接。

［原文］21：施工条件

施工条件（节选）：项目拟建场址外部交通、通信条件便利，各种建筑材料及施工机械设备进退场十分方便。场址内供水供电配套到位，地质状况良好，与周围地块有适当的距离，易于工程建设的实施。

［评析］25：项目"施工条件"是哪些

原文里的交通、通信、地质等已在前面分述过了，此处不要重复描述。这里的"施工条件"只需写与"施工"有直接关系的内容，如临时用水、用电接自何处，管线是否已到现场，建筑材料的供应是否充足便捷，施工机具的停放及维修是否方便等。

［原文］22：文化条件

文化条件（节选）：该县具有千年历史，文化品位有得天独厚的优势，湖湘美食闻名于世，该县是最负盛名的茶叶之乡，湘绣是湘楚文化的特色产品，地处鱼米之乡的江南，有着富饶的农耕文化，居民已形成休闲养生的健康文化。此外，还有酒文化、生态文化等渊远流长，各类大型企业也带动着该县的企业文化发展。

［评析］26：可研报告里的"文化条件"必须具有个性特征

可研报告里"建设条件"中的"文化条件"，一般只在与"文化"有较为密切联系的项目中介绍。本项目为"生态园林景观"工程，与"文化"有深厚渊源。加之，该园内设置了很多文化英豪、护国将相、社会贤达的雕塑与介绍，还有其他文化景观展示设施，是宣传当地文化的一块阵地，若能与当地源远流长的文化联系起来则更能提升公园的文化品位。但这种"文化"一定要有地区特色，要具有独有性或突出性特点。例如项目所在县本是个英雄辈出、群星璀璨、古迹遍野、誉满中华的县域。张百熙、黄兴、徐特立、李维汉、杨开慧、柳直荀、缪伯英、许光达、田汉、杨昌济、廖沫沙、李默庵等英名与日同辉；黄兴故居、徐特立故居、杨开慧故居、田汉故居、鹿芝岭新石器遗址、南托大塘遗址、棠坡清代民居遗址、腰塘遗址、团里山遗址、月亮山遗址、陶公庙、左宗棠墓、春华渡槽、关羽庙等古今胜地与美丽传说令人敬仰遐思；更有"中部第一县""全国文明县城""国家园林城市""国家卫生县城""国家生态示范县""中国人居环境范例县""中国最具幸福感中小城市"等美誉盛扬天下。这一切不仅体现了该县十分深厚的文化底蕴，而且具有显著的独有性和突出性等个性特征。

原文所述的本县"文化"对本项目而言并不能彰显显著的个性特征，而提到的美食、茶叶、农耕、酒、湘绣、鱼、米、休闲养生及其他衍生出来的所谓文化显然不是"这个"县的长处与特色，真正唯某县所独有、为中国所突出的上述众多文化元素一样都没提及。

[原文] 23：方案设计

[评析] 27：什么是"方案设计""设计方案"与"建设方案"

应将本章标题"方案设计"改为"建设方案"。

"方案设计"本是建筑工程设计中的一个阶段性设计工作。根据国家住建部《建筑工程设计文件编制深度规定》（建质函〔2016〕247号），"方案设计"是建筑工程设计三阶段（方案设计阶段、初步设计阶段、施工图设计阶段）的第一阶段工作。"方案设计"的重音在"设计"，是个动词，也可以是名词或动名词，是一项设计工作的动作或过程。设计工作过程完成之后，就会出来设计成果，称"设计方案"。"设计方案"的重音在"方案"，是个名词。但设计方案是一个还处于论证与修改过程之中的工程设计稿。"工程设计"是必须由执有设计资质的专业单位与专业人员负责的专业技术工作。

"设计方案"是建设项目可行性研究报告的研究与论证内容之一。建设项目可行性研究报告要涉及很多工程技术问题，包括建筑物、构筑物、设备设施、工艺配方及工艺路线、水、电、消防、绿化等"怎样建"的一系列专业技术问题。这些内容必须由专业设计单位在一个设计方案里做出初步确定。工程咨询人员根据国家相关法律法规、标准规范的要求，从工程咨询角度再对其进行专业的研究、论证、修改与补充。即使如此，可行性研究报告还不算完成。根据《政府投资条例》（国务院令第712号）要求，重大项目的可研报告还须经过专家的再评价。参与评审的专家又有可能对相关工程技术方案、设备方案、工艺方案、建造施工方案和经济技术指标等提出修改意见。可研报告编制单位、设计单位、评估单位和建设单位将根据评审专家意见再次对项目建设的各种方案和可研报告的其他内容进行修改调整。然后，把可研报告（修改稿）和评估结论报审批机关审批。获取了批文的可研报告才正式成为下阶段"工程初步设计"和投资概算的依据。其中，如果项目地址、建设内容规模等有重大变更或投资概算超过已批复的可研报告中投资估算的 10%，则需重做可行性研究报告，重新报批。在工程咨询实践中，凡国家投资项目基本都经历了专家评审程序，专家评审体现了政府决策的科学化和民主化。

正是经历了这一系列程序，才解决了建设项目全部功能与目标怎样实现的问题。所以，可研报告的"方案"不能再称为"设计方案"，而应称为"建设方案"。它可用于指导项目的具体实施，也可检查已完工项目是否满足既定建设方案的要求。建设方案是为实现项目建设内容与规模以及项目功能与运营目的的"路径"与手段，它已不是某一方面的方案，而是工程方案、技术方案、设备方案、工艺方案、产品方案、项目投融资及经营运作方案等多种方案的综合，是该项目进一步进行初步设计与施工图设计的基础。由此，可研报告里的方案应叫"建设方案"。

［原文］24：理念

湖泊公园设计理念（节选）：以文化型、生态型和闲适化的理念策略打造一个"外在时尚，骨子湖湘"的湖泊公园。时代性：以现代景观理念和现代设计手法诠释湖湘文化和休闲体验。生态型：采用生态理念和生态设计手法，形成城市空间与自然生态环境相互交融，人与自然和谐相处的关系。文化型：以文化为魂、以休闲活动为体，赋予景观风貌以新的文化内涵。闲适化：通过构筑桃花源般的休闲环境，让游客享受游笔泼墨般的悠哉生活。

绿化设计理念。以文化型、生态型和闲适化的理念策略打造一个"外在时尚，骨子湖湘"的湖泊公园。绿化设计中，展现"国际级文化休闲型生态湖泊"的植物景观效果，即不仅要有生态的景观环境，更要富含文化与内涵。通过文化、功能的串联使得绿地系统与湖泊系统相互呼应，形成蓝与绿的交融。

［评析］28："理念"要能在具体的事物或建设工程实体中体现出来

原文两处谈到"理念"，一是湖泊公园设计理念，一是绿化设计理念。

"理念"这个东西是存在的，坚守一个正确的理念指导，确能办好事办大事，于国则利国，于民则利民。例如，"亲民情，重民生"的执政理念、"老虎、苍蝇一起打"的反腐理念、"绿水青山就是金山银山"的环境保护理念等等。于个人，也必能成就一番事业。例如，"持之以恒、学以致用"的求学理念等等。

近年来，"理念"一词在房地产开发商中颇为盛行。房地产开发商的策划人员十分精明，似乎认为"理念"这东西很高大上，很时髦很高雅很能拔高点什么，用于某一楼盘的销售定能增加卖点。于是，不知从什么时候起，中国的楼盘无不在某一"崇高理念"下取了一个动人心弦的名字。例如在"知者乐水，仁者乐山"的理念下，利用商品房小区低洼处的那个积水塘，再垒几块假石，栽几株杨柳，便谓之"山水春城"；在"外国月亮圆"的理念下，"威尼斯城""欧洲小镇"之类的洋名便堂而皇之地挂在了神州某处新开楼盘的牌坊上。尽管这些东西是连赝品都称不上的"忽悠"，但听起来倒也有点诱人且神秘，使没去过那地方的人光听名字就有点向往的感觉。正如此，也确增加了卖点。还有一群人也喜欢制造"理念"，这就是从事工程设计和可研报告编制的文化青年。他们想方设法地去制造"理念"，甚至动不动还要"与国际接轨"，拔得很高，想得很美。至于如何用其指导或将其落实到具体的方案设计或建设方案上，又力不从心而敷衍了事，使美丽的"理念"沦落为毫不沾边、毫无价值的文字游戏。

其实，在可研报告里，"理念"就是项目建设的"指导思想"，是指导本项目建成后要达到某种目标、实现某种效果或精神境界的一种原则要求。正确的指导思想要在项目建设的实用性、经济性以及节能环保上真正地发挥指导作用，要体现在具体的设计实践或建设实践中，并能在设计成果与建设成果中体现出来或感悟出来，而不是那些落不到实处的华美辞藻。

如果硬要在设计说明或可研报告里搞个什么"理念"出来以附庸风雅也可以，但建议先不去冥思苦想地硬"挤"，而是静下心来把心中的那种"还是朦胧的不知用何言辞表达的美好愿望"先按"做什么、如何做"的思路，用文字表述出来、用笔勾画出来。然后，后退三步，以欣赏者、体验者的身份去反思，来个"看图说话"或"读后感"。也许，这时你的思路会豁然开朗，再稍加总结，"理念"便会水到渠成。这种"倒推法"虽不宜提倡，但总比最后作品中文不对题、题不对文的"理念"要好得多。

［原文］25：景观风貌定位

景观风貌定位："水墨卧龙，湖韵星沙"。"水墨卧龙"指卧龙湖犹如中国水墨画般的淡雅宁静、水韵空濛的意境和源远流长、文韵深厚的湘楚人文气质与灵魂。特别是北区岛湾相连、水天相接，细雨蒙蒙、绿影随行的水乡特色与意境；"湖韵星沙"

则道出了卧龙湖优美的自然人文风光和该县"以湖兴县"的城市发展格局，其水墨自然、人文之韵将为美丽的山水洲城开创出一个优雅休闲、诗意栖居的桃花源新世界，湖泊整体将于山水空濛、青黛含翠中浸透出浓郁的自然气息与人文情怀。

[评析] 29："景观风貌定位"应有具体所指

"景观风貌"的描述没有固定模式，因个人文学修养不同而各有千秋。有的可以写得虚无飘渺、浪漫倾情或是高端雅致以吸人眼球、增加卖点，故也为一些开发商的宣传册所惯用。但作为建设项目的可行性研究报告，却不宜有这类空泛的描绘。"定位"原意主要是一个所站位置"在什么地方"的概念，例如，把你所站的位置发个定位给司机，是有着明确指向的。现在广泛引伸至"用于某项功能""服务某类对象""适应某种范围"之类的区划。例如"中老年服饰店"的"市场定位"为服务社会人群中"50 岁以上"年龄段的中老年人，其服饰稳重朴实；"淑女服饰店"则"定位"为服务社会人群中"20 岁上下"年龄段的妙龄女郎，其服饰新潮时尚等等。可研报告中所述的"景观风貌定位"，除了应交代某一具体景观工程所处的"方位"外，更要说明这一景观工程，如长廊、栈桥、亭阁等有什么特定用途、或承载着哪种特定的文化内涵深意，从"这个定位"出发，做好进一步的设计和施工，以使其建成后实现这个"定位"的要求。

原文的"淡雅宁静、水韵空濛，细雨蒙蒙、绿影随行，优雅休闲，诗意栖居"等无具体"定位"指向，也无益于具体景观工程建设的实际操作。

[原文] 26：功能分区设计

功能分区设计（节选）：此次北部园林景观设计包含三个分区，分别是：创智企业区、历史人文区、健康养生运动区。

[评析] 30："分区"内容之和应与"整体"内容保持数量上的统一

原文的"功能分区设计"应为"分区建设方案"，即将本项目分成了三个功能区进行介绍，每个功能区再分景点介绍。怎样描述不要紧，关键是应如前面[评析] 10"内容分类"所说，把原"纵向分类"的内容拆开，变成横向分类后，将分拆的内容再分别归入到各功能区内，各功能区内的同一项内容的总量应等于"纵向分类"的总量。总之，需要讲清"房子、房间、椅子与规格"各有多少，如何建，并保持数量的统一性。

[原文] 27：车行系统设计

车行系统设计（节选）：设计强化了卧龙湖外围环湖道路与内部景观之间的有机连接，在入口边设置大型停车场，形成人车分流的交通系统。

步行系统设计（节选）：步行交通系统分为环湖观景游步道、入口大道和汀步三个基本级别。

应急通道设计：利用环湖支路，通过各入口大道与外部市政道路连接。

驳岸设计：对自然驳岸、直立式驳岸、人工沙滩驳岸，采用保留原始或局部堆叠石块、增加原木木桩、增加台阶及增加装饰。

景观竖向设计是进行堆坡造景，形成丘壑纵横的空间感觉。

[评析] 31：道路、驳岸等工程的建设要有具体做法

建造某项具体工程应有有针对性的、系统性的技术方法和技术措施。项目中的车行道、观景游步道、入口大道、汀步和环湖支路等各类型道路均有不同的宽度、不同的底层与面层材质以及不同的施工工艺，应分别进行阐述。原文里的车行道、步行道等只从定性的功能上进行了描述，没有长度、宽度、建筑材料、施工工艺与方法等数据与做法的支撑；堆坡造景又怎么堆坡？堆坡的高度多少、面积多少？自然驳岸、直立式驳岸、人工沙滩驳岸的长度、宽度是多少，怎样使其形成各种形态的驳岸，使用怎样的建筑材料等等都不清楚。这使人无法了解这些建设内容到底是"如何"建造起来的，由此，这些建设内容的投资估算就失去了依据。

[原文] 28：分区设计

历史人文区（节选）：这里总体地势北高南低，北侧山体上一股清泉从山间石缝中涌出，涓流而下。潺潺流水经知源亭、沁茶园、水梯田、桑园和湿地，层层跳落滚涌，最终汇入博大的卧龙湖。她象征了孕育某历史、人文与大地的源头，孕育了历史特有的湘楚农耕文明，孕育了悠久的历史和优美的湖湘儿女，造就了新时代的创新企业文化和精神。她像一部被历史和文化沁染的卷轴，缓缓舒展开来。所到之处，无不散发着文化的智慧和艺术的气息。

历史文化区的西侧是关羽广场，自西向东展开着一幅从历史到现代的长轴画卷。画卷的中部则体现了原始的田耕生活记忆，其中水梯田、茶田、桑园等都是为了追忆退田还湖前辛勤劳作，读、耕、渔、歌的农耕情怀。

关羽广场的核心是关羽庙。关羽庙的设计灵感来源于楚汉时期的建筑风格和装饰元素，其气势恢宏，大气方正，同时又不失细节和灵透，充分展现仿古建筑在现代手法演绎下的精美绝伦。一座关帝圣殿，就是那方水土的民俗民风的展示；一尊关公圣像，就是千万民众的道德楷模和精神寄托；一块青石古碑，就是一个感天动地的忠义教案。

［评析］32："建设方案"要对建筑要素进行真实描述

原文的"分区设计"要表达的实际上是指对相关分区内的建设内容的建设方案的描述，可是表述的却不是什么"历史人文区"的"建设方案"，而完全是情感奔放的散文家创作的一篇文辞优美、想象丰富的抒情散文。作者笔下清泉有声，关羽有影，沧海桑田，情景交融，一派仙境再现。轻诵低吟，令人遐想联翩、心驰神往、心旷神怡。然而，这种美文却完全放错了地方。应如［评析］31讲到的道路、驳岸等工程的建设方案，要有具体做法。再说一遍，"建设方案"就是要解决"怎么建"的问题，是要如何用真材实料、用科学的施工工艺和施工组织等将这些琼台楼阁、曲径回廊一木一石地砌筑起来的问题。因而，要有具体建构物的地基分析、建构物的尺寸、所用材料、制作方法、工艺路线等真实的建筑元素及相关图样。一切虚构的、情景的、心理的描写均不能运用到这样的建设方案中来。

结合以上，谈两个问题，一是建设方案写什么，二是可研报告的语言要求。

［评析］33："建设方案"写什么

建设方案写什么？很简单，"建设内容"是什么，它们建成后的功能是什么或者说需要具备哪些功能，"建设方案"就是为实现这些内容与功能的具体"做法"，即"怎么建"的问题。例如：在"卧龙湖北部园林景观工程建设内容表（节选）"中，建设内容有11大项、32小项。第一项，绿化工程，分为常规绿化、草坪、茶园、湿地四项。"建设方案"就是要描述这些"绿化工程"分别在什么具体位置、多大面积，是怎么进行常规绿化、怎样建草坪、怎样建茶园、怎样建湿地的，用了哪些植物品种，要达到怎样的效果等。景观水体分两项，一项是自然水体，一项是规则水体。要解释什么是自然水体、什么是规则水体，具体描述"怎么建"这些水体。

表中的内容是"节选"，还有没被"节选"进来的其他建设内容也一样，如景观亭6个。6个景观亭各是什么形状，什么结构，什么材质，亭子有多高，底面积有多大，等等。在表述所有建设方案时，有效果图和平立剖结构图的，均应配图列示。

当然，上述只是很粗浅的实例，而实际上，项目建设方案不仅仅是只有"建设有形建构筑物"才有"建设方案"，那些无形的技术手段也是建设方案。例如，采用什么工艺配方和工艺流程，药剂或原材料有什么质量要求，选取什么样的经济技术参数等等也是建设方案，要针对内容进行详细表述。

［评析］34：可研报告的语言要求

可研报告的语言（文字）是可研报告的载体，一篇可研报告必须使用准确的语言（文字）来承载。要明白，可研报告是一篇对某建设项目加以系统研究之后的总结性文章，属于描述科学研究成果的兼具经济与技术的论文。它强调的是对研究过程的归纳性表述，是对研究过程中的工艺技术与实施步骤的严谨记录，是对研究对象的数量与质量的认定，是对建设投资的测算与效益的分析。因而它的语言应通俗易懂、朴素无华，来不得半点虚伪与想象。在工程建设方案中表述"是什么""怎么建"的时候，就要用建筑学语言、工程学语言来表达；在用数字来表述工程量概念与效益概念的时候，就要用"说一不二"的数学语言、经济学语言、会计学语言来表达。切不可以用朦胧的、充满幻想的、夹有情感的诗化与散文化语言来表述工程建设方案和相关经济关系。

此外，可研报告既然是一篇论文，必须符合论文的基本要求，即论点明确、论据充分、论证有力、结论正确；要结构严谨、逻辑慎密、层次分明、文理通顺、资料翔实、查有实处；要行文流畅、语言简练、用词得当、朗朗上口，切忌夹带口语化的字句；要用规范化的格式、段落、标点符号；要消灭错别字，注意版面的整洁与美观。尤其要注意定性描述的概念与定量分析的数据在全文前后必须一致。

［原文］29：绿化设计

绿化设计：（1）该县及卧龙湖植物环境分析：该县位于湖南省东部，隶属省会市管辖。卧龙湖位于该县县城东北角，2003年退田还湖。该县特产为茶叶、优质大米。（2）植物品种选择（节选）：常绿大乔木10种、落叶大乔木13种、小乔木、花灌木品种13种、小木品种12种、草本地被品种11种。

［评析］35："绿化工程"要因地制宜，具有地方特色

原文中的"绿化设计"应为"绿化工程"或"绿化建设方案"。绿化工程或绿化方案和其他建设工程的方案一样，都是要解决怎么做的问题。本项目是"退田还湖"

后的一个水陆兼具的生态公园，应十分注重绿化美化，公园里的植物肯定是以观赏的花木类、被移栽来的用以保护的古树名木、或从外域引进的奇花异木为主。因此，应特别关注这些植物对本地土壤气候的适应性。报告抄录了本市域内的 207 种乡土植物品种中的 59 种供选择是可以的，但可研报告不能仅提供植物名称，而是应细化分区地规划植物品种。例如，哪一块水域种什么水生植物，哪一片驳岸种什么亲水植物；哪一片湖岸是什么土质，可以建桃园、梅园、橘园、竹园或古树名木园、异域奇花园等。因为是有目的的人工规划，还要依据不同地块标高、土壤性质来配置不同的季相品种，使之达到高低错落、特色突出、层次分明、品种丰富、四季花鲜叶茂的景观效果。其中，如有特别需要专门设备设施栽培技术的植物更要有具体的做法。

原文中的"该县特产为茶叶、优质大米"与本节无关。

[原文] 30：铺装设计

设计原则（节选）：卧龙湖铺张设计生态性、文化性、国际性、标志性，体现卧龙湖的"水墨淡雅"；保持空间的统一和可识别性；表达铺装的变化性和丰富性；体现"以人为本"的耐久性与安全性，兼顾景观性、实用性；保证地面排水的连续性等等。

铺装设计（节选）：将人文精神植入到铺装当中，选材主要为花岗岩、广场砖等，展现出简洁大气；使用防腐木或塑木等木质材料，增添自然和亲切感；适用于风景步道的彩色混凝土地坪或彩色混凝土地坪与洗石子的结合；生态停车场使用兼具生态环保性能的植草砖。

[评析] 36："铺装工程"应配图描述

原文"铺装设计"应改为"铺装方案"或"铺装工程"。原文为一个十分简单的铺装工程提出了"生态性、文化性、国际性、标志性，统一性、可识别性、变化性、丰富性、耐久性、安全性、景观性、实用性、连续性、生态环保性"等十四条很"高大上"的原则，可是，如何体现在方案里呢？一点都没有。其实，很简单，也不要那么多"原则"，直接写清哪些工程（如道路、广场、亲水平台、停车场等）需要铺装，铺装地的长度、宽度与面积是多少，这些铺装用的是什么规格什么品种的材料，采用什么样的铺装工艺，然后为相应铺装配上图示即可。这样，方案具体，简洁明了，文风朴实，又图文并茂，这才是可研报告所要求的。大量新思潮的空洞的文字堆砌，既无益于实际的施工操作，也无任何指导作用，还不符合可研报告里建设方案的要求。

[原文] 31：标识设计

（1）景观标志设计要做到全面、系统、科学、合理。（2）以协调环境状况、建筑物特征为出发点，与整体景观设计意向匹配，达成视觉和谐。（3）设计新颖、醒目、美观、富有特色，同时要体现生态性、文化性、实用性、创新性、人性化、国际化，满足市民与游客的行为和心理需求。（4）标识设计种类：平面分布指示标识、公共空间指示与服务标识、方位指示及场所标识、交通信息标识、操作标识、文化宣传标识。

[评析] 37："标识"要有显著的个性、鲜明的识别性和指示性

标识是伴随公共信息不断发展的时代产物，包括用文字、图形来描述位置，指示方向，树牢商业品牌、产品或服务特征的一种公共信息。标识的特点是具有显著的个性、鲜明的识别性和指示性。本项目所指标识主要是指示性标识，因而不只是对标识提出笼统的要求，更要提出最需要建设些"什么样"的标识，它们要设置在哪里，有什么作用，要让人一看就明白"我"现在站在什么地方、要去的目的地在哪里、怎么走。同时，要配发有代表性的标识实物图片，给人一目了然的感觉。

[原文] 32：水系统设计

给水排水设计（节选）：景观建筑生活和消防用水接市政管网，绿化、冲地用水取自附近水域，水景用循环给水，热水用太阳能；区域内污废水采用人工生态绿地处理污水系统，部分雨水由透水管收集排入就近市政雨水管网；水循环处理系统流程为：水源→湿地水生植物净化→物化法杀菌除藻→砂滤罐→水面高点→跌水瀑布→阳光杀菌→湖水→水景。

[评析] 38："给排水工程"就是水怎样来与到哪去的系统工程

这里的"水系统设计"实际上就是"给排水工程"或者"给排水工程建设方案"。"给排水工程建设方案"要系统地阐述生活用水需要量和污废水排放量，净水废水从何处来及怎样来，又到何处去及怎样去，以及各类供排水相关设备设施。在描述给水工程时，要有净水的需要量分析与预测，要有水源、水质、水压分析；描述排水工程时，要有污水、废水排放量、场地坡度与流向分析；描述雨水量时，要有暴雨分析；确定给排水管网时，要有流量与管径的分析；确定管材时，要有管材种类的比选分析。管材填埋时，要按规范处理好与地下其他管线的关系。不同性质的污水废水，处

理方法不一样。粪便污水、洗浴废水，必须经化粪池处理后排入市政污水管网；厨房污水要经去油污处理后排入市政污水管网；而其他污染物更严重的污废水（如工业废水、医疗废水等），则需按不同标准经过更严格工艺路线和处理设备的处理。

新建公园排水系统应采用雨污分流制排水。污水排入市政污水管网，雨水优先引入植被地的浅沟、雨水塘，或构建下沉式绿地等地表生态设施，在充分渗透、滞蓄雨水的基础上，减少雨水外排量。公园外围有较大汇水汇入或穿越公园用地时，应设计调蓄设施、疏通径流排放通道，适时将外围的地表雨水调蓄和排除。

本项目以卧龙湖为主体，湖周边绿地呈带状围绕且宽度较窄，地表向湖心倾斜，故雨水径流不大，无需采用其他调蓄措施，也无需"收集排入市政雨水管网"，可任其自然渗入地下以滋润花草树木、补充地下水源，或顺地势流向卧龙湖。

本项目无"人工生态绿地处理污水系统"，不存在经过什么"水循环处理系统流程"。原文中的"水循环处理系统流程"也只是水的单向流程。因为水从"水源"经"水面高点→跌水瀑布"，并流到低点（终端）"水景"处后，是不能自行走回头路的。所谓"水循环"必须有外力的助推，即在最低处用提升设备把水提回到最高"水源"处，又从高处流到低处，如此才能"循环"。显然，本项目是不可能做到的。既然回不去，就要在"水景"处设泄溢的出口，让其继续往下流。

原文所述的"污废水处理"与项目实际情况不符。做建设项目的可行性研究或编制建设项目的可行性研究报告时，一定要深入现场，实地调查研究，使文本中的"现场"描述与实际现场相符，切不可道听途说想当然。

[原文] 33：节能设计

节能设计（节选）：最大限度地利用自然能源采暖降温。在园林景观、给排水、电气设计中采用高效节能的技术，使本项目的设计具有先进性。

[评析] 39：可研报告的"节能"应独立成章

根据原国家计委、国家经贸委、建设部印发的《关于固定资产投资工程项目可行性研究报告"节能篇（章）"编制及评估的规定》（计交能〔1997〕2542号），本章不能叫"节能设计"，应为"节能专篇"。"节能专篇"需要具体分析、阐述本项目的用能品种、用能标准、能源供应条件，计算出各能源品种消耗的实物量和按标准煤计算出来的年综合能耗量。要用国内同行业先进能耗水平或国际先进能耗水平与本项目的能耗水平进行对比，找出差距，再描述各种节能措施。这些节能措施包括建筑节能、水电节能、设备与材料使用节能、管理节能等。然后，对节能效果做出评价，为后续的进一步设计、施工以及建后的运营提供依据。

综合能耗计算的能源根据《综合能耗计算通则》（GB/T 2589—2008）规定，是指用能单位实际消耗的各种能源，其中：

一次能源，主要包括原煤、原油、天然气、水力、风力、太阳能、生物质能等；二次能源，主要包括洗精煤、其他洗煤、型煤、焦炭、焦炉煤气、其他煤气、汽油、煤油、柴油、燃料油、液化石油气、炼厂干气、其他石油制品、其他焦化产品、热力、电力等。

耗能工质消耗的能源也属于综合能耗计算种类。耗能工质主要包括新水、软化水、压缩空气、氧气、氮气、氩气、乙炔、电石等。

应认真摸清每个具体项目的耗能种类，但每个具体项目只可能耗用其中的几种能源。要通过表格形式进行能源实物量消耗计算，再折算成标准煤，然后进行能耗分析。例如某小区的耗电、耗水的用能计算。

1. 项目能源消耗量计算

1.1. 能源消耗实物量计算

1.1.1. 用水量计算

本项目用水定额取自《湖南省地方标准——用水定额》（DB43/T388－2014），经计算，本项目日用水量约＿＿ m^3，年用水量为＿＿ m^3。

评析表 06 　　　　　　　　　　**项目生活用水量汇总表**

序号	用水对象	用水标准	用水对象		日用水量 m^3）	年用水量 m^3	
			单位	数量		年用水天数	数量
1	居民用水	155L/人·d	人				
2	商业用水	4L/m^2·d	m^2				
3	停车库地面冲洗水	2L/m^2·d	m^2				
4	绿化及广场用水	2 L/m^2·d	m^2				
5	道路洒水	1 L/m^2·d	m^2				
6	小计	—					
7	未预见水量	—	按上述10%计				
8	用水合计		6+7				

1.1.2. 用电量计算

根据《全国民用建筑工程设计技术措施》（节能专篇——电气），采用单位面积指标法估算。本项目全年总用电量为＿＿＿＿＿＿＿ kw·h

评析表 07　　　　　　　　项目用电量计算表

序号	用电地点	数量 m²	用电标准 w/m²	有功功率 kw	日用电量 时间 h	日用电量 电量 kw·h	需用系数	年用天数	年用电量 kw·h
1	住宅面积		30						
2	商业面积		45						
3	社区用房面积		8						
4	地下车库		1						
5	室外亮化		1						
6	小计	—	—		—	—	—	—	—
7	不可预计电量	按上述 5％计							
8	用电合计	6＋7							

1.2. 项目综合能耗量

评析表 08　　　　　　项目综合能耗量计算表

能源种类	年消耗实物量	折标系数		折标煤（t）	比重％	备注
电 kw·h		0.1229kg/kw·h	当量值			按当量值计算
		0.305kg/kw·h	等价值			按等价值计算
水 m³		0.0857kg/ m³				按当量值计算
						按等价值计算
年综合能耗		当量值				按当量值计算
		等价值				按当量值计算

注：电力折标系数取自国家标准《综合能耗计算通则》（GB/T 2589—2008）附录 A 各种能源折标准煤参考系数；水的折标系数取自该《通则》附录 B 耗能工质（新水）能源等价值。

2. 评价

项目用能总量和能耗指标合理，能源使用主要为项目建成运营后的日常工作、生

活中的耗电、耗水，其中，电能占＿＿％，水占＿＿％，符合国家、地方节能规范及标准。（增加与同类项目的能耗比）

3. 节能措施（略）

上述"原文"除零散地讲了一些采用节水设备、节电设备外，有关节能篇章所必要的内容都没有涉及。原文中的"节能设计"，应为"节能措施"。"最大限度地利用自然能源采暖降温"的表述也不准确。

［原文］34：环境影响评价

（一）环境影响分析：施工期环境影响分析（略）、运营期环境影响分析（略）；（二）环境保护措施（节选）：本工程设计采用雨污分流系统，雨水经收集就近排入市政雨水井，污水经收集接入化粪池初步处理后排入市政污水管网，最终接入城市的污水处理厂处理。

［评析］40："环境保护"重点关注项目建设中与建成后的负面影响

环境保护已成为我国基本国策，必须坚决贯落实习总书记关于"绿水青山就是金山银山"的理念，坚决打赢蓝天碧水保卫战。而工程建设是造成生态破坏、环境污染的重要源头，加强工程建设中和建设后的环境保护是项目建设可行性研究的重要内容。建设项目的环境保护重点关注项目建设中与建成后的负面影响。

环境保护是可研报告不可缺少的一章，主要包括四大部分：一是进行环境保护的依据，主要是列示国家有关环境保护的法律法规和标准规范。二是建设期的环境影响因素分析与防治措施。建设期的环境影响因素主要是施工阶段拆除原有建构筑物产生的建筑废弃物与扬尘、土地整理对植被的破坏与对动物的惊扰、雨水冲刷蓬松土壤造成的水土流失及对水源的污染、土地开发对文物古迹等人文环境的破坏、实体工程施工产生的建筑垃圾与生活垃圾、运输车辆产生的尾气、机械设备产生的噪声、熬制沥青产生的有毒有害烟雾与尘埃等等。对具体项目的具体影响因素要进行识别，详细分析产生的原因，有针对性地制订防范措施。三是运营期的环境影响因素分析与防治措施。该期土建工程方面的建设内容已经完成，产生的环境影响因素也随工程建设的完工而消失。但其他更复杂的环境影响因素也随之产生，并因项目建成后建构筑物的使用功能不同而不同。例如，医疗单位、工矿冶炼企业、加工制造企业，生活服务企业等，情况十分复杂。它们所产的有毒有害废水、废气、固废垃圾、光污染、电磁污染、核污染等就更复杂了。一定要认清这些环境影响因素产生的途径、种类、数量、性质与危害程度，必须采取有针对性的科学的防范措施。其中，必须坚决贯彻落实三废处理设备同时设计、同时施工、同时验收投入使用的"三同时"原则，以及三废排放必须达到相关法定的标准等。四是环境治理评价。环境评价主要是从对比分析中体现防治效果，阐述达到防治目的的意义，治理后有哪些生态效益、环境效益、社会效益。

由于本章的目的是要求设计单位、施工单位与建设方在本项目的设计与施工中和建设完成后，在保护环境方面应"如何做"的问题，而不是对环境进行先行"评价"，故标题应改为"环境保护"或"环境保护方案"。

环境保护要有针对性。"针对性"就是要有本项目的"个性化特征描述"。例如本项目为生态公园建设项目，既涉及水、土、植物等自然资源的破坏，又涉及对这些资源的改造、利用与保护。特别是项目建成后，原有的负影响因素与建设中的负影响因素消除了或减弱了，而新的负影响因素又产生了。譬如，游人增多，会带来各种生活垃圾或对树木花草的攀摘等负面因素，于是应采取相应的保护措施。例如禁止园内野餐烧烤、禁止乱扔果皮纸屑、禁止踩踏草地与攀枝摘叶、禁止随地大小便、禁止大型犬类畜类进入、禁止在水域游泳垂钓等相关禁令措施，以及其他为营造洁净、舒适的公共环境，促进本项目持续良好运行的措施。

［评析］41："雨水收集"要视具体情况而定

雨水收集是当前一项环保、节能、充分利用水资源、降低用水成本的重要措施，在有条件的地方都要提倡雨水收集。例如，拥有大面积硬质地面的城镇，为防止建构筑物表面存积的污染物质因雨水冲刷而扩散，或防止暴雨造成城市内涝，应该采取雨水收集措施，将雨水排入市政雨水或污水管网；在城镇建立专门的市政雨水收集与排放系统，使雨污分流，以减轻污水处理厂的污水处理压力；某些有条件收集雨水的建筑群或需大量使用非生活水的地方，将收集的雨水经处理后用于绿化浇灌、脏物冲洗等，以节约能源、节约水资源，降低用水成本；在干旱的地方，也可以将收集的雨水储存起来以备短期生活之用。本项目地处雨水丰沛的南方，又是一个水陆合一的生态公园，无必要去收集雨水，更不必将"雨水经收集就近排入市政雨水井"。理由很简单，公园陆地上的花草树木需要天然雨水的滋润，湖岸绿地面积较为狭窄，地表上暂时吸收不了的雨水会很快流入湖中，或可以在径流较大的地方顺地势设置沉沙井，沉沙后的雨水再直接流入湖中，不但不会污染湖水，反而会增加湖水水量、促进湖水新陈代谢、提高湖水自净能力，从而改善水质。

[评析] 42："雨污分流制"是我国新型城市发展的必然趋势

雨污分流制，即将雨水和生活污水分别设置管道排放的制度，是我国新型城市发展的必然趋势。雨水是十分宝贵的淡水资源，落入地面的雨水经留泥井等简单设施去除浮渣、泥沙等杂物后，便可进入雨水收集系统，直接用于农林作物的浇灌，或排入江河湖海等自然水体。而污废水则要通过专门的污废水收集渠道（有重度污染物的特殊地域需经专业处理）进入市政污水管网，再输送至污水处理厂，处理达标后才能排放。如果雨污不分流，全部进入市政污水管网，不仅宝贵的淡水资源得不到回收利用，还会大大增加污水管道的运输负荷和污水处理厂的处理负荷，造成一系列资源的重大浪费。因此，现在的城市在新建或改造时，都必须实行雨污分流，分建雨污系统。本项目因不需收集雨水，不存在"雨污分流制"的问题，只设置污水管网系统即可。

[原文] 35：项目实施进度

项目实施进度安排（节选）：根据项目实际情况及建设单位的要求，拟建卧龙湖北部园林景观工程建设周期为 36 个月，即 2012 年 9 月至 2012 年 11 月，完成该项目方案设计及可研审批工作；2013 年 12 月至 2013 年 7 月，完成该项目的扩初设计、施工图设计及招投标工作；2013 年 8 月至 2015 年 7 月，完成全部工程施工；2015 年 8 月，完成工程扫尾及竣工验收。项目实施进度计划安排表（略）。

[评析] 43：什么是"建设期"

顾名思义，"建设期"是把项目从启动到建成的时间段。一般有两个认定方式：一是从建设资金正式到达项目账户之日算起，二是从施工队进场动工之日算起，二者均至竣工验收之日结束。资金一旦到位，就不管动工不动工，通通设为建设期资金、计算建设期利息，意味建设期开始了；施工队进场施工了，即使资金没到位，也视为资金在使用，同样视为建设已正式启动。实践中，多以施工队进场动土或是招标文件规定的建设期为准。原文中"进度安排"所表述的"建设期"概念是不对的，其中，方案设计及可研审批工作、扩初设计、施工图设计及招投标工作等都是本项目建设的"前期准备"工作。"前期准备"的时间是没有准的，可能一拖好几年还动不了工。因此，"前期准备"一般不写"起始日"，只写"终了日"，即要求什么时日前完成，所以它不能算在建设期内。如果要在"实施进度表"里体现，可作两部分表述：一为"前期准备时间"，二为"建设期施工进度"，在两部分之下再设分项工程进度。"形象进度图"的进度跨度一般以月为单位，分项工程进度线不一定首尾相接，它们可以交叉、同时进行。

[原文] 36：项目招投标方案

项目招投标方案（节选）：按照国家发展计划委员会《建设项目可行性研究报告增加招标内容及核准招标事项暂行规定》（〔2001〕第 9 号令）和湖南省发展计划委员会《湖南省工程建设项目可行性研究报告增加招标内容及核准招标事项暂行规定》（湘计招〔2002〕417 号），本项目的勘察设计、监理、施工单位的选择与重要设备、材料的采购均须进行招投标。

[评析] 44："项目招投标"是国家发改委明令要求增加的专章

国家发改委 2001 年 6 月 18 日发布的第 9 号令要求在建设项目可行性研究报告里增加招标内容以及核准招标事项。这是一项通过公平、公开、公正竞争，择优选取施工队伍或货物（服务）供应商，防止在工程建设与货物（服务）采购时暗箱操作、产生腐败，防止损害建设单位、投标人利益的重大举措，对规范建设项目招投标活动，保证项目建设工期、工程质量、资金合理使用以及廉政建设具有十分重要的意义。

可研报告里招标活动的文字部分主要列示招标所依据的法律法规、招标项目、招标范围、招标组织形式、招标方式等内容。此外，还需列一张"招标基本情况表"和一张"审批部门核准意见表"。"招标基本情况表"的横栏有招标项目、招标范围（全部招标、部分招标）、招标组织（自行招标、委托招标）、招标形式（公开招标、邀请招标、不采用招标）以及备注等栏；纵栏的招标项目下，有勘察、设计、施工、监理以及重要设备和材料的采购等内容。

在可研报告的"招标内容"里，只列出招标项目（内容）的名称。可以根据不同项目内容设置需要通过招标择优选定供应商的招标项目，例如地质勘探、建筑设计、土地整理、建筑施工、园林绿化等。本项目的地质勘探、建筑设计已通过招投标了，不应再在"招标基本情况表"里打"√"，但需要在"备注栏"里写明"已完成招标"。另外应注意的是，"招标基本情况表"里除在"全部招标""委托招标""公开招标"栏内可以打"√"而不需要另做说明外，在其他栏内，如部分招标、自行招标、邀请招标栏内打"√"时，就需要说明原因，并引用相关法律文件，以证明拟采取的这种方式的合法性。其中，"审批部门核准意见表"由审批部门核准、盖章后，随可研报告批复一同下达。

［原文］37：投资估算

投资估算：1. 编制依据（节选）：项目设计图纸及说明书；国家及各级地方政府、行业主管部门颁布的相关收费标准、计费价格等文件。2. 编制内容（节选）：工程费用，包括土方工程、建筑工程等费用；工程建设其他费用，包括建设单位管理费、……等费用；征地拆迁费，征地拆迁工作已基本完成，估算中未计列；基本预备费，费率按8％计取；建设期贷款利息，根据银行最新贷款利率进行计算。

3. 总投资估算（节选）：建设项目估算总投资为22179万元，其中：工程费用……详见《卧龙湖北部园林景观工程投资估算表》（略）。

（二）资金筹措：建设项目所需22179.91万元建设资金，拟定其资金来源为自有资金和银行贷款。

［评析］45：投资估算的"编制依据"

投资估算是可研报告里极为重要的内容"三要素"之一，需要花主要精力进行专章编制。

可行性研究报告的投资估算是"估算控制概算、概算控制预算、预算控制决算"的投资控制链的第一环节，因而必须对项目全部建造工程的内容及工程量在特定建设方案条件下所耗用的资金进行全面估算，为资金筹措、资金投放以及资金管理控制提供依据。故在编制投资估算时，不能随心所欲，想怎么编就怎么编，要估多少投资就估多少投资的，而是要依据投资估算应遵循的相关法律法规，政策、行业主管部门制定的相关定额标准，参照当下市场价格行情进行编制。投资估算必须有投资估算的"编制依据"。

编制依据为"投资估算与资金筹措"专章里的第一节。该节要说清三方面的问题：一是本投资估算编制依据了哪些政府部门或专门机构发布的哪些文件。二是投资估算中的哪些具体数据（例如某项消耗定额、计价规定、取费标准等）取自哪份具体文件，或者是从市场调查而得。三是其他说明，包括一些需要特别说明的依据或对可能产生疑义的地方的澄清。此外，政府部门或专门机构发布的相关文件有很强的地域性与时效性，即不同的省、市、县会有不同的政策要求或定额标准，而且是动态的，会定期更新发布。故应特别注意地区与时效，要采用当地最近期的相关文件，市场价更应注意动态变化。为节约篇幅或更直观，有些取费依据的文号或简要说明也可以直接写在"投资估算表"中对应费用的栏里。

但随着我国建筑市场的不断开放、国家管理体制的改革，国家对于"工程建设其他费"中的很多工作的收费定价已不再有统一的规定，收费项目也在逐步取消。例如，设计、监理、工程预决算编制等都已市场化，相关价格靠招投标竞争或磋商而定，故相关计价文件的取费仅作投资估算时的参考。

原文中的"编制内容"本就是投资估算表中的内容，此处可不再列出。"工程费用""建设工程其他费"在投资估算表中也已详列，此处也不需再列；但征地拆迁费，预备费费率，建设期贷款利息的说明、标准等项均应列入"编制依据"中。

［评析］46："工程费用"的单位造价应以建设方案为依据

原文的投资估算表中"工程费用"的项目名称复制了"卧龙湖北部园林景观工程建设内容表"中的建设内容，这是对的。但综观报告全文，又发现还有部分工程，例如景观亭等并没有列入建设内容中。而列入建设内容中的分项工程又没有针对性的具体建设方案，既遗漏了"建设内容"，又不知已列入"建设内容"的工程是"怎么建"起来的；既不知使用的是什么建筑材料，又不知采用的是什么施工工艺，从而导致"工程费用"栏下的分项工程（建设内容）的"单价"完全缺乏依据。因为，同一个工程项目，使用不同的材料，采用不同的施工工艺，单位造价是完全不一样的。例如报告中投资估算表中的"绿化工程"，要不要整理土地？是栽树、栽草还是栽花？栽的什么树、什么草、什么花？不仅每一样树木花草有每一样的价格，而且对土质、肥料以及养护的要求也不一样，当然价格也不同。报告中的实施方案没有说清"怎么绿化"，又怎么能确定"绿化工程"投资的综合单价为"每平方米 168 元"呢？其他工程项目的单价也是如此。

所以，建设内容、建设方案、投资估算三者是互为前提互相依存的关系，即有哪些建设内容，就要有一一对应的建设方案；有什么样的建设方案，才有什么样的投资估算。反过来，投资估算是对应建设方案的，建设方案又是建设内容所要求的。建设内容、建设方案、投资估算是建设项目可行性研究报告的核心内容，我们称之为可研报告的"三要素"。与［评析］01 中的"十问"相结合，合称为可研报告"十问三要素"。

记住这"十问三要素"及其关系，并把它们阐述清楚，可研报告的框架、内容及深度就基本能达到要求。

［评析］47："投资估算表"的推荐表式

原文的"投资估算表"不能全面反映整个项目的资金投入要素，现推荐根据全国注册咨询工程师（投资）资格考试参考教材《项目决策分析与评价》第六章"投资估算"整理的模式：（表中预备费率可在5%～10%之间取值）

评析表09   **投资估算表模式（参考表式）**

序号	工程或费用名称	单位	工程量	单位造价（元）	估算价值（万元）					占总投资比例（%）
					建筑工程	设备购置	安装工程	其他费用	合计	
一	工程费用									
…	（工程子项名称）	…	……	……	……	……	……	…		
二	工程建设其他费	取费依据（仅作投资估算参考）								
…	（费用名称）	…	列出相关文件名称和文号				……	…		
三	预备费	（一+二）×8%								
四	建设期利息	计息基数、计息年与计息利率								
五	项目总投资	一+二+三+四								100.0

注：安装工程费用按设备购置价的10%计。

[原文] 38：社会评价

社会评价：（一）项目对社会的影响评价：1. 对当地居民收入的影响（略），2. 对所在地不同利益群体的影响（略），3. 对文化、教育、卫生的影响（略），4. 对所在地基础设施和公共服务的影响（略），5. 对经济发展及就业的影响（略），6. 对居民生活的影响（略）；（二）项目与社会的互适性分析：1. 项目与当地文化技术的互适性（略），2. 项目承担机构能力的适应性（略）；（三）项目对公平的影响（略）。

[评析] 48："社会评价"要点

项目的社会评价是指本项目的建设对当地的社会政治经济环境和各阶层的人群有何现实的影响。项目不同，评价内容不同，主要从以下几方面给出评价结论：本项目的建设对当地居民收入的影响；对当地居民就业的影响；对不同利益群体的影响；对项目所在地区（省、市、县区、乡镇、村）的文化、教育、卫生、环境及市政其他基础设施、公共服务的影响；对山川地势、农田水利、生态环境的影响；对当地的节能减排、提高资源利用率的影响；对缩小城乡间、区域间的社会经济差距，提高当地人民物质文化生活水平及社会公共利益的影响；等等。

关于社会互适性分析，主要从以下几方面进行：本项目的建设与省、市、县区、乡镇社会经济发展规划的衔接与适应，与周边同类项目的衔接与适应，与当地文化技术的衔接与适应，与承担建设任务的机构能力的适应等。有些项目还应分析与不同行业、不同人群、不同民族的适应性等等。

原文的社会评价分析从每节的标题看，内容较全面，基本符合可研报告关于"社会评价"的内容和深度要求。但标题下内容空洞，泛泛而谈，没有针对"本项目"的具体实例与数据，即如前面说的没有"本项目的个性特点"，因而没有充分的说服力。

[原文] 39：风险分析

（一）项目风险因素识别：1. 市场风险（略）、2. 技术风险（略）、3. 工程风险（略）、4. 资金风险（略）、5. 外部协作风险（略）、6. 管理风险（略）、7. 社会风险（略）。（二）风险评估程度分析。风险评估采用专家评估法。（三）降低风险的主要措施（略）。

原文表 03　　　　　　　主要风险因素及等级评估如表（节选）

主要风险因素	风险程度等级					备　注
	高	较高	中	较低	低	
1. 市场风险					√	项目靠近县城中心，周边居多，市民对城市公园的需求愿望强烈，项目建设风险小
……						……
……						……

[评析] 49：风险分析要分清风险的两大类型

可研报告"风险分析"中的风险分为两大类型：一类风险源来自项目外部，即"外部影响项目内部"的风险。如市场、技术、原材料、资金、国家政策等因素的不确定性或不断变化，都有可能对项目建设的进度、工程质量、项目经济效益与社会效益产生重大影响。可研报告应分析项目可能存在的外部风险因素并评估风险程度，有针对性地采取应对措施以化解风险或降低风险程度。为了清晰地认识这些风险，可研报告除了有文字表述，还往往配有一张风险评估表，列出风险因素与风险程度，一目了然。这是可研报告常用的风险分析方法。

另一类风险源来自项目内部，即"项目内部影响项目外部"的风险。影响了外部，必导致外部影响力的反弹，又成为冲击本项目的风险。例如，项目建设需要征收土地、拆迁房屋，或产生重大污染。这些影响因素的产生及形成实质性风险，往往是因为相关法定程序缺失，法律政策宣传不够、贯彻执行不力，经济补偿不到位等原因，而遭到土地房屋所有者或污染受害者的抵制与反对，它们甚至会酿成突发性、群体性的政治或刑事案件，给社会带来不安定因素。这类风险就是国家发改委印发的关于《重大固定资产投资项目社会稳定风险评估办法》中所说的"社会稳定风险"，风险源在项目内部。对于这类风险的规避，第一要审议项目征地拆迁的法律依据，是否履行了法定程序或程序是否合法。第二要对被影响的人群进行有广度与深度的政策宣传与建设意义的宣传，争取当事群众的理解与支持。第三要调查摸清落实受损受害的居民人数，侵占构建物与土地的数量、损毁价值，环境污染因素与危害程度，客观评估风险等级。落实补偿政策和补救措施，做到透明、公开、公平、公正。第四要有后续风险的预防与化解措施。第五，对确认为高风险的项目则应果断停建或缓建。

原文对"外部影响项目内部"的风险做了适当分析，评估了风险等级，也提出了化解风险的相关措施，能基本满足风险分析要求。存在的问题仍然是表现项目个性特点的风险识别与化解措施不够。此外，本项目为退田还湖工程，不涉及征地拆迁，也不产生污染源，故可以不进行社会稳定风险分析。

［原文］40：研究结论与建议

（一）研究结论（节选）：项目总占地面积约172公顷，其中景观面积约59公顷，水域面积约113公顷，总投资约为22179万元，资金来源为政府投资；（二）建议：（略）。

［评析］50：可研报告的"结论与建议"

可研报告的"结论"是对本项目建设全部研究过程的总结，是工程咨询人员通过一系列的深入调查研究与论证之后，告诉项目的建设单位、项目的审批者或阅读者最后的结果是什么。为此，应将研究过程和内容加以整理、提炼、归纳，再给出一个定性的肯定性的评价"结论"。例如，本项目的建设内容符合国家产业政策、符合地方××发展规划与社会经济发展需要，项目建成后将对社会经济的某方面产生某种重大影响，具有重要意义。本项目的建设规模符合相关标准规范要求，技术方案可行，投资合理，经济效益和社会效益显著等等。但这些评价结论都要针对"这个项目"来写，不能张冠李戴，要力避泛泛而谈或"放之四海皆准"的"结论"。此外，本章的"结论"应与第一章总论中的"结论"保持一致，且"总论"中的"结论"只能是本章"结论"的提炼，或者说，本章的"结论"是"总论"中的"结论"的扩展，而不能得出互相矛盾的结论。

本项目的研究结论应从改善当地人居环境，完善城市功能，有利于城市中心向东扩张，以及周边土地的开发和利用等方面加以深化补充。

"建议"是对研究过程中发现的问题，或者对今后建设运营中可能遇到的问题提出解决的办法与方案。例如建设内容、建设规模上有何不足，建设方案上还要如何完善，资金筹集还有哪些措施等等。同样，本章的"建议"应与第一章"总论"中的"建议"保持一致，且"总论"中的"建议"只能是本章"建议"的提炼，或者说，本章的"建议"是"总论"中"建议"的扩展，而不能互相矛盾。

原文所列"建议"基本符合要求，只是深度不够。

评析后语

《卧龙湖北部园林景观工程可行性研究报告》的编制者将如此浩繁的资料整理组织起来已经付出了艰辛的劳动，实属不易。但要坦率指出的是，此《报告》瑕疵较多，距离一份优秀的建设项目可行性研究报告，仍存有较大的提升空间。

我国地域辽阔，工程建设项目类别繁多、数量庞大，而不同地域、不同性质、不同类别的建设项目对可研报告的要求也不尽相同。本文不能囊括所有方面，仅仅只是就一个具体项目的一份具体的可研报告所反映的部分问题进行了一定程度的评析，并不完全，也不完善，仅浅抒己见，以抛砖引玉。

政府投资项目
咨询评估纵横谈

内容提要： 项目咨询评估是工程咨询评估机构组织专家对政府投资建设项目的《可行性研究报告》（下称《可研报告》）中已经论证的全部内容进行再次审查与评议，并给出评价结论的咨询活动。

政府投资项目咨询评估的重点，是可行性研究报告的"十问三要素"。《评估报告》应依次地、逐章逐节地对"十问三要素"的结论进行第三方的再评议，并给出有针对性的评估评价意见与建议。

咨询评估进一步完善了政府投资的监管体系，有效地提高了投资决策的科学化、民主化水平，大大降低了政府投资的风险。

关键词： 咨询评估　评估正文　十问　三要素

什么是评估？它是评估人员依照国家法律法规、行业标准规范，运用自己的专业知识、经验、智慧和价值取向，对某事、某物、某项活动进行审查、评议、判定、估算、推测其品质优劣、价值大小、程度等级、前景趋势等，并给出一个定性与定量的认定结论的智力劳动过程。评估也是社会经济活动中一项不可或缺的职业化、专业化的咨询中介服务，如房产评估、土地评估、未收割农作物的产量评估等等。政府投资项目的咨询评估，是工程咨询评估机构对政府投资建设项目的可行性研究报告已经论证的全部内容进行再审查、审议、判定并给出评价结论的咨询活动。本文拟就政府投资项目《可研报告》的评估内容、如何评估以及如何撰写评估报告等问题浅抒己见。

一、政府投资项目咨询评估的特点

2004 年，国家发改委根据《国务院关于投资体制改革的决定》（国发〔2004〕20号）制定了《国家发展改革委委托咨询评估的管理办法》（发改投资〔2004〕1973号），各省市随后相继跟进，出台了一系列相应办法。其中，某市发改委根据上述两文件要求，将政府投资项目的咨询评估再细化成如下操作程序：《可研报告》专家预审→评估机构召开评审会议→专家组（邀请政府相关职能部门参会）提出专业意见→可研报告编制单位根据专家评审意见形成《可研报告》（修改稿）→评估机构依据《可研报告》（修改稿）提出《评估报告》→《评估报告》和《可研报告》（修改稿）同时报送发改委审定批复。

该程序健全了政府投资决策机制，进一步完善了政府投资的监管体系，有效地提高了投资决策的科学化、民主化水平，大大降低了政府投资的风险。

上述政府投资项目的《评估报告》与其他专业评估报告相比也突显出不同的显著特点。如房屋建筑、土地、农作物产量的评估报告，是评估机构组织专家以房屋建筑、土地、农作物已经发生或实际存在的事实为评估对象，通过对现场自然环境和价值影响因素分析并经实测，评估人员运用自己的专业知识与经验直接撰写出专业的评估报告。而政府投资项目的评估对象不是已建成的有形实体或已发生的既成事实，而只是一个"拟建项目"的拟建内容与用图文描述的一系列建设方案。它的载体是工程咨询机构根据评审专家意见修改后的《可研报告》（修改稿）。因此，《评估报告》实际就是对《可研报告》（修改稿）中的内容进行再评价。

二、《评估报告》的基本结构

政府投资项目的咨询《评估报告》由三部分构成——前言、评估正文和附件。

"前言"是评估报告的背景介绍，如评估会议的时间地点、委托人、主持人、相关专业专家、相关政府职能部门参会者、会议议程、评估结论，以及可研报告编制单位的修改与成果递交等概括性陈述。"附件"包括参会人员签到表、专家评审意见的原件以及可研编制单位对专家评审意见的逐条答复等文件。"前言"和"附件"是政府投资项目评估程序的合法性、评价结论的科学性及《评估报告》效力的依据，必不可少。

《评估报告》的正文包括被评内容摘要、评价意见与建议。《可研报告》（修改稿）根据可研报告规范化要求分章分节展开论证，《评估报告》也应依次逐章逐节地对应评议，并给出评价意见与建议，但在文字组织上可以根据被评内容的繁简与重要程度进行拆分与合并。"评价意见"是对原文论证结论的合法性、重要性、科学性、真实性等进行再评价后得出的结论。"建议"则是评估人员以自己的知识和智慧对本章节的内容提出的新见解或新优化意见或其他补述，但不是每一章节都一定要有建议。

三、政府投资项目咨询评估的重点

政府投资项目咨询评估的重点，就是政府投资决策者对项目进行审批时必然关注也必然要追问的问题，即这个项目叫什么名字、什么建设性质、建在什么地方、建些什么内容、建多大规模、为什么要建、能不能建、有什么条件建、要多少时间建、怎么建、要多少钱建、钱从哪里来、有什么建设风险、对社会有什么利益，以及是否符合国家律法规、行业标准规范等等。为便记忆，我们将其称为"十问"。而《可研报告》中的建设必要性与可行性分析、建设地点与建设期、建设内容与建设规模、建设条件、建设方案、投资估算与资金筹措、经济效益分析、社会效益分析、风险分析，以及与之相适应的国家法律法规规范标准的应用，就是对"十问"的回答以及解决这些问题的方案，也构成了可研报告的主要章节。"十问十答"符合审批者对拟建项目下笔批示前的思维定式与心理需求，符合国家关于可研报告的内容与深度要求，而咨询评估则是第三者对"回答"的再评价。问题、回答、评价，三者之间形成了互相匹配的完整逻辑体系。

《可研报告》（修改稿）各章节中大量的文字、数据、指标和图示既是对拟建项目的建设方案进行分析论证的过程与结论，又是《评估报告》中的"被评内容"。这些文字、数据、指标和图示篇幅冗长，《评估报告》显然不能也不必全文抄录，而只是摘要或概括其重点。摘要或概括一般表述为"《修改报告》阐述：……"，以表明这是原文。但摘要或概括要能准确表达原文意思，不能断章取义；要自成体系，不能支离破碎；要符合审批要求，不能低于被评报告的深度。在撰写评估内容前应加冠语"评估认为：……"，以明确表明这是评估者对原文的评价结论。

但什么是重点，又如何给出中肯评价，很多评估人员却往往难于把握。

四、《评估报告》的重点分析

政府投资项目种类繁多，建设内容千差万别，《可研报告》（修改稿）各章节重点不尽相同，评价也有深浅程度之别，现择其具有共性的重点做浅显分析。

（一）建设内容、建设规模的评估

《可研报告》（修改稿）（下称"报告"）会对建设内容做全面列示，对建设内容有"量"的界定，即规模描述。但在确定项目规模的"量"的时候，必须依据政府或行业公布的相关规范与标准进行论证。经过改革开放四十多年的标准化建设，我国各行各业都有了必须遵循的规模"红线"，以指导具体项目的建设。这条"红线"有实用层面的要求，如某基层人民法院法庭建设规模论证的依据是国家住建部和国家发改委联合发布的《人民法院法庭建设标准》（建标 138 — 2010）。办公用房规模的论证依据是原国家计委发布的《党政机关办公用房建设标准》（计投资〔1999〕2250 号）。食堂用房规模的论证依据是《饮食建筑设计规范》（JGJ64 — 89）等等。此外，还有技术层面的要求，如基础设施或生产企业的建构筑物规模应依据相关工艺要求、技术标准与技术规范来论证。

评估内容的重点，是全部建设内容的"名称"和内容的"量"。然后从以下五方面给予评价：一是建设内容是否完整，有无重复建设，或者不该建的建了，该建的又没建的现象，即"漏项"。二是建设内容是否符合国家产业政策和行业准入政策，符合国家或地区的社会经济发展规划。三是建设规模即数量是否遵循了国家或行业的相关规范与标准。四是建设内容与规模是否满足项目整体功能与工艺需要。五是市场调查分析的理论与方法是否科学，涉及的产能规模是否合理。

（二）建设方案的评估

建设方案是为实现项目建设与运营目的的"路径"策划，是工程方案、技术方案、设备方案、工艺方案、产品方案等多种方案的综合，包括但不限于为解决具体技术问题所采取的有针对性的、系统性的技术方法和技术措施。

评估重点应关注项目地址选择方案、总图运输方案、建筑设计方案、产品及工艺技术方案、水电道路等配套工程实施方案、环境保护方案、能源利用与节约方案等。为选择最优的建设方案，很多方案都进行了比选，如道路纵横断面方案、道路施工工艺方案、地基基础方案等。这些方案都设定或选取了一系列反映该项目或该方案经济技术水平的经济技术指标。在《报告》中，这些指标体系又成了评价该项目或该方案经济价值与社会地位的主要依据。很多方案既有文字又附有图示，文字是对方案意思或图示意思所做的描述，图示是方案中文字描述的形象表达，它们相辅相成。

（三）项目地址方案的评估

项目地址对于项目建设十分重要，必须多方案比选。评估内容的重点是项目的地理位置、土地类别及人居状况，周边的交通、自然和人文环境，用地范围内的地形地貌特征及水文地质结构等。

评估重点应关注项目地址的用地指标是否合法，土地类别是否调整，土地权属是否清晰，耕地的占补平衡是否落实，拆迁安置量的测算是否正确，安置补偿是否符合国家政策等；应对地形地貌水文地质是否满足项目的建设要求，是否满足对于风向、水源、矿床、文物、防洪、通航以及军事设施的避让要求，交通运输是否便捷等做出评价；应对公路、铁路、输油、输气、输水管道和输电线路的路径是否有更优选择提出建议。

（四）总图运输方案的评估

"总图运输"是指依据项目建设内容，建构筑物功能，生产工艺流程以及人流、物流、车流的畅行与安全，场地周边环境与场地内的地形地貌条件，结合美学与实用的需要，在项目用地上所做的整体布局，将其描绘在纸上就是总平面布置图。《报告》中应附有总平面布置图和标示场地内等高线及高程数值的工程平面图。

评估重点要对照总平面布置图列出项目用地上的建构筑物、设施与场地名称，简约描述相互间的相对位置，概括场地的地貌、地势特征以及周边的自然环境，摘录其标高、容积率、绿地率、建筑密度等专业指标。评价重点是总平面布置的合理性和科学性，包括各功能分区是否明确，建构筑物的分布是否适应或满足项目的功能需要，建筑物朝向是否尽可能满足了节能、通风、日照、采光要求，道路宽度、转弯半径、出入口设置是否满足车辆运输与消防安全要求，道路坡度设计与排水走向是否合理，项目内部环境设计与外部环境设计是否融合，场地内土石方的挖填是否平衡等。同时还要以国家和行业颁布的投资强度、建筑系数、场地利用系数、行政办公及生活服务设施用地占比、容积率、绿化率、建筑密度等相关指标为依据对总图运输做出评价结论。

（五）建筑设计方案的评估

建筑设计是指群体及单体建筑物设计，至少应有两套方案进行比选，方案分图、文两部分。图纸包括效果图，建构筑物的平、立、剖图或纵断剖工程图等。评估内容的重点是建筑造型与建筑风格、基础与上部结构型式、单体数量、面积、层数、层高、总高、网柱尺寸、功能分区、垂直与平面交通组织等建筑特征，以及隔音、隔热、防火、防爆、防腐蚀、防渗漏、抗震设防等特殊建筑要求的描述。

评估重点应关注方案比选要素是否正确，基础与结构设计是否建立在对实地地质勘察报告的基础上，是否满足地层承载及相关荷载条件，建筑网柱尺寸、平面功能、交通组织是否满足本项目建筑物的技术标准和功能要求，建筑高度是否符合规划条件的控高规定，建筑造型、建筑风格、建筑色彩是否与周边环境相协调，建筑朝向、日照、围护结构、门窗数量及窗墙比、建筑材料等是否满足国家规定的建筑节能要求，建构筑物的总体功能性和经济性是否最优。

（六）工艺技术方案的评估

工艺技术方案是为完成某一特定产品的生成而制订的具有针对性的技术方法或措施，是产品生成中的技术实施路线、技术参数、设备配置等技术要素的综合。不同的建设内容有不同的工艺技术方案，同一建设内容因功能要求不同，工艺技术方案也不同。有的工艺技术方案必须附有工艺设备图、工艺流程图或化学反应示意图。评估内容的重点是方案采用的原材料及设备名称、数量、规格型号、功能、技术参数和相关图示。

评估重点应注意工艺技术方案的多样性及与时俱进的特点，除评价工艺路线的合理性，方案应用的安全性、可靠性、适应性外，还应评价相关经济技术指标的先进性、前瞻性、创新性。对采用传统工艺技术方案，应评估可替代新技术的可能性，对采用的新工艺新技术方案应说明知识产权归属与推广应用的经历。

（七）水、电、道路等配套工程方案的评估

任何新建项目都需要建设水、电、道路等配套工程。这些工程是建设项目的重要组成部分，是保证项目建成后正常运营的必要条件。

给排水方案评估内容的重点是给水水源与获取方式，水质、水压、接入地、供需水量、管材、管径、管网布置，高用水项目的水重复利用率和新水利用系数的计算；

排水方案包括雨污水量预测及排泄方式，排水管材、管径及管网布置，排污口设置及污水流向，以及废水回收利用方案，以及自设污水处理设施项目的污水处理工艺方案；高用水项目及资源型缺水地区还应有水处理后中水回收利用率指标计算。应对建设项目水资源的供需量、用水合理性、安全性及水资源的承受能力做出评价，对相关设备设施及技术措施是否满足给排水需要，是否先进、合理，高用水项目及资源型缺水地区的节水指标和水回收利用指标是否符合地方和行业的规定做出评价。

评估的重点，应评价方案的用电来源与电力供应方式、负荷量、负荷等级、用电量、功率因素补偿以及相应的电力设施设备配置，应对项目的电力需求计算是否正确、电力设施配置是否与项目电力供需相适应做出评价。

道路交通组织方案的评估重点，是项目内道路的布局，道路安全性措施与路面结构型式选择，以及停车场（位）、出入口、人车货及污物的流向及交通标识设置等是否合理。应对建设项目的道路、停车位、出入口布局是否合理，路面结构选型、宽度、转弯半径、交通标识设置是否合理，道路是否能安全疏导项目运营中人流、物流、车流及污物流，建构筑物下的净空是否满足消防或载货车辆的通行要求等做出评价。

（八）环境保护方案的评估

环境保护已刻不容缓，对建设项目采取环境保护措施是项目开工建设的前置条件。环境保护方案主要阐述项目用地内外的环境现状，项目建设与运营中污染源、"三废"量分析与防治措施，以及对于水土保持、人文景观、自然遗产、风景名胜和自然保护区等特殊环境的保护措施。

评估的重点，是项目生态环境现状分析、项目建设对生态与环境的影响分析以及防治措施的可行性分析。《报告》应对项目生态环境现状分析、项目建设对生态环境的破坏分析、水土流失分析是否正确，建设与运营中的污染源、"三废"量和污染形成因素分析是否正确，是否遵循环保部门的"环评意见"制订了严格的环境保护措施，是否按"三同时"原则完善了防治措施，经处理的"三废"是否达到了相关排放标准，排放量是否在区域控制总量之内，是否遵循"减量化—再利用—资源化"的循环经济与清洁生产"三原则"从源头上控制并减少污染做出评价，对防治措施的可行性做出评价。

（九）节能方案的评估

节约能源是我国的基本国策，随着节约能源的法律法规政策不断出台，其强制力度日益加大。其中，"节能篇（章）"及其评估被确定为项目主管部门对可研报告受理与审批的前置条件。在 2010 年国家发改委第 6 号令《固定资产投资项目节能评估和审查暂行办法》中，规定对节能评估实行节能评估报告书、节能评估报告表、节能登记表进行分类管理；节能审查也要按照各级政府的管理权限实行分级管理，并对项目节能提出专业的审查评价意见。

节能方案评估内容的重点，是节能方案中的能源种类、能源供应条件、能源使用标准以及按标准计算的能耗实物量与综合能源消耗总量，要针对项目建构筑物、各类用能设备设施所采取的节能技术与管理措施以及节能效果进行分析。评估报告应对项目的用能品种是否完全，能源供需是否平衡，能源消耗是否合理，耗能指标计算是否符合规定，节水、节电、节约燃料以及建筑节能措施是否完善与可行，节能效果是否符合国家相关要求和项目节能实际等做出评价。

（十）投资估算的评估

"报告"中的投资估算与建设内容、建设方案密切相关，且互为因果，即有什么样的建设内容，就必有相对应的建设方案，选什么样的建设方案，就必有相对应的投资估算，三者缺一不可，且逆向成立。例如，建一所新学校，建设内容有教学楼、操场、道路等若干子项。这些子项内容的建设可以采用多种建设方案。例如，教学楼是砖混结构还是钢筋混凝土结构，球场是水泥球场还是塑胶球场，道路是沥青路面还是水泥混凝土路面，方案不同则投资迥异。建设内容、建设方案、投资估算三者是前述可研报告"十问"中的核心内容，且自成体系，可归纳为可研报告"三要素"。

评估内容的重点，是项目建设的子项内容、数量、金额、取费计价依据，以及经专家评审后的变异指标。《报告》应对投资估算子项是否与建设内容子项相符，是否遵循了"三要素"原则，取费计价是否符合国家和当地政府或行业主管部门公布的相关文件或市场行情，投资额计算是否正确，投资构成及投资调整、变异是否合理等做出评价。

（十一）效益分析的评估

要根据不同的项目，分别进行社会效益分析、经济效益分析和国民经济效益分析或二者或三者兼有的分析。

对于不产出实物形态产品的一般公益性或基础设施类项目，如政府投资的学校、医院、市政管网、绿化亮化、城市支路或乡镇公路、地方的河湖渠港疏浚、抗旱防洪设施等建设项目，可研报告一般只做社会效益分析。

评估内容的重点，是本项目的建设对当地社会和谐的促进作用，对当地经济增量和就业率提高的作用，对当地自然生态环境与人文环境的改善作用，对当地各利害关联人群的互适作用，对当地老百姓的实惠利益增长作用以及项目本身所采用的技术对当地科技发展与新技术的示范、推广与促进作用等。评估报告主要对项目建成后对地方社会经济环境影响或行业影响的分析是否客观、真实、完整做出评价。本类项目多为地方工程，影响面的范围有限，影响力主要在"地方"，评价不宜将影响力的地域范围做过分的夸大。

产出物为有形产品并能取得销售收入的经营性项目或资金申请项目，除了"社会效益分析"外，还有"经济效益分析"或"资金运用分析"。二者的目的和采用的相关指标基本一致，都要通过一系列财务指标来反映项目的经营状况和经济效益。在评估评价这类分析时，应首先按"数据有来源、来源有构成、构成有去向、来去要平衡"的资金分析"四原则"进行检查。"数据"就是指资金分析资料中用到的所有表示实物量、价值量或其他强度指标的数值，例如投资额、产量、销售收入、成本、利润、投资利润率等。"来源"是指数据要有出处或有计算依据，如资金数据是自有资金还是国家补贴或是银行贷款；销售收入由"产量×价格"计算而得，价格有依据国家指导性价格政策定价也有依据市场需求关系定价。"来源有构成"是指这些数值不但要知道是"怎么来"的，还要知道由哪些内容构成。如总项由哪些大项构成，大项里又包含了哪些小项。"构成有去向"，就是到哪里去了。资金是流动的，整个建设期和经营期的资金流动，产生了一系列反映不同内涵的数据。"去向"是指本数据从哪里来，最后又到了哪里去或归入到了哪一类。"来去要平衡"是指数据无论怎样变化，不会无缘无故地增加，也不会莫名其妙地消失，其来源与去处总是平衡的。这就回到"资产负债表"的资产平衡关系上来了。要通过上述四原则的检查，来评价效益分析或资金分析程序上的合理性。

评估内容的重点是经济分析所涉及的主要经济指标，如固定资产、流动资产、产量、销售收入、成本、利润、税费、财务内部收益率、投资回收期、财务净现值、投资利润率、投资利税率等。评估报告应在肯定经济分析程序合理的情况下，评价这些指标确定与数据测算的依据是否充分，计算结果是否正确，重点评价项目的营利能力、投资回收能力及偿债能力是否能达到预期的目标。

（十二）国民经济评价的评估

大部分的建设项目的财务评价结论可以满足投资决策要求，但有些项目除进行财务评价、经济效益分析外，还需要从国民经济角度去评价项目是否可行。对可研报告中的"国民经济评价"内容，也要进行评估。"国民经济评价"按合理配置资源原则，采用影子价格等国民经济评价参数，从国民经济角度考察项目所消耗的社会资源和给社会带来的贡献，从而评价投资项目的经济合理性。需要进行国民经济评价的项目主要是国家和省级的公路、铁路等重大交通运输项目，大型水利水电项目，国家控制的战略性资源开发项目，动用社会资源和自然资源较大的中外合资项目，以及主要产出物和投入物的市场价格不能反映其真实价值的项目。

评估内容的重点，主要是国民经济分析方法、影子价格数据及其来源、经济效率和效果指标，以及对社会产生重大影响的其他数据与内容。评估报告应核实国民经济分析所采用的经济评价参数、投入与贡献计算等是否符合国家规定，从国家整体利益、宏观经济范畴评价资源配置是否合理，从国家产业结构调整升级、重大产业布局优化，重要产业的国际竞争力培育功能等方面做出评价。

（十三）风险分析的评估

项目的风险大体可分为两类：一类是"外界影响项目"的风险。例如，市场、技术、资金、政策等因素的不确定、不成熟、不到位、不断变化等给项目的建设与运营带来的风险。另一类是"项目影响外界"的风险。例如，项目建设需要征收土地、拆迁房屋或带来重大污染而遭到土地房屋所有者或污染受害者的抵制与反对，甚至酿成突发性、群体性的政治或刑事案件，给社会带来不安定因素。对于这类风险，可将其归入社会稳定性风险。

评估内容的重点，主要是风险因素分析、风险等级判定及风险的化解措施。《报告》应对风险因素与风险原因的分析是否全面、风险影响及风险等级的判定是否正确、风险化解措施是否有效等做出评价。其中，经营性项目的风险评估，还应对敏感性分析、盈亏平衡分析及其结论做出正确与否的评价。特别是对安全事故风险、生态环境破坏风险、环境影响风险、资源毁损或过度消耗风险、社会稳定风险等应进行重点评估论证，并提出进一步建议，对评估为高风险的项目应建议暂缓或暂停实施。

（十四）社会评价的评估

它主要是分析项目所在地区的社会环境对项目的适应性和可接受程度。评估内容主要是客观性分析，评估社会环境描述是否真实，适应性和可接受程度是否有针对性。

五、《评估报告》的评估结论与建议

以上是对建设项目可行性研究报告进行评估时，大体上要涉及的相关主要内容。但《可研报告》（修改稿）是分章展开与论述的，故在对章内要点进行评估之后，还应对这一章的评估内容进行小结，并提出相关建议。

全文评估完成之后，《评估报告》的最后一章为"评估结论与建议"。该章是对《可研报告》（修改稿）的全部内容做概括性的评价总结。"评估结论"一般是重点归纳本项目的经济效益和社会效益、法律法规、标准规范的应用，对建设内容、建设规模、建设方案、建设投资做出肯定性的评价，给审批者一个清晰的概念，以利做出最终决策。"建议"可以重复各章节中已提到的重要建议，也可以就整篇报告提出归纳性建议，供审批者和建设单位参考。

可行性研究报告中项目
"建设必要性"评议依据概述

内容提要：

项目具有"建设必要性"是项目启动建设的前置条件。《可研报告》中提出的项目建设"必要性"，一是体现于报告对项目建设从宏观与微观上的整体分析论证中，二是体现于技术方案、投资方案的分项"必要性"论证中。专家在全面评审项目可研报告的时候，首先需要评估可研报告中阐述的"建设必要性"是否真实、可靠、恰当。项目建设方案或实施方案的技术参数、技术经济指标设置没有"必要"或"必要性"不充分，将直接导致项目建设被取消或某种局部方案要修改、调整与优化。

对可研报告的"必要性"评审，要充分依据法律、政策、理论、标准、市场等若干方面加以分析判定。

关键词： 必要性　法律　政策　理论　标准　市场

根据《国务院关于投资体制改革的决定》（国发〔2004〕20 号）中关于"政府投资……特别重大的项目还应实行专家评议制度"的规定，以及 2019 年 7 月 1 日起实施的《政府投资条例》（国务院 712 号令）关于"对社会经济发展，社会公众利益有重大影响或者投资规模较大的政府投资项目，投资主管部门或者其他有关部门应当在中介服务机构评估、公众参与、专家评议、风险评估基础上做出是否批准的决定"，政府投资项目已全部委托评估机构组织相关专家进行了评估审查。专家评议使项目建设的前期程序中有了第三者的介入，政府投资建设项目的决策、建设和监督管理机制得以进一步健全和完善。

项目具有"建设必要性"是项目启动建设的前置条件，也是专家评审的首要内容。专家在全面评审项目可研报告的时候，首先需要评估"建设必要性"是否真实、可靠、恰当。可研报告中提出的项目建设"必要性"，一是体现于报告对项目建设从宏观与微观上的整体分析论证中，即项目的建设是在什么背景下提出来的，它因何种需要而建设；二是体现于技术方案、投资方案的分项"必要性"论证中，即具体指标是否既是"必须"的，又是"恰当"的，是否既满足项目的功能要求，又符合设计的合理性和可靠性要求，同时能避免因产能过剩、功能多余、质量超用、投资超额或其相反因素而达不到"经济的合理性"要求。项目建设方案或实施方案的技术参数、技术经济指标设置没有"必要"或"必要性"不充分，将直接导致项目建设被取消或某种局部方案要修改、调整与优化。

可研报告的"必要性"评审评估，要充分依据法律、政策、理论、标准、市场等若干方面加以分析判定。

一、法律依据

一个项目的建设要涉及大量国家法律法规的遵循与适应，例如，项目用地涉及《中华人民共和国土地管理法》、项目选址涉及《中华人民共和国城乡规划法》、项目用能涉及《中华人民共和国节约能源法》、项目排污涉及《中华人民共和国环境保护法》……在项目建设的可行性研究和可行性研究报告编制中，都要遵循这些法律法规。在建设项目可研报告的评审环节，要评估是否违背或适应相关法律法规。

例如环境保护。一些地方由于无序而又过度的土地开发、矿山开采以及竭泽而渔的其他资源的采掘，已导致大量自然资源日渐枯竭，空气、水体、土壤污染与日俱增，生态环境严重恶化，给国家经济建设的可持续性发展带来严重阻碍，已令国忧民愤。为依法打击、严加遏制破坏环境的行为，保护绿水青山，我国相继制定施行了《中华人民共和国环境保护法》《中华人民共和国矿产资源法》《中华人民共和国海洋环境保护法》《中华人民共和国水法》《中华人民共和国水污染防治法》《中华人民共和国水土保持法》《中华人民共和国煤炭法》（2016 修订）等一系列关于资源和环境保护的法律法规，以及各地方政府、各行各业的环境保护标准，同时又不断加强环境领域的行政执法力度，依法对大批环境违法企业和违法排污企业进行了查处，做出了取缔或关停并转的处理。所有这些，都突显了国家对资源和环境保护的深切忧虑、高度重视以及对违者的严惩不贷的决心。

为了实现节能减排，2002 年 12 月 1 日实施《中华人民共和国节约能源法》，2006 年 8 月 6 日发布《国务院关于加强节能工作的决定》，在国家"十一五"发展规划中又首次提出"节能减排"的约束性指标，进一步推动了全社会各个层面的节能减排工作。国家发改委在《关于加强固定资产投资项目节能评估和审查工作的通知》（发改投资〔2006〕2787 号）中，又特别要求工程咨询单位的可研报告中必须包括节能分析篇（章），在《评估报告》中必须包括节能评估意见。此外，2007 年国家公布《节能减排综合性工作方案》，2008 年 4 月 1 日起又施行修订后的《中华人民共和国节约能源法》等。一方面，国家迫不及待地抓紧节能减排工作的落实，另一方面，又大力开发新的能源资源。2011 年公布的国家《产业结构调整指导目录》，首次将"新能源"作为一个"产业"列入到鼓励类目录中。这一系列法律法规和政策，凸显出我国政府在节能减排和发展低碳经济方面的极端负责、强力推进和坚定决心。

资源与环境保护、节约能源已被列为我国的基本国策，在项目建设决策上起着一票否决的重要作用。其法律法规和相关政策已涉及国家对传统产业结构、工业结构和能源结构的整体考量，必将对项目投资方向产生决定性影响。同时，这类法律法规和相关政策也是判定项目建设要素是否能满足资源与环境保护、节约能源的要求，判定项目建设是否必要与可行的准绳和依据。

二、政策依据

为把握我国经济高速发展的正确方向，国家为项目投资制定了若干指导与引导性政策。这些政策的贯彻实施是我国国民经济持续、均衡、稳定增长的基本保证。其中，最有普遍约束力、最具指导与引导作用的是国家产业政策。国家产业政策是推动国家和地方产业结构优化升级、促进经济发展方式转变、推进新型工业化进程的一项重要的经济政策，建设项目必须符合国家产业政策的需要。2011 年，国家产业政策的指导思想，是充分发挥产业政策的引导和促进作用，务必在发展战略性新兴产业上有良好开端，在改造提升传统产业上迈出新步伐，在淘汰落后产能上取得显著成效，在促进企业兼并重组上取得实质进展，在推动产业转移上采取新举措，在加强和完善行业准入管理上下更大功夫，推动工业结构优化升级，加快转变经济发展方式，为后续国家发展规划开好局、起好步做出积极贡献。根据"十二五"规划，中国要加快发展现代农业，改造提升制造业，培育发展战略性新兴产业，推动能源生产和利用方式的变革，构建综合交通运输体系，全面提高信息化水平，推进海洋经济发展，推动服务业大发展。由此，2011 年 6 月 1 日起实行的《产业结构调整指导目录》（2011 年本）仍分为鼓励、限制和淘汰三大类。其中，"鼓励类"有 40 个产业 751 个门类，"限制类"有 16 个产业 223 个门类。"淘汰类"中淘汰落后生产工艺装备有 16 个产业 288 个门类，淘汰落后设备有 10 个产业 130 个门类。在"鼓励类"产业目录中新增了新能源、城市轨道交通装备、综合交通运输等 14 个门类，包括增加大量鼓励新技术、新工艺以及支持现代农业发展的条目。该目录已包括了我国目前全部的产业和产品门类，将成为政府引导投资方向、管理投资项目的重要依据。但国家的产业政策会根据我国经济发展实际做出适时的调整，建设项目可研报告所论及的建设项目必须在国家产业政策"鼓励类"目录范围内，否则就没有了继续投资建设的"必要性"。

三、理论依据

毛泽东主席在《实践论》中提出了理论源于实践，高于实践又指导实践，理论必须与实践相结合的著名论断。理论是对经验现象或事实的科学总结和系统解说，或是对某种规律的发现、认识与揭示所进行的系统阐释。它是由一系列不产生歧义的特定概念、原理以及对这些概念、原理的慎密论证所形成的知识体系。在技术理论指导下的技术方案，是指为有针对性地、系统性地解决某实际技术问题而提出的技术手段、实施程序、物质要求、限定条件、应对措施的一个总称。它既以对应的技术理论为基础，又是技术理论在实践中的应用。但理论是特定环境下的产物，因而其应用的可能与效果又受环境因素的制约。

可研报告所论及的项目建设技术方案，在一般情况下，的确不会违背其技术理论，也正因为如此，项目技术方案总被认为是"必然"符合其技术理论的，因而在项目评审中也往往不被重视甚至不被特意提及。但科学发展观不能容许这种现象，而且，即使"必然"也未必"可行"，即使"可行"也未必"必要"。可研报告评审专家的职责与任务，一方面要以严谨的科学态度提出对项目技术方案关于理论依据的质疑与探究，分析判定在既定环境下，该技术方案能否达到理论上应该取得的最好效果，或实现中理论与实践的完美结合；另一方面也同样要以严谨的科学态度分析判定技术方案应用的"必要性"。

根据"任何小概率事件都有可能发生"的墨菲定律，专家们不能以"想当然"代替务实精神，尤其是在评价新能源、新技术、新工艺项目，现代农业技术项目，现代生物技术项目时。桥梁工程、地铁隧道工程、水利电力工程、高铁和高速公路工程等重大基础设施项目均涉及多方面的专业技术理论，也涉及诸多的环境因素，可研报告应适当阐明技术方案中关键技术的源头与应用的环境，专家应对技术方案的"必要"

与"可行"给予中肯评价。

四、标准依据

所谓标准，是在一定范围内使用的衡量事物有无偏差的一个标杆与尺度，是在一定范围内为大家公认的可共同使用也可重复使用的一个准则、指南或特性。大家平常所称的"标准"是指经多方协商一致制定并由相关权威机构批准的，为在一定范围内获得最佳秩序、对活动或其结果规定共同的和重复使用的规则、条例或特性的文件。《中华人民共和国标准法》将中国标准分为国家标准、行业标准、地方标准和企业标准四级。截至 2003 年底，我国共有国家标准 20906 项（不包括工程建设标准）。我国经济建设在大步地前进，标准化制度建设也日益完善。现在各行各业基本都有了可遵循的建设标准和建设规范，其中还有很多是必须强制执行的标准，例如废气、废水、污物的排放标准以及相关安全防范标准等。这些标准、规范是实现项目建设既定目标、提高项目管理水平、促进设备安全运行和产品质量合格、保证行业行为规范、维护社会经济生活正常秩序的基本保证。为此，所有建设项目，特别是采用政府直接投资或者资本金注入方式的项目，在可行性研究报告编制、方案设计过程中，以及工程的施工建造过程中，都要应用并执行国家颁布的相关标准和规范。对未经批准擅自提高或者降低某项标准而酿成事故的，均将视情形依法追究行政责任或法律责任。

建设标准以定性描述和定量规定相结合的形式进行表述，其中，定量规定的标准数值有表明事物密度、强度和普遍程度的复名数数值，有以系数、倍数、成数、百分数或千分数表示的无名数数值。它们是建设项目可研报告论证中的重要组成部分。

以复名数数值表示的标准多见于相关配置比例或定额类上，例如政府机关办公用房、学校、医院等的规模配置标准、人员配置标准、设备配置标准等。以政府机关办公用房建设为例，1999 年 12 月 21 日，国家发展计划委员会根据中共中央、国务院〔1997〕13 号文件制定下发了《党政机关办公用房建设标准》，合理地确定了各级党政机关办公用房建设内容和建设规模。例如，县级机关为三级办公用房，编制定员每人平均建筑面积为 16～18 m^2，使用面积为 10～12 m^2 等。

以无名数表示的标准多见于相关效率、质量要求类。例如国家发改委发布的《节能中长期专项规划》规定了主要耗能设备能效指标：燃煤工业锅炉 70％～80％，房间空调器能效比 3.2～4，冰箱能效指数 62％～50％，家用燃气灶的热效率 60％～65％等；《民用建筑设计通则》规定，生活、工作房间的通风开口有效面积不应小于该房间地板面积的 1/20、厨房的通风开口有效面积不应小于该房间地板面积的 1/10 等等。

国家规定的各类标准对于项目建设极为重要，它已成为专家评审评估可行性研究报告时重点审查的内容之一。达不到相关标准要求的项目固然不会通过评审，但功能多余、质量过剩也会造成极大浪费，同样也可以直接导致项目建设被否定或其中某一方案需要调整、修改、优化。例如，根据国家地震局、建设部发布的《中国地震动参数区划图》（GB18306—2015），某市基本地震烈度为 6 度，建筑物按抗震 6 度设防设计已能满足抗震要求并已考虑了安全系数。若按 7 度设防设计，其设防功能即有多余，且会造成很大的资源和资金浪费。有资料表明，某 10 层框架-剪力墙普通综合办公楼在规范允许范围内，且构件为最经济尺寸的情况下，若把抗震设防 6 度提高到 7 度，需增加钢筋 10.96%，土建（含全部费用）单方造价增加 3.67%，等等。显然建筑物超标准的设防强度是没有必要的。

五、市场依据

市场依据对于经营类建设项目的评审尤为重要。无论是新建项目还是改扩建项目，其"必要性"一定要建立在市场需要的可靠依据之上。我国改革开放已完成了从"计划经济"向"市场经济"的体制转型，现在可谓"人人言必称市场"，但却未必人人领悟，反而总有人陷于盲目的跟风趋势之中。诚然，经营类项目的建设，除了关系国计民生的特殊大型项目外，政府总是以政策支持的方式出现而很少进行直接投入。但该类项目的得与失却又远不能仅以是否"投入资金"或"投入多少资金"来评价。因为一个项目的建设与运营必然会消耗掉大量的社会资源，也意味着在有限资源情况下，同时挤占了别的项目急需要的资源。如果这个项目没有必要建设或建设超过了市场的"需要"，它对资源的消耗便是无效的消耗，于是，打乱了有限资源在社会成员间的最优分配与最佳利用，必将造成连锁的严重社会后果。因此，无论是政府投资项目还是非政府投资项目，其市场依据均是专家评审的重点。

客观地说，有些项目建设启动时，地方政府也许也有促进区域经济发展、调整区域经济结构的需要，也有帮助企业扩大规模、提高营利能力、实现"调头转型"的需要，但到项目建设起来，方才发现"外面已人头攒动"——同类项目已蜂拥而起。如轻工电子类产品，更新换代快，淘汰迅速，工厂建设奠基剪彩之时朝霞满天，可产品出厂之时，市场却是"夕阳无限好，只是近黄昏"。待"生米已成熟饭"后，又只能以博弈的心态硬着头皮继续经营。也有一些建设单位的负责人在主观上从趋利原则出发，对市场上一时兴盛的产品眼红心热、急功近利，有意将项目建设的"必要性"写得十分肯定以求批准，而地方政府则出于某种需要或明或暗地又"绿灯高照"。这种不尊重市场、不深入调查研究市场的行为，必将导致部分行业出现产能过剩和重复建设。一大批技术不过关、资金链断裂、开工率不足的中小企业就此形成。这些项目的建成，于己则生产难以为继，进而导致企业倒闭、人员下岗失业；于国则带来市场恶性竞争、促使地方保护主义形成、增加社会不安定因素。同时，它又消耗了社会资源、增加了银行不良资产、进一步加剧了国家供给侧结构性矛盾。为此，2009 年 9 月 26 日，国务院在《批转发展改革委等部门〈关于抑制部分行业产能过剩和重复建设引导产业健康发展若干意见〉的通知》中指出，"不少领域产能过剩、重复建设问题仍很突出，有的甚至还在加剧。特别需要关注的是，不仅钢铁、水泥等产能过剩的传统产业仍在盲目扩张，风电设备、多晶硅等新兴产业也出现了重复建设倾向。一些地区违法、违规审批，未批先建、边批边建现象又有所抬头"，因此必须"坚决抑制"。

抑制上述现象的再次发生，除在宏观层面采取调控措施外，严格把好每一个具体项目可研报告"建设必要性"的评审关就显得尤为重要。评审经营类项目可研报告中的"建设必要性"，必须严格评估可研报告中关于产品生产力布局、产品市场容量、产品供需及其发展趋势、产品生命周期等要素的预测分析、风险分析的可信程度，关于新设备与新技术的掌控程度，关于重大风险的应对与化解程度，并以此确定项目建设的必要性、项目产能规模的必要性、产品品种结构调整的必要性，从而督促建设单位优化方案，保持清醒头脑，适时而行，适力而为，适可而止。

我国地域辽阔，各地情况复杂，经济发展很不平衡，建设项目内容又千差万别，就项目建设"必要性"的评审判定而言，也难以一言以蔽之。但对项目建设所做的可行性研究，都是基于对项目建设要素的剖析与认识，对其生命力的预测与判断，问题只是在于认识与判断的差异。因此，聘请专家，借用外部智慧进行评议，进一步健全完善项目专家评议机制，加强建设项目的科学化、民主化决策则是各地所共同需要的。对于政府投资项目或政策支持项目，地方政府有着无可置疑的主导作用，创造业绩，造福一方是必要的。但主导作用的发挥、业绩的创造不一定体现在上马项目的数量上。邀请专家严格评审、中肯评价，听取专家意见，纠正对某项目建设在认识与判断上的偏差，优化方案，或是阻止不该建设项目的启动，同样是政府最大的政绩、最好的形象，功莫大焉。相反，如习总书记所批评的那些"追求表面政绩，搞华而不实、劳民伤财的形象工程，……严重损害党和政府威信"的"部分领导干部"[注]，又怎能奢谈政绩与形象呢？

专家们受国家委托，为项目建设的"必要性"把关，理当讲真话，讲实话，何况失察与失责是需要问责的。当然，"问责"的初衷并不是事后的追究，而在于警示大家事前必须正确履行职责，防患于未然，共同实现对投资的有效管控，有效抑制国有资产的不良投资行为。

［注］：见习近平：《关键在于落实》（《求是》2011 年第 6 期）

项目后评价指标体系
与量化评价体系研究

内容提要：

"项目后评价的指标体系与量化评价体系工作表"是在"逻辑框架表"的基础上扩建的。逻辑框架法是进行项目后评价的基本方法，其理论依据是现代系统论和反馈控制论的管理理论。以"项目后评价逻辑框架表"为基本表式，构建"项目后评价指标体系与量化评价体系工作表"。项目后评价的指标体系设计依据，是建设项目自立项至建设过程中的全部政府审批文件、可行性研究报告以及设计、监理、施工的规范化文件的主要内容。项目后评价的分析方法是对比法，用"比较"的方式实现对项目各方面特征的一一评价。"量化评价体系"是为不同类型的项目制订的不同评分标准与分值，可以实现对项目评价的具体"量化"，揭示评价项目存在的风险因素以及风险因素的可识目标，从而可以知道项目建设效果有哪些优劣之处，以及这些优劣处在全评价期的哪个阶段、哪个层次的哪个位置。

从媒体频频揭露的"问题工程"看，加强对已建成的政府重点投资项目进行系统检查与评价，以总结经验教训，防止类似问题重复发生，对提高整体投资效益具有十分重要的意义。温家宝指出，"对政府投资出现的问题，要从制度上进行规范"。对政府投资项目进行常态化的后评价工作应是"从制度上进行规范"的重要内容。

"项目后评价的指标体系与量化评价体系工作表"为项目后评价的具体操作提供了一种科学严谨而又简便易行的方法。

关键词： 后评价　指标体系　量化评价体系　逻辑框架

本研究以政府投资项目后评价时点的设定、评价指标体系与量化指标体系的理论依据、评价指标体系与量化评价体系的建立，以及"项目后评价指标体系与量化评价体系工作表"的设计为重点，进行探索和研究，希望以其成果为政府投资项目开展制度化、常态化并达到一定深度的后评价提供借鉴。

一、项目后评价时点的设定

项目后评价，顾名思义，应当在项目建设完成并投入使用或运营一定时间后开展，但"后"到什么时候合适？也许各地要求不一，不同项目也不尽相同，但研究证明，后评价项目的评价时点至少应在该项目建成、正式投产或运营经历了15～25个月之后，即经历一个完整日历年之后的第三个年头的2月份起。原因在于，第一，我国会计法规定的会计年度是自公历1月1日起至12月31日止，项目的运营状况、资金的投入与运用均是按会计年度进行核算的，也只有在一个完整的会计年度内才能反映出完整的运营成果，积累完整的可比资料。选择2月份起是因为元月份是去年年终报表赶出、工作总结及新年工作部署之时，拟评单位往往自顾不暇而难以配合。第二，任何新项目投产或运营后，其组织、管理制度的执行需要通过必要的时间加以落实、磨合、调整与完善。第三，新建基础设施的稳定需要经受一个春夏秋冬、日月雷电、风霜雨雪等自然伟力考验的周期。

为了明确项目后评价对不同时段的要求，先要明确几个时段概念：我们把项目单位接到"被评价"的通知日称为"评价日"，从评价日起上溯至项目立项开始的全部时期称为"全评价期"；把其中的项目立项至建设完成并投产运营日称为"评价前期"；把评价日之前的上一个年度称为"评价年"；把项目建成投产、运营至评价年末称为"评价期"。如图01所示。

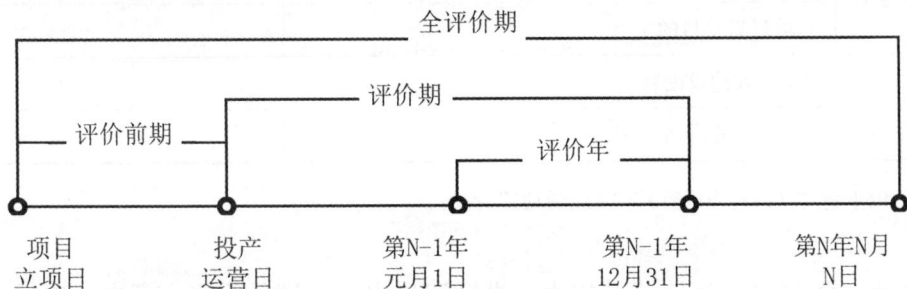

图01　全评价期示意图

在图01中第N年N月N日是指项目单位接到"被评价"通知的那一天，称为"评价日"。如2013年3月15日，评价年即为2012年元月1日至2012年12月31日。

项目后评价内容涉及整个"全评价期",但重点是"评价期",主要财务数据取自评价年。若"评价日"太前,"评价期"会太短,相关问题还处于潜伏或运行状态,缺乏资料的连续性与完整性,不利于进行科学的对比分析;若"评价日"太后,"评价期"会太长,问题不能及时发现,后评成果对本项目起不到及时整改的作用,不利于投资效果的充分发挥与巩固,也失去推广与借鉴的意义。时过境迁,也削弱了这些评价成果对与该项目有关的咨询、设计、监理、施工等单位的激励与鞭策作用。

二、评价指标体系与量化指标体系的理论依据

本研究将"项目后评价的指标体系与量化评价体系"纳入一张"工作表"内,通过表内不同项目的经济指标及其指标值的量化计算实现对项目的量化评价。"项目后评价的指标体系与量化评价体系工作表"是在"逻辑框架表"的基础上扩建的。逻辑框架法是本研究进行项目后评价的基本方法,其理论依据是现代系统论和反馈控制论的管理理论。现以国资委 2005 年出台的《中央企业固定资产投资项目后评价工作指南》中的"项目后评价逻辑框架表"为基本表式,构建"项目后评价指标体系与量化评价体系工作表"。"项目后评价逻辑框架表"通过由下而上的投入、产出、直接目的、宏观目标四个因果逻辑层级,以及每个层级的横向水平推论来对建设项目进行分析和总结,其基本表式如表 01 所示。

表 01　　　　　　　　　　**项目后评价逻辑框架基本表式**

逻辑层级	项目描述	可客观验证指标	原因分析	项目可持续能力
四	项目宏观目标			
三	项目直接目的			
二	产出（或建设内容）			
一	投入（或活动）			

注：以下将"（或建设内容）""（或活动）"省略。

这是一个 4×4 的矩阵式结构表:纵栏四项内容分别是投入、产出、项目直接目的、项目宏观目标。这是四个不同层级的内容,在层级间存在着前因后果的逻辑关系,是"因为 …… 所以"式结构。这种逻辑关系称为"垂直逻辑关系"。其中,"投入"是指为建设某项目所投入的人力、物力、财力等有形资源量以及管理和时间等无

形资源量。在实施条件具备的前提下，"因为"有投入"所以"有产出。"产出"包括有形的与无形的、有用的与无用的、有益的与有害的产出物，如合格的产品、周到的服务、伴生副产品与废弃物。"因为"有产出且具备发展条件，"所以"就有项目的（微观）经济效益，实现项目的直接目的，包括实现项目的直接经济效益、直接社会效益与直接环境效益。"因为"项目的直接目的达到了，又因它不是孤立的，且具备持续发展的条件，"所以"必将对更大的系统、更大的宏观范围、更高层次的目标产生影响。例如对地区、行业甚至整个国家产生影响，特别重大的项目（如油气田的开发）还将对世界油气供需产生影响，以实现其宏观目标。这种明确的因果逻辑关系为我们建立指标体系分类提供了识别标志。

每项纵栏内容再横向延伸出可客观验证指标、原因分析、项目可持续能力三重关系。该三重关系加上第一重"项目描述"（指标）一起构成了四层递进式的推论逻辑结构——"水平逻辑关系"，即"是什么"指标、"怎么验证"这个指标、"为什么产生"这个指标、将来这个指标"走势如何"。在评价表中，"指标"是项目某一特征的概括性描述，它只是一个名称或一个概念。通过验证指标才实现了对该特征（名称或概念）的量的界定，即指标值，以指标值来反映与评价项目"这一特征"的优劣。其后便是分析产生优劣的原因及对持续力的影响，并继续延伸提出保持、巩固与增强持续力的应对措施。水平逻辑关系的核心就是通过对众多指标所构成的指标体系的逐一量化计算与分析评价，实现对建设项目全方位的描述与评价，分析对比"效果"产生差异的原因和对持续力的影响，提出解决对策与措施，从而实现提高投资效益的目的。

三、项目后评价的指标设计依据与指标体系

对新建项目而言，项目后评价的指标体系的设计依据，来自立项至建设中的全部政府审批文件、可行性研究报告以及设计、监理、施工的规范化文件规定的相关内容，以及国家的相关政策、行业相关规范、标准或定额。建设项目经过了立项审批，经过了咨询机构按可研深度要求进行的充分论证，得出了项目建设是必要的、建设方案是可行的、投资经济是合理的结论。审批机关据此做出了同意该项目建设的批复。其后，项目的设计、监理、施工又依据相关规范化要求进行了该项目建设的具体实施。因此，项目后评价就是检查、检验项目建设完成、运营之后是否达到了上述系列规范化文件所要求的效果。从这些"所要求的效果"中提炼精选出与本项目最密切相关的"效果"，组成一个"效果体系"，与建成后实际达到的同名同范围的"效果体

系"相比,用"比较"的方式实现对项目各方面特征进行一一评价。

因为这些"所要求的效果"是"规定要的或想要实现的"效果,也是预先设定的效果,故将其统称为"设计效果"。"设计效果"是项目后评价的主要依据。

对改建、扩建、恢复性维修类项目而言,建设前的同一"效果"或社会同类项目的同一"效果",甚至建设前没有、建设后才有的"效果"也可以用来作为评价本项目的依据。

项目后评价的分析方法是对比法。对比法需要遵循"可比的法则",即设计效果与实际效果的指标涵义与范围必须是一致的。项目评价对比采用如下四种对比法:一是新建项目建成后达到的"实际效果"与建设项目的"设计效果"比,称"设计比",以反映实际效果是否达到了设计规定的要求,这是项目后评价中主要采用的方法。二是改建、扩建、恢复性维修类项目除"设计比"外,还可用项目实施前的"实际效果"与实施后的"实际效果"比,称"前后比",以反映新项目与原项目的量与质的变化。三是建设项目"效果"与社会同类项目的同类"效果"进行比较,称为"横向比",以考察本项目在社会(同类项目)中的地位与作用。四是建设项目"效果"与项目建设前的"无项目"比,称"有无比",以考察新建了这个项目带来的新变化。

"效果"在项目评价中是以"指标"形式出现的。为规范表述,现把上述所有事先就有要求的并将要用于对比的"设计效果"统称为"计划指标",把"实际效果"统称为"实际指标"。实际指标与计划指标相比的"比值"反映了对项目某一方面特征的质的程度,一般用"%、±%"或"‰、±‰"表示,它同样使"项目特征"具有了"量"的界定。但这种"比值"根据不同的比较指标会有三种模式:一是"[(实际/计划)−1]×100%",二是"(实际/计划)×100%",三是"实际−计划"(又有绝对数相减和相对数相减两种形式:绝对数相减得出实物量与价值量数据;以百分号表示的相对数相减,得出的是增加或减少了几个百分点)。实际指标与计划指标的比较既给项目"特征指标"以量的界定,又互为衡量标准:用"计划"来衡量"实际"是否达到了必要的、应该的、理想的效果;用"实际"来衡量"计划(或设计)"是否是科学的、合理的、有效的。这些指标数据准确,来源可靠,在项目后评价中,将其称为"可客观验证指标"。

描述项目的特征指标由从粗到细的多级构成,本研究根据需要,设四个层级。作为参考实例,设置了 4 个一级特征指标,117 个二级、三级、四级特征指标。一至四级特征指标和与其对应的"计划指标值"和"实际指标值"在一个评价项目内,既是相对独立又是互相关联的,它们共同构成了一个严谨的"指标体系",以全面反映建设项目的真实面貌，实现对建成项目的全面客观评价。

　　政府投资项目涉及面十分广泛，不同的项目类型所要求的效果不一样，实际评价具体项目时应根据不同类型的项目选用不同的重点指标，有所区别，也有所繁化或简化，但同一省市、地州的同类型项目所选用的指标体系应基本一致。本研究中的指标体系未能覆盖（也不可能覆盖）所有项目，但足以给所有后评价项目的评价者提供"举一反三、触类旁通"的借鉴，以制订适应被评价项目的指标体系。

　　本研究所设指标分布如表 02 所示。

表 02　　　　　　　　"后评价项目指标体系"指标分布表

逻辑层级	一级指标	指标单位	二级指标	三级指标	四级指标	合计
四	项目宏观目标	个	14	8		22
三	项目直接目的	个	4	21		25
二	产出	个	5	13	9	27
一	投入	个	6	23	14	43
合计		个	29	65	23	117

四、项目后评价的量化评价体系

　　上述每个指标真实地反映了项目某一方面的特征，但还需知道某个指标对局部或全局到底产生了多大的影响，以及其影响的大小是一个怎样的"量"或"度"。不仅如此，每个评价指标的重要度也不一样，即它们在被评价项目中的地位和作用是不一样的，有的为重点指标，有的为一般指标；有的起主要作用，有的起次要作用。为此，必须设置权重，构建一个量化的评价体系。

　　量化评价体系分为四部分：1. 评价标准：设评价范围值与标准分，即验证结果在什么数值范围内得什么分。标准分满分为 100 分，对应的"数值范围"设三个档次，优秀 91～100、良好 71～90、不及格 0～70。2. 评价得分：评审专家可以在 0～100 的区间内取任意值作为评价得分。3. 权重：权数在每级指标中都为 100%（以下省去"%"号，以"1"表示），权重在该级的下级指标中分配。例如，∑四级指标权重＝三级指标权数 100，以此类推。指标个数可以任意设置，每个指标的权重依其重要性给定，但权数只有 100。上述每个指标的"评价得分"和每个指标的"权重"均可由专家独立判断取值，以确保评价者对被评指标的独立思考。然后，以各专家的取值的算术平均数为最终评价值，但各权重平均值之和也必须是 100。4. 指标得分：以评价得分乘权重得出该项指标的实际指标得分。

"量化评价体系"也如指标体系一样，应根据不同类型的项目制订不同的评分标准，但同一省市、地州的同类型项目所制订的评分标准应基本一致。

"量化评价体系"使我们不再笼统地做"该项目整体较好""基本符合要求"似的定性表述，而是可具体"量化"到可得多少分。它为我们揭示了评价项目存在的风险因素以及风险因素的可识目标，使我们可以知道项目建设效果的好坏优劣处在全评价期的哪个阶段，以及哪个层次的哪个位置。据此分别分析是什么内因与外因造成了如此差距，该差距指标对整个被评价项目的综合能力及其持续力的延伸与发展又有怎样的影响分量。因而它不仅能准确地发现问题，还能有效地有针对性地提出解决问题的对策。

在项目后评价的具体实施中，被评价项目的评价指标体系、评价标准需要后评价咨询机构事先拟制，由后评价专家和委托方共同确定。然后，在评价会议上，后评价专家和后评价咨询机构就可实施具体操作了。

五、项目后评价的指标体系与量化评价体系工作表

（一）工作表的"基础表"——指标名称与可客观验指标表

1. 指标名称与可客观验指标表的建立

明确了上述相关概念后，把表 01"逻辑框架基本表"的"项目描述与可客观验证指标"两栏独立出来，将"项目描述"落实为"指标名称"，形成"指标名称与可客观验证指标表"；将"原因分析""项目可持续能力"两栏暂时撤去。在"可客观验证指标"栏内拆分三个纵栏，分别为"计划指标""实际指标"及其验证的结果（比值）"％或±％"。为便于表述，把"指标名称与可客观验指标表"看成一张"统计表"，在"计划指标"下增设一通栏横行，从"计划指标"下起，向右分别为纵栏编上计算代号 1（a）、2（b）、3（c）……在"指标名称"（统计表中称"主词栏"）下，由下而上设"投入""产出""项目直接目的""项目宏观目标"四层指标，每一层的指标均称为一级指标，得表 03。

表 03　　　　　　　　　　　　　指标名称与可客观验证指标表

逻辑层级	指 标 名 称	可 客 观 验 证 指 标		
		计划指标	实际指标	％或±％
		1（a）	2（b）	3＝（b/a）－1、＝b/a、＝b－a
四	项目宏观目标			
三	项目直接目的			
二	产出			
一	投入			

注："3＝（b/a）－1、＝b/a、＝b－a"均省去了％。

2. 指标名称与可客观验证指标

表 03 中主词栏的"项目宏观目标""项目直接目的""产出""投入"均为一级指标，是对被评价项目的整体描述，是四个逻辑层级上的概括，但尚不能对被评价项目进行具体评价，必须将每层再细分为二级指标、三级指标或四级指标。也就是用二级、三级或四级的不同指标共同构成一级指标的内容，用这些不同的指标从不同的角度来反映项目的实际状况是否达到了项目建设的"计划效果"。将这种"效果"全部设计成能量化的"指标名称及指标值"，使指标值的"比值"能反映"效果"的大小与程度差异。四层多级指标个数的数量庞大，是一个完整而全面的指标体系，足可综合、客观地全面描述被评项目的全貌。这些"计划效果"与"实际效果"是可以用准确的数据进行验证的，准确数据又都具有可靠的来源，因而使整个项目的评价具有无可置疑的真实性。

主词栏的"指标名称"是被评价项目某一方面的特征，并分别通过"计划指标"和"实际指标"的指标值表现出一种"量"的界定。与主词栏对应的是"宾词栏"，宾词栏的"计划指标"和"实际指标"又互为验证：用"计划"来衡量"实际"是否达到了必要的、应该的、理想的效果；用"实际"来衡量"计划"（或设计）是否是科学的、合理的、有效的。衡量就有差距，就要找出造成差距的原因并对该原因的持续能力做出分析与判断，提出整改或保持发扬的对策与措施。"计划指标"与"实际指标"的指标值可以是绝对数（名数或复名数）也可以是相对数，"％或±％"是验证（比较）的结果。根据项目描述指标所表达的涵义，有三种比较方式和结果：［2（b）栏/1（a）栏］×100％，是实际指标与计划指标相除，再乘 100％（以下凡涉及"×100％"均已省去），表示实际是计划的百分之几，计算符号为"b/a"，结果为

"％"；"〔2（b）栏/1（a）栏〕－100％"，是实际指标与计划指标相除得出百分率后，再减100％（以下凡涉及"－100％"均以"－1"表示），表示增减了百分之几，计算符号为"（b/a）－1"，结果为"±％"；"2（b）栏－1（a）栏"表式是两个百分率相减，表示增减了几个百分点，计算符号为"b－a"，结果为"±％"。

（二）工作表的分部表——"可客观验证指标"栏的扩充

将表03"指标名称与可客观验证指标表"中的"可客观验证指标"栏扩充出"可客观验证指标体系"和"量化评价体系"两大纵栏。前者辖"计划指标、实际指标、％或±％"三个分纵栏，后者辖"评价标准、评价得分、权重、指标得分"四个分纵栏。在"评价标准"分栏下再辖"范围""标准"分两个小纵栏，共成8纵栏，制成"项目后评价指标体系与量化评价体系工作表"的分部表。

现以"项目宏观目标"为例，将指标名称、验证指标名称、验证计算符号以及量化评价体系的"演示数据"填入表内，制成（项目宏观目标）分部表（参考表）。表中指标数值有的为"全评价期累计"，有的为"评价期末累计"，有的为"评价年末累计"，有的为"评价前期"的相关要求，有的又为相关"同类""同期"的可比数等，皆因需所取，为免赘述，概予省注，待实用时加释，得表04。

表04　　　　　　　　　　项目宏观目标（A）表（参考指标）

项目描述		可客观验证指标						
		可客观验证指标体系			量化评价体系			
		计划指标	实际指标	％或±％	评价标准		评价得分 0～100	权重 Σ100	指标得分 0～100
					范围	标准分 100			
序号	指标名称	1（a）	2（b）	3 $=b/a-1$ $=b/a$ $=b-a$	4	5	6	7	8 $=6×7$
1	利益相关人实际受益率	利益相关人总数	实际受益人总数	b/a =％	≥91 ≥71 <70	91～100 71～90 0～70	95	8	7.6
2	利益相关人受益人增加率	计划受益总人数/项目区域利益相关人总数	实际受益总人数/项目区域利益相关人总数	b-a =±％	≥5 ≥0 <0	91～100 71～90 0～70	90	6	5.4
3	贫困人口收入增长率	项目前贫困人口总收入/贫困人口总人数	项目后贫困人口总收入/贫困人口总人数	b/a-1 =±％	≥15 ≥0 <0	91～100 71～90 0～70	80	8	6.4

续表

项目描述		可客观验证指标							
		可客观验证指标体系			量化评价体系				
		计划指标	实际指标	%或±%	评价标准		评价得分 0~100	权重 Σ100	指标得分 0~100
					范围	标准分 100			
4	新增就业计划完成率	计划就业人数	实际就业人数	b/a =%	≥95 ≥90 <90	91~100 71~90 0~70	70	8	5.6
5	百万元投资新增就业增长率	计划新增就业人数/计划投资总额	实际新增就业人数/实际投资总额	b/a−1 =±%	≥5 ≥0 <−5	91~100 71~90 0~70	85	8	6.8
6	社会性别平等发展率	共适岗位就业男性/男女共适岗位数	共适岗就业女性/男女共适岗位数	b−a =±%	≥0 ≥−5 <−5	91~100 71~90 0~70	80	7	5.6
7	少数民族平等与优先发展率	少数民族就业人数/项目区域各民族适合就业岗位数	少数民族就业人数/项目区域各民族适合就业岗位数	b−a =±%	≥0 ≥−5 <−5	91~100 71~90 0~70	98	7	6.86
8	项目拆迁安置投资完成率	计划拆迁安置投资	实际到位拆迁安置投资	b/a =%	≥95 ≥90 <90	91~100 71~90 0~70	88	6	5.28
9	拆迁人员就业稳定率率	拆迁人员计划就业人数/计划就业人数	拆迁人员实际就业人数/计划就业人数	b/a−1 =%	≥0 ≥−5 <−5	91~100 71~90 0~70	70	8	5.6
10	征拆补偿到位率	征地拆迁计划补偿金额	征地拆迁实际补偿金额	b/a =%	≥91 ≥71 <70	91~100 71~90 0~70	80	5	4.0
11	区域环境改善指标					100	78	7 Σ100	5.46
11.1	区域内车行道路增长率	项目前车行道路公里	项目后车行道路公里	b/a−1 =±%	≥15 ≥0 <0	91~100 61~90 0~60	80	40	32
11.2	区域内空气质量提高率	项目前单位空气体积某有害物含量	项目后单位空气体积某有害物含量	b/a−1 =±%	≤−5 ≤0 >0	91~100 71~90 0~70	80	35	28
11.3	区域内水质提高率	项目前自然水源中某有害物含量	项目后自然水源中某有害物含量	b/a−1 =±%	≤−5 ≤0 >0	91~100 71~90 0~70	70	25	18
12	生态效益改善指标					100	85.5	7 Σ100	5.99
12.1	植物品种增加率	项目前主要植物品种	项目后主要植物品种	b/a−1 =±%	≥0 ≥−5 <−5	91~100 71~90 0~70	90	40	36
12.2	植被面积增加率	项目前植被面积	项目后植被面积	b/a−1 =±%	≥5 ≥0 <0	91~100 71~90 0~70	80	30	24

续表

项目描述		可客观验证指标						
		可客观验证指标体系			量化评价体系			
		计划指标	实际指标	%或±%	评价标准		评价得分 0~100	权重 Σ100	指标得分 0~100
					范围	标准分 100			
12.3	土壤改良成功率	项目前可改良土壤面积	项目后实际改良土壤面积	b/a =%	≥ 95 ≥ 90 < 90	91~100 71~90 0~70	85	30	25.5
13	人文资源保护指标					100	88	8 Σ100	7.04
13.1	文化遗产成功保护率	项目前文化遗产项数	项目后文化遗产项数	b/a-1 =±%	= 0 ≥ -5 < -5	91~100 71~90 0~70	90	60	54
13.2	古树名木成功保护率	项目前古树名木数量	项目后成活古树名木数量	b/a-1 =±%	= 0 ≥ -5 < -5	91~100 71~90 0~70	85	40	34
14	环境治理投资完成率	计划环境治理投资	实际环境治理投资	b/a =%	≥ 95 ≥ 90 < 90	91~100 71~90 0~70	80	7	5.6
四层级	项目宏观目标合计					1400	1167.5 83.23	(83.39) 15	83.23 12.48

注释：1. 表中数据为演示数，仅供理解参考。2. 表中"1400"是第四层级的一级指标"项目宏观目标"共 14 个二级指标的标准分之和。3. 表中"1167.5"是专家对 14 个二级指标的评价分（专家按百分制打的原始分）之和。4. 以表中第 11 项指标"区域环境改善指标"为例，该指标标准分为 100 分，它由三个三级指标构成，分别权重为 40%、35%、25%。其中，第一个三级指标专家打了 80 分、第二个第三个分别打了 80 分和 70 分，各自乘权重后，指标得分分别为 32、28 和 18 分，三项分数之和为 78 分，78 分再乘第 11 项指标在一级指标（项目宏观目标）中的权重 7%，指标得分为 5.46 分。以此类推。5. 表中"（83.39）"由 1167.5 除 1400 而来，是"项目宏观目标"的专家"评价得分"的平均得分率。6. 表中"（83.23）"是以上 14 项二级指标（三级指标通过权重计算进入二级指标）经过加权计算的"指标得分"之和，亦即"评价项目"的第四层级指标"项目宏观目标"的综合"指标得分"。7. 表中的 15 是"项目宏观目标"在"评价项目"中的权重。8. 综合"指标得分"83.23 分乘权重 15%，得"12.48分"，它是"项目宏观目标"在本项目的本次后评价中的最后指标得分。

（三）工作表的其他分部表

其他分部表分别为"项目直接目的"（B）表、"项目产出"（C）表、"项目投入"（D）表。为省篇幅，不再以表列示，仅列指标名称和比较结果"（%）或（±%）"；

省去计算符号，省述"量化评价体系"。

1. 表 05　项目直接目的（B）表

（1）经济效益指标

（1.1）销售收入实现率 ＝ 实际销售收入 / 计划销售收入（％）

（1.2）销售税金及附加实现率 ＝ 实际销售税金及附加/计划销售税金及附加（％）

（1.3）销售利润增减率 ＝ 实际销售利润率 － 计划销售利润率（±％）

（1.4）净利润完成率 ＝ 实际净利润总额 / 计划净利润总额（％）

（1.5）万元产值综合能耗降低率 ＝（项目后万元产值实际综合能耗 / 项目前万元产值综合能耗）－1（±％）

（1.6）投资回收期加快率 ＝（按评价年实际现金流预测的投资回收期 / 计划投资回收期）－1（±％）

（2）社会效益指标

（2.1）人均收入增收率 ＝（项目后人均收入 / 项目前人均收入）－1（±％）

（2.2）项目居住区建筑密度增减率＝（建筑物实际占地面积/居住区总用地面积）－（建筑物计划占地面积/居住区总用地面积）（±％）

（2.3）项目区绿化增减率 ＝（项目区实际绿化面积/计划可绿化面积）－（项目区域计划绿化面积/计划可绿化面积）（±％）

（3）企业资产结构指标

（3.1）区域内生产企业私有资产占有率 ＝ 区域私有资产总额/区域总资产（％）

（3.2）生产性固定资产在总资产中的占有率 ＝ 生产性固定资产/总资产（％）

（3.3）资产增值率 ＝（本期末累计净资产总额 /上期末累计净资产）－1（±％）

（3.4）资产负债率增减率 ＝本期末实际资产负债率－上期末资产负债率（±％）

（3.5）不良资产率 ＝期末不良资产总额 / 期末资产总额

（4）企业综合实力指标

（4.1）企业竞争力 ＝ 优势项数 / 样本项数（％）（选取如销售增长率、市场占有率等5～6项）

（4.2）企业信誉度 ＝ 持有样本数 / 样本总项数（％）（选取如重合同守信用、AAA银行信用、贷款清偿率、合同应付款兑现率等5～6项）

（4.3）创新产品产值占有率 ＝ 创新（专利）产品产值 / 全部产品总产值（％）

（4.4）投资效果增加率 ＝（实际净利润／计划投资总额）／（计划净利润/计划投资总额］－1（±％）

（4.5）财务净现值增长率 ＝［实际财务净现值／计划财务净现值］－1（±％）

（4.6）财务内部收益增加率 ＝ 实际财务内部收益率 － 计划财务内部收益率（±％）

（4.7）偿债备付能力增加率 ＝ 实际偿债备付率 － 计划偿债备付率（±％）

2. 表 06　项目产出（C）表（表式省略）

（1）主要产品、服务指标（服务用价值量表示）

（1.1）产品、服务能力达标率 ＝ 实际产品、服务能力/ 设计能力（％）

（1.2）产品综合合格率 ＝ Σ合格品数量／Σ全部产品数量（％）

（2）副产品产量（服务）指标

（2.1）副产品、服务能力达标率 ＝ 实际副产品、服务能力/ 副产设计能力（％）

（2.2）副产品综合合格率 ＝ Σ合格品数量／Σ全部副产品数量（％）

（3）建设工作量指标

（3.1）项目投资完成率 ＝ 项目实际完成投资／项目计划完成投资（％）

（3.2）水库库容达标率 ＝ 实际库容／设计库容（％）

（3.3）发电站发电达标率 ＝ 实际年发电总量／设计年发电总量（％）

（3.4）道路工程完成率 ＝ 实际通车道路面积／计划通车道路面积（％）

（4）废弃物处理指标

（4.1）三废排放降低指标

（4.1.1）废水排放降低率 ＝［实际排放量／设计排放量］－1（±％）

（4.1.2）废气排放降低率 ＝［实际排放量／设计排放量］－1（±％）

（4.1.3）固废产生降低率 ＝［实际排放量／设计产生量］－1（±％）

（4.2）无害化处理指标

（4.2.1）废水无害化处理率 ＝ 废水无害处理量／废水实际排放量（％）

（4.2.2）废气无害化处理率 ＝ 废气无害处理量／废气实际排放量（％）

（4.2.3）固废无害化处理率 ＝ 固废无害处理量／固废实际产生量（％）

（4.3）三废回收利用指标

（4.3.1）废水回收利用率 ＝ 实际回收利用（含二次使用）量／废水实际排放量（％）

（4.3.2）废气回收利用率 ＝ 实际回收利用（含二次使用）量 / 废气实际排放量（％）

（4.3.3）固废回收利用率 ＝ 实际回收利用（含二次使用）量 / 固废实际产生量（％）

（5）市场预测指标

（5.1）市场需求预测差异率＝［评价年实际需求量/评价前期预测需求量］－1（±％）

（5.2）市场占有预测差异率＝评价年实际占有率－评价前期预测占有率（±％）

3. 表07 项目投入（D）表（表式省略）

（1）人力资源投入评价指标

（1.1）人员到位率 ＝ 实际到岗人数 / 设计定员（％）

（1.2）人员岗位结构评价指标

（1.2.1）行政管理人员超编率 ＝［实有行政管理人员数/项目行政管理人员定编数］－1（±％）

（1.2.2）技术管理人员比重 ＝ 技术管理人员数 / 项目在岗总人数（％）

（1.2.3）一线工作人员比重 ＝ 一线工作人员数 / 项目在岗总人数（％）

（1.3）全员知识结构评价指标

（1.3.1）高级职称人员比重 ＝ 高级职称人员数 / 项目在岗总人数（％）

（1.3.2）中级职称人员比重 ＝ 中级职称人员数/项目在岗总人数（％）

（1.3.3）本科学历以上比重 ＝ 本科学历以上人员数 / 项目在岗总人数（％）

（1.3.4）全员培训率 ＝ 全员培训人次 / 项目在岗总人数（％）

（2）资金投入评价指标

（2.1）项目建设资金预估准确率＝（实际投入资金/预估投入资金）－1（偏差±％）

（2.2）全部资金到位率 ＝ 累计实际到位各类资金 / 累计计划到位各类资金（％）

（2.2.1）境外资金到位率 ＝ 累计实际到位资金 / 累计计划到位资金（％）

（2.2.2）国家投资到位率 ＝ 累计实际到位资金 / 累计计划到位资金（％）

（2.2.3）自有资金到位率 ＝ 累计实际划到位资金 / 累计计划到位资金（％）

（2.2.4）银行贷款到位率 ＝ 累计实际划到位资金 / 累计计划到位资金（％）

（3）主要设备投入评价指标

（3.1）A 设备性能达标率 = 实际能力 / 设计能力（%）

（3.2）B 设备性能达标率 = 实际能力 / 设计能力（%）

（3.3）C 设备性能达标率 = 实际能力 / 设计能力（%）

（3.4）设备完好率 = Σ 技术性能完好设备台数 / 全部设备台数（%）

（4）原材料投入评价指标

（4.1）主要原材料来源可靠度 = Σ 主要原材料实际到位量 / Σ 计划供应量（%）

（4.1.1）进口原材料可靠度 = Σ 实际到位量 / Σ 计划供应量（%）

（4.1.2）国产原材料可靠度 = Σ 实际到位量 / Σ 计划供应量（%）

（4.1.3）自有原料基地可靠度 = Σ 实际到位量 / Σ 计划供应量（%）

（4.2）原材料综合合格率 = Σ 合格原材料总量 / Σ 到位原材料总量（%）

（4.3）资源循环利用率 = Σ 回收再利用资源量 / 资源投入总量（%）

（5）管理投入评价指标（本项指标内容先定出评价标准范围与对应分值，可用数据计算，也可由专家直接打出"评价得分"）

（5.1）招投标实施率 = 实际招投标项数 / 应招投标项数（%）

（选取如设计、监理、施工、设备和原材料采购等 5～6 项）

（5.2）监督机制完备率 = 实际建立项数 / 应建立项数（%）

（选取内部监督、利益相关群体监督、法律允许的其他监督等 5～6 项）

（5.3）经济合同完备率 = 实际建立项数 / 应建立项数（%）

（选取如购销类合同、工程类合同等 5～6 项）

（5.4）项目组织机构完备率 = 实际建立项数 / 应建立项数（%）

（选取如领导班子、机构设置、制度建设等 5～6 项）

（6）技术基础投入评价指标（本项指标内容先定出评价标准范围与对应分值，由专家直接打出"评价得分"）

（6.1）选址及总图评价（地质条件、交通、水源、环境条件、厂区布置）

（6.2）技术或工艺路线评价（合理性、可靠性、先进性、适应性）

（6.3）基础（配套）设施评价（水、电、气、热、道路、网络完善程度）

（6.4）工程质量（监理报告、竣工验收报告、试运行报告及所涉及问题的解决措施）

（6.5）施工评价（施工单位资质、质量管理体系、设计变更记录、施工记录）

（6.6）监理评价（监理资质、人员、监理日志、监理问题处置记录）

（6.7）设计评价（方案设计、初步设计、施工图设计深度评价、设计更改频率）

上述（参考）指标体系涵盖了政府投资一般项目所涉及的相关指标，它们与量化评价体系一道构建了一个庞大的数据库、资料库、信息库。在实践中，只要增减与调整其中的二、三、四级指标，就能基本满足对被评价项目的评价要求。

（四）"项目后评价指标体系与量化评价体系工作表"的完整表式

"工作表"的完整表是一张以"逻辑框架基本表"为基础，由主词栏内的四层一级指标及其派生的若干个二级、三级、四级指标，以及由这些指标横向的置于宾词栏内的三重推论所构成的复合表。为便于阅读，现将每层一级指标设一张表，如项目后评价指标体系与量化评价体系工作表（项目宏观目标）（A）表、（项目直接目的）（B）表、（项目产出）（C）表、（项目投入）（D）等。现以"项目后评价指标体系与量化评价体系工作表"的最后部分"（项目投入）（D）表"为例，建立表08：

表08 项目后评价指标体系与量化评价体系工作表（项目投入）（D）表表式

项目描述		可 客 观 验 证 指 标							原因分析		项目可持续能力
		指标体系			量 化 评 价 体 系						
		计划指标	实际指标	%或±%	评价标准		评价得分 0~100	权重 ∑100	指标得分 0~100	内部原因	外部原因	
					范围	标准分 100						
序号	指标名称	1（a）	2（b）	3	4	5	6	7	8	9	10	11
25	…	…	…	…	…	…	…	…	…			
一层级	投入评价合计					2500	2335	（93.40）	81.30			
						81.3	35	28.45			
评价项目总得分						8600	7759	（90.64）	89.02			

注：

1. 表中数据为演示数，仅供理解参考。

2. 表中"2500"是第一层一级指标"项目投入"的25个二级指标（其中有的二级分了三级、有的三级又分了四级指标）的标准分之和。

3. 表中"2335"是专家对该一级指标的25项二级指标的专家评价分之和。

4. 表中"（93.40）"由2335除2500而来，是"项目投入"的专家评价得分的平均得分率。

5. 表中"81.30"是以上25项二级指标的"指标得分"之和，亦即的第一层级指标"项目投入"的各指标的专家"评价得分"通过加权以后的指标得分之和。

6. 表中"35"是"项目投入"在"评价项目"中的权重。

7. 表中"28.45"由 81.3 分乘权重 35％而来，是"项目投入"在本项目本次项目后评价中的实际"指标得分"。

8. "评价项目总得分"栏是项目后评价的最终结果，其中，8600 是一至四层级全部二级指标的标准分，7759 是专家对二级指标的原始评分（其中，部分四级指标已通过权重进入三级指标，三级又通过权重进入二级指标）。"（90.64）"由 7759 除以 8600 而来，是专家总的原始评价得分率，而"89.02"是通过若干权重计算后的总"指标得分"，也是总的得分率。

从上述演示数据看，该项目的"评价得分"的平均得分率为 90.64％，略高于"优秀"线；而通过权重计算的"指标得分"的总得分为"89.02"，略低于"优秀"线。"指标得分"的总得分"89.02 分"，亦可看成 89.02％，低于"评价得分"的平均得分率 90.64％，是因为权重大的指标得分低，拉低了整体"指标得分"，说明部分重要指标存在风险，应具体地重点分析这些指标得分下降的原因与对策。此外，评价时，还需增设一个"评价得分优秀率"指标，优秀率＝〔（≥ 91 分指标个数）/全部评价指标个数〕×100％。如果"评价得分"的优秀率较低，则说明该项目很多基本的或基础的工作存在缺陷，应有针对性地加以解决。

六、结束语

本文中所列评价指标看似十分庞大，但落实到具体项目的评价实践中，要进行甄别和选择，重新确定适合被评项目的指标。"项目后评价指标体系与量化评价体系工作表"是一张项目后评价工作路线图，可循此去收集项目后评价所需要的全部信息，它也为被评项目单位充分做好评价前的资料准备提出了具体方向和要求，从而能大大提高评价工作效率。同时，在收集与分析评价这些信息的过程中也发现了问题，找到了风险所在，可有的放矢地提出改进措施与对策，项目后评价报告亦随之水到渠成，数字与事实俱在，有理有据，言简意明。

从近几年来媒体频频揭露的"问题工程"看，加强对已建成的政府重点投资项目进行系统检查与评价以总结经验教训，防止类似问题重复发生，提高整体投资效益具有十分重大的意义。温家宝曾在检查、总结中央四万亿投资的相关报告上批示："对政府投资出现的问题，要从制度上进行规范"。对政府投资项目进行常态化的后评价工作应是"从制度上进行规范"的重要内容。大规模政府投资即使从 2008 年算起，按一般大中型项目平均 1.5～2.5 年建成投入使用、第三个年头或最长第四个年头进行项目后评价算起，理论上，2012 年以后，也应有大批已经建成的项目要进行后评价。"项目后评价指标体系与量化评价体系工作表"为后评价咨询机构在项目后评价的具体操作提供了一种科学严谨而又简便易行的方法，且求真务实，可以给被评项目做出客观的评价结论；为项目的后续运行、改善项目经营管理模式、增强可持续性发展能力提供帮助；也为该项目的可研咨询、设计、监理、施工单位在评价日之前的工作质量做出鉴定，以资鼓励或予以警戒；更为政府投资主管部门的投资决策提供参考，为提高政府投资效益做出积极贡献。

重金属污染综合治理工程
可行性研究之重点剖析

内容提要：

我国土壤污染特别是耕地土壤遭重金属污染的状况十分严重，重金属环境污染治理已受到党和国家的高度重视，在《国家环境保护"十二五"规划》《全国土壤环境保护"十二五"规划》《土壤污染防治行动计划》以及十八届三中全会报告中都明确提出要加快生态文明体制改革，建设系统完整的生态文明制度体系，用制度保护生态环境。

本文针对矿山区重金属污染的传播途迳，提出了"资源化利用、固封设阻与植物修复"的重金属污染综合治理的基本思路。

关键词： 重金属　污染　综合治理　方案

2014 年 4 月 17 日，环境保护部、国土资源部联合发布的《全国土壤污染状况调查公报》指出：根据国务院决定，自 2005 年 4 月至 2013 年 12 月，我国开展了首次全国土壤污染状况调查。此次调查，历时 9 年，覆盖除港、澳、台地区外的我国境内全部耕地、部分林地、草地、未利用地和建设用地，调查面积约 630 万平方公里。调查结论：全国土壤环境状况总体不容乐观，部分地区土壤污染较重，耕地土壤环境质量堪忧，工矿业废弃地土壤环境问题突出。全国土壤总的调查点位超标率为 16.1%，污染类型以无机型为主，无机污染物超标点位数占全部超标点位的 82.8%。无机物以镉（Cd）、镍（Ni）、砷（As）、铜（Cu）、汞（Hg）、铅（Pb）、铬（Cr）、锌（Zn）8 种元素为主，点位超标率分别为 7.0%、4.8%、2.7%、2.1%、1.6%、1.5%、1.1%、0.9%。

重金属污染物主要因矿山的开采与重金属的冶炼而流散，它们如同逃出"潘多拉盒子"的魔鬼，四处流窜，肆无忌惮地严重危害着人类的身体健康。如其中的镉，被称为"头等致癌物"，还可引发肺纤维化和肾脏病变；铅能破坏人体造血系统；砷是砒霜的主要成分，长期接触砷会引发细胞中毒和毛细管中毒，诱发恶性肿瘤；等等。同时，这些污染物都具有不可降解性和长期性的特点，致使很多地方地不能种，水不能喝，粮不能吃，人畜病残及死亡的报道屡见各类媒体，令人忧心忡忡。

重金属污染综合治理已刻不容缓，党和国家已重拳出击，频频出台治理政策，敦促地方政府加快强化治理工作。2011 年 12 月 15 日，国务院印发《国家环境保护"十二五"规划》，提出要"遏制重金属污染事件高发态势，实施重金属污染综合防治"；在《全国土壤环境保护"十二五"规划》中，中央财政拨款 300 亿元并要求地方筹集资金用于污染治理与土壤修复；2013 年党的十八届三中全会明确提出加快生态文明体制改革，建设系统完整的生态文明制度体系，用制度保护生态环境。2014 年 3 月，环保部审议通过了《土壤污染防治行动计划》，要求到 2020 年，农用地土壤环境得到有效保护，土壤污染恶化趋势得到遏制，部分地区土壤环境质量得到改善。2014 年 7 月，李克强总理在向贵阳生态文明国际论坛发出的贺信中表示"要下大力气防治空气雾霾和水、土壤污染"。

重金属污染综合治理是国家重点工程，是一项保护和改善生态环境、促进欠发达地区经济和社会发展的公益性工程。重金属污染面广，危害大，治理工程量大，治理难度大，被污土壤修复十分困难，治理资金动辄在数千万元以上，政府直接投资是其主要资金来源。重金属污染综合治理是"一场必须要打下去的硬仗"，将是我国一项长期而艰巨的任务，对重金属污染综合治理工程的可行性研究也将是我国工程咨询界今后极具重要性的研究课题。

一、治理重点的确定

《全国土壤污染状况调查公报》指出，无机污染物中的镉、汞、砷、铜、铅、铬、锌、镍 8 种元素多存于以下八大典型地块及其周边土壤中：1. 重污染企业用地，污染超标点位占该类用地检测点位的 36.3%；2. 工业废弃地 34.9%；3. 采矿区 33.4%；4. 工业园区 29.4%；5. 污水灌溉区 26.4%；6. 采油区 23.6%；7. 固体废物集中处理处置场地 21.3%；8. 干线公路两侧 20.3%。在上述八大典型区域中，采矿区与采油区属于原生性污染，即是"潘多拉盒子"开启之地。其他六区属于转移性污染，指在某种化合物或混合物中，通过冶炼、加工而获取某种产品时，导致其中对环境有害的重金属元素、多环芳烃类物质的流失而造成污染。这八大典型区虽都是重灾区，但也各有差异：重污染企业用地、工业废弃地、工业园区、采油区、固体废物集中处理处置场地等五类的污染范围较小，边界线较清晰。根据不同专业区域的不同生产专业，污染物为有机物或无机物或二者兼有，治理方法和重点各不相同，但单项治理工程相对较容易。污水灌溉区、干线公路两侧地的污染，是污染物在水流与风力作用下扩散而造成的转移性污染，污染边界不清晰，污染地不集中，但污染程度相对较轻。上述这些区域的污染面积广、总量大，但分量小，可以结合具体的工程建设项目或旧城改造项目加以综合治理。采矿区超标点位数为 33.4%，看似不及重污染企业用地的 36.3% 和工业废弃地的 34.9% 高，但它的特点是分布面极为广阔，单区污染物吸附载体量十分庞大，污染源所处地形地势复杂，是治理难度最大的地域。矿产资源主要蕴藏于山区，采矿区是我国主要的重金属污染发源地，往往也是水系的发源地。由此确定，采矿区是我国重金属污染治理重点区域，对重金属源头的治理有着事半功倍之效。优先治理采矿区是重金属污染治理的重中之重，在国家财力有限的情况下，它是最需优先与重点治理的区域。

以湖南为例，湖南省号称"全国有色金属之乡"，有金属资源多达 140 余种，遍布除湘北洞庭平原以外的所有山区，尤以湘西南山区为多。例如湖南郴州市，矿产资源极为丰富，已探明各类矿产 112 种，占全省矿种的 80% 以上，探明储量的矿产有 50 余种，其中钨、铋储量居全国第一位，锡储量居全国前三位，锌储量居全国第四位，很多矿产储量在全国乃至全世界都具有优势。矿产开发地遍布全市 11 个县市区，开发利用的矿产地总数有数百处之多。其中，大中型规模矿产开采地 20 多处。采掘业一直是郴州第一大主导产业和支柱产业，产值占全市工业总产值的比例多年稳定在 40% 以上，资源开发利用及其相关产业形成的产值和利税均占全市工业产值和利税的 60% 以上。"采矿—选矿—冶炼"的矿业产业经济链的发展模式，为郴州市的经济发展提供了良好的基础条件。同时，重金属污染问题也日益严重，如东河流域就是重灾区之一。东河流域位于湖南省郴州市东北部苏仙区境内，东河流经的柿竹园矿区是世界著名的铅、锌、钨、锡等重金属产地，采选业发达。矿区周边民采众多，个体采选企业曾多达数十家，多年乱采滥挖猖獗，大量含有重金属污染物的采矿废石、选矿尾砂等未经任何环保措施处理便堆集于东河两岸。东河上游汇水面积大，遭遇强降雨时，两岸大量含有重金属元素的废石、尾砂等随山洪冲泻而下，堵塞河道，抬高河床。泛滥的洪水漫过河岸堤坝，侵入周边田地，重金属污染也随之广泛漫延。不仅如此，东河汇入东江，东江是耒水的一级支流，耒水又是湘江的一级支流，于是湘江及湘江流域同受污染。湖南有色金属矿产的开采，已导致大量重金属元素的流失，造成三湘大地大面积水土污染，其中，铅、镉在重金属污染排放中所占比重分别高达80％、90％。由此，湖南成为全国重金属污染治理的试点区，而湖南南部群山中的采矿区又是湖南重金属污染治理的重点。

二、尽职调查

我国矿产开发史与我国文明发展史同样悠长，但高潮迭起阶段当属新中国成立后的经济复兴时期，改革开放后的大规模经济建设再次掀起了矿产开发的新高潮。为保护矿产资源和生态环境，国家陆续建立了以《中华人民共和国矿产资源法》为主的法律法规体系，很多国有大型矿区在合理采掘、尾矿及尾砂处理上都采取了很多的方法与措施，以保护矿产资源、保护环境。然而，即使是这类国有大型矿区的砂石坝、尾矿库、排石场等构筑物，都或因当年环保意识薄弱、技术手段平庸而不尽合理，或因年久失修、管理失职、气象灾害、地质灾害等而坍塌溃垮。面更广、量更多的中小矿区以及愈演愈烈的私挖乱采的民采矿区则完全不顾法律与规范，为省时、省力、省钱毫无顾忌地"很自然"地将开采挖掘出来或选矿选出来的"无关"石块、废矿石、尾矿、尾砂等随意乱倾乱倒，造成了如今如此严重的重金属环境污染及生态破坏灾难。

尽职调查、深入实地了解情况是重金属污染治理项目建设可行性研究最重要的基础工作。研究人员一定要依靠当地政府、周边群众、矿业专业技术人员了解并确认以下要点：采矿区当年开采时，那些被采掘出来的"无用"石块、废矿石及选矿后的尾矿、尾砂等现堆积于何处；那些曾经的尾矿尾砂库、排石场及其矿坝的坍塌溃垮情况；雨水、溪水、河水的冲刷将这些已成污染物的渣石带到了何处，又形成了多大量的污淤泥；浸泡过废矿石、矿渣、尾矿、尾砂的暴雨、山洪、地下水又顺势而下再浸泡过哪些农田和村庄。然后，要依据国家颁布的土壤重金属含量评价标准、土壤浸出毒性评价标准、地表水评价标准，由近及远地做详尽的科学取样测试，以确定重金属的种类、污染范围、污染程度、污淤泥深度、污染边界等。

全面、真实地掌握将要治理的采矿区现状，准确的实地检测数据是后续治理方案实施的必要前提。

三、重金属污染综合治理的研究动态

重金属污染治理的终极目标是对被污染的土壤进行生态恢复。我国地域辽阔，河道纵横，因矿藏开采与矿石冶炼而导致遭重金属污染的面积很大，土壤修复任务十分艰巨。由此，各相关科研单位、高等院校频频推出对被污染土壤的修复与治理方案。综合起来，根据治理工艺及原理的不同，有的专家将污染土壤修复治理技术分为工程治理措施和物理化学修复措施两类。其中，工程治理措施又包括客土、换土、去表土和深耕翻土等措施。物理化学修复治理措施又包括固化稳定、电动修复、络合淋洗、蒸汽浸提、氧化还原、农业修复、生物修复等措施。有的专家则将污染土壤修复治理技术分为化学法、生物法、热力学方法等。每种方法又包含不同的技术，每种技术又可以采用不同的施工方案去实施。此外，还可以将矿石开采与选矿中产生的废矿石、矿渣、尾矿、尾砂等用作建筑材料的原材料，实现资源化利用与源头污染物的减量化。

上述各种分类或治理方法本身都有充分的科学道理，然而，实际的推广应用却是很困难的。其中，有的技术本身并不成熟，存在大量需要继续探索改进的问题；有的技术在实验室可行而室外则无用武之地；有的技术在小块"实验田"实施效果很好却无法应用于"大田"作业；有的技术成本高昂，资金压力难以承受；有的又受现场条件制约，根本无法具体实施。而当前实际应用较广的方法，主要是资源化利用、固化稳定与生物修复等方法。

四、重金属污染综合治理的基本方法

在开采与选矿过程中会产生大量"无用"的废矿石、矿渣、尾矿、尾砂等伴生物。其中，废矿石、矿渣是在矿山开采挖掘或矿石筛选时，就被首先判定为"无用"的石块或石渣。尾矿是矿石分选作业中的产物之一，它是有用目标组分含量最低、在当前技术经济条件下已不宜再进一步分选的无用矿石。尾砂就是选矿厂在特定的经济技术条件下，将矿石磨细，选取有用成分后那些不再选用而排弃的矿石砂。这些"无用"的矿石渣块粉尘，都是采矿时挖出来或选矿时没选上的"无用"的废弃物。这些废弃物数量庞大，在矿区都是混杂堆放的。为便于叙述，本文以下对这四类废弃物的混合体均称为"尾矿"。

"尾矿"是重金属元素的主要载体，也是重金属污染的源头，如何处理它们，是重金属污染综合治理的关键。目前，基本的治理方法有以下三种：一是资源化利用。将矿区废弃的"尾矿"用作路基垫料和生产各类建筑材料，使废弃物资源化利用。通过资源化，也使废弃物源头总量减少。二是固封设阻。即筑坝堵截、清污肃源、稳定污渣、固化深埋，阻止重金属元素因水流与植物的运输而扩散。由此，一方面保护了矿产资源，一方面将含重金属元素的尾矿收拢聚集固化囊封起来，实现"把魔鬼重新关进潘多拉盒子里"，使其不再"流窜作案"。三是植物修复。通过特种植物对重金属元素的特殊富集功能而消减被污染土壤中的重金属元素以恢复土壤的自然生态。

（一）资源化利用

资源化利用主要是将尾矿用作路基垫料和建筑材料。路基垫料包括铁路路基、高等级公路路基、市政公路路基等道路的最底的垫层。建筑材料主要用于制作水泥、硅酸盐尾砂砖、瓦、加气混凝土、铸沙、耐火材料、玻璃、陶粒、混凝土集料、微晶玻璃、溶渣花砖、泡沫玻璃和泡沫材料等。我国目前正在大力推广以尾矿为原料生产蒸养砖、烧结砖、免蒸砖、水泥、陶瓷、碎石、卵石、碳酸钙、人造大理石、环保颗粒等建材产品的产业。我国建材需求量庞大，用"尾矿"生产建材有着十分广阔的市场前景。

利用矿山尾矿作路基垫料和利用"尾矿"为原料生产建材，能使尾矿总量减少，并变废为宝，既能解决"尾矿"堆放占用大量土地、造成重大环境污染问题，又能取得良好的经济效益和社会效益，是国内外公认的尾矿资源化利用、废弃物减量化和消纳尾矿的主要途径。

但我国"尾矿"储量十分庞大，又存储于山区，而且若要有效利用，对尾矿还要有很强的选择性。例如作路基垫料需要成形的石料，如块状或卵石状，特殊路基垫料还需要一些特定的品种和规格；用作建材原料更因具体建材产品的不同需要不同的尾矿。此外，"尾矿"质量沉重，运输成本高昂，使其应用半径十分有限。这一系列因素导致尾矿很难大量资源化，尾矿的资源化消解总量相较于矿区庞大的"尾矿"储量与不断的增量，其资源化利用率是很低的，对总量的减少有限。

（二）固封设阻

"固封设阻"，一是将尾矿固化囊封起来，减小水力淋刷面。二是科学设置障碍，切断水源冲刷与植物吸收，阻止其不再扩散。"尾矿"中的重金属元素能"跑"出去污染环境，水和植物是两个重要"帮凶"。水流可以带着重金属元素无限漫游，植物则通过根系吸收，将重金属元素存储于根、茎、叶、花、果之内，再经运输而扩散。根据"物质不灭定律"，即使将这些植物烧为灰烬，重金属元素依然存在，仍可以通过植物灰烬的飞扬与撒落进行扩散。"固封设阻"在尾矿区就地实施，因地制宜采取措施，可以达到污染治理面广量大的效果。于是"阻断水流、阻断植物吸收、阻断扩散途径并将重金属元素载体严实固化封存、重归沉积"已成为矿区重金属污染综合治理的主要措施。

1. 筑坝建库、保护资源

通过地质勘察，将无溶洞、暗河、地层断裂等不良地质现象的已存或未存"尾矿"的山谷、山冲、山凹、洼地或河流弯道处确定为"尾矿"库区。然后，砌堤筑坝堵口，将其围困封闭起来，形成"尾矿库"。这样可以使库内已沉积稳定的"尾矿"不再被扰动，使沉积未稳的"尾矿"不再被移动；尚未存放"尾矿"的空库可以留着以备存放"尾矿"时使用。

建立"尾矿库"的另一个最重要功能是保护矿产资源。人类对自然的认识是十分有限的，认识的水平也在不断进步发展，今天的废物也许正是明天的宝贝。矿石是不可再生的宝贵资源，即以现有的认识水平和经济技术手段，只能提取矿石中的某一有用成分或某一成分中的一定比例。"尾矿"里面也许有更多更有价值的东西没有被认识到，也不能提取，故不将"尾矿"定义为"固体废料"，以承认它具有可能被作为资源再利用的价值。对暂时看似"无用"的尾矿合理堆放，妥善贮存，加强管理，既可以防止重金属元素流失而污染环境，随着技术水平的不断提高，又可再伺机重新开发。

2. 撇水断流、干涸板结

对于由山谷、山冲、山凹、洼地形成的"尾矿库"，应在库区周边修建撇洪导流渠或过水涵管，将汇集的雨水或洪水引离库区。在因倾倒"尾矿"而长年累月沉积成砂石洲滩的河道转弯处，可将河道裁弯取直，筑堤垒坝，将砂石洲滩圈起来形成"尾矿库"。尾矿库经片石挤淤、水泥固化等处理后，可以就地变成道路路基或河岸基础。所有"尾矿库"均需建立撇洪渠、导流渠或涵管等排水系统，使"尾矿库"内只能出水而不能进水，促使库内"尾矿"渐渐沥干，因重力沉积而干涸板结。

3. 清淤肃源、固化稳定

对于河床已被以"尾矿"为主要成分的淤泥堵塞却又不适宜改道的河道，则需进行清淤处理，肃清污染源。清淤开始前要完成以下一系列的前期准备工作：（1）勘测。勘探取样确定污淤泥中有害重金属元素种类、含量，污淤泥的边界、范围、深度。（2）选择清淤时期。山区河道受季节性雨水影响极大，规律性很强。为此，应选择在枯水季节到来时清淤，丰水季节到来前结束。在清淤段建设导流工程，既保持水道畅通，又使清淤河床干涸；要依据工程量大小和工期长短，准备足够的挖掘、装载机械与工作人员，做好科学的施工组织设计；要修筑好清淤场地至固化场地的临时运输道路。（3）固化处理。即用物理或化学的方法将污淤泥凝结成坚实的固体，使有害污染物永远囊封于惰性基材中。或者将其转化成化学性质不活泼的形态，或在污染物外面加上低渗透性材料，减少污染物暴露的淋滤面积，使其难于迁徙、溶解等，从而阻止其通过水流或被植物吸收而扩散。

固化稳定技术在国外已被广泛应用，我国上海等地也有多个重金属污染治理项目运用了该技术。固化稳定处理首先要对污淤泥堆放场地、固化处理场地、处理后的污淤泥归宿地的选址以及稳定固化工艺技术和药剂选定等进行充分论证，选用最优方案。然后，进行小型试验与样品测试，优化技术参数，制订验收标准。要采取措施，防止造成二次污染。

固化稳定处理基本工艺流程：将污淤泥从淤积地用挖掘机挖出，装车运至稳定化处理中心的堆场，沥干等待处理。可以处理的污淤泥由皮带运输机送至筛分车间，由振动筛自动分拣。将分拣出来的粒径大于固化稳定工艺处理范围的石块、卵石和杂质作为建材或地基材料外运使用。将符合固化稳定处理工艺要求的淤污泥砂通过振动进料器定量输入强制式搅拌塔，加入符合工艺要求的调节水和稳定剂进行充分搅拌。强制搅拌混合后的淤污泥砂由塔底出料斗排出，再由皮带输送机转移至稳定堆场堆放。经过一定时间，完成固化稳定反应的淤污泥砂已彻底固化稳定，再由车辆运去新的归宿地。固化稳定处理后的淤污泥砂最好的归宿是用作道路路基或河堤堤岸的基础，外侧用石砌挡土墙或水泥板护坡；其次是堆存于预先在山谷、山凹、洼地筑坝围堵而成的"尾矿库"内。

（三）植物修复

"植物修复"是指利用特种植物对重金属元素的特殊富集功能消减被污染土壤中

的重金属元素以净化土壤的植物修复技术。该技术自 20 世纪 80 年代应用以来，发展十分迅速。很多科研单位和技术人员已相继发现、开发、培植了各类具有修复功能的特种植物，以及一年四季都能"抓得住"重金属元素的特种季相植物群落。其中，有的植物通过根茎叶的吸收对重金属元素有超强的积累功能，有的植物通过根系控制重金属元素扩散，有的植物通过自身的新陈代谢对重金属元素浓度加以降解，有的植物通过转化功能使重金属元素转化为另一种稳定的化合物，有的植物则通过根系吸附对重金属元素进行过滤。这些植物本身具有耐受污染物毒性，适应干旱与极端贫瘠土地的基质条件。植物修复技术适应于污染面较广的土壤治理，这种技术选取适应治理区域重金属元素、气候、自然环境的多种植物进行联合套作，是治理重金属元素污染土壤的有效措施。

"植物修复"是在尾矿富集区或尾矿库上的二次作业，其目的是矿区重金属污染地治理、进行生态恢复。将尾矿富集地或已形成的"尾矿库"上杂乱堆积的"尾矿"按一定标高整理成平地，均匀覆盖 30～50 厘米未受污染的客土，形成人造小平原。然后施肥改良土壤，再种植对重金属元素具有特殊富集功能的相关特种植物。同时，要完善人造小平原周边撇洪导流渠的修缮，既引开山坡暴雨汇水，防止泄洪对人造平原的破坏，又利用山势高差，将渠水引来用作植物的喷灌、点灌用水，以保障植物的苗壮成长。经过对几茬植物的检测，确认不含有害元素后，方可种植浅根类食用植物。

应用植物修复技术去除重金属污染应注意两个问题：一是这些植物体内吸收的重金属元素永远存在。这些植物被收割后不能外运，也不能当作燃料使用，而必须就地于坚实地面上烧毁，并将灰烬彻底干净地收集起来，用水泥固化后深埋于避水地或作为路基。二是要加强植物的后期管理，保持植物持续的茂盛生长，要进行常态化的取土检测，污染元素在安全范围内以后，方可种植食用类植物。植物修复的周期长，需要通过植物的几度枯荣，反复种植与刈割，方可逐渐除去被污染土壤中的大部分重金属元素，因而不应心存一蹴而就、一茬就完的轻心与侥幸。

五、重金属污染综合治理工程可行性研究的建议

采矿区域重金属污染治理是不得已而为之的办法。治污必须治源，源头不止，治理无尽。源头治污，要高奏尊重自然、利用自然、保护自然的三部曲：一要尊重自然，用教育与法律的方式坚决制止对自然资源的掠夺性肆意破坏。二要科学利用资

源，有序重点开发，支持规模化采矿企业，做好尾矿保护。三要保护资源，封停小矿废矿矿井，复土复种，恢复植被，重塑绿水青山。同时，也要关注小微矿业主的生存，调整产业结构，促进小微矿业企业转型升级，发展绿色产业。

　　污染已经产生，治污必须跟进，但采矿区域重金属污染治理和土壤修复工程不像常规建设工程一样，一经"竣工验收"，立马可以直观地看出工程建设质量、经济效益或社会效益。重金属污染治理工程虽已完成，看起来也整齐美观，可以履行"验收"程序，但由于重金属元素看不见摸不着，用上述各种措施对它"围追堵截"之后，其效果是不能在"验收日"就能立马判断出来的。因此，重金属污染综合治理工程可行性研究报告要特别强调如下内容：一要建议加强对这些基础工程的后续维护管理，确保这些工程技术措施发挥应有的功能。特别要对植物修复所种植的植物进行科学的后期维护保养，以保持其生长茂盛。二要强调加强水质、土质的常态化检测与监管，及时发现恶性变化并实施溯源处理。三要强调新矿开采必须严格遵守国家关于矿产开发的法律法规，履行矿产开采的相关法定程序。矿产是宝贵的不可再生的自然资源，也是重要的工业生产物质资料的重要来源，要坚决制止与杜绝矿藏的私挖滥采现象。四要强调对"尾矿"等废弃物的科学处理与管理，以杜绝重金属元素的肆意流转扩散。这些强调内容，是重金属污染综合治理工程可行性研究报告的必要内容，也是工程咨询研究人员的职责所在。

浅议工业产业园建设的
规划原则

内容提要：

未来工业产业园不再是简单意义上的空间圈地与"盖厂房 + 出产品"，而是产业概念上的资源融合，是资源与环境的融合、人与自然的融合。工业产业园一旦建成，即对当地政治、经济、文化、环境均产生十分重大的影响。

工业产业园是我国现代工业的重要基地，但多年来的建设实践证明，不甚成功甚至不成功的工业园并非个案。现代工业产业园的建设，应遵循目标清晰的产业规划原则、节约集约的用地规划原则、园区厂房建设的通用性规划原则、便捷畅达的人性化交通规划原则、"三废"集中处理与绿色建筑设计规划原则、配套服务专业化规划原则等一系列科学规划原则，以不渝的责任担当建立起我国现代化工业发展的新模式。

关键词： 工业　产业园　历史　规划

联合国环境规划署（UNEP）曾将工业园概括为"在一大片土地上聚集若干工业企业的区域"。本文所论工业产业园并不是这种广义上的"若干工业企业聚集在一大片土地上"的工业园，而是以产业聚集为特征的工业区域，是具有鲜明产业特色的工业产品生产园区。我国工业产业园的建设始于改革开放后沿海发达地区的以电子及轻纺加工产品为主的工业集聚区的兴起，内陆地区约在21世纪初开始日渐兴盛。成功工业产业园的建设以其"企业集中、资本集聚、产业集群、土地集约"的鲜明特点而成为各地方政府经济工作争相仿效的新重点。工业产业园是以标准化厂房为中心、以专业化的配套服务设施为辅助的工业生产集聚区。但未来工业产业园的理念却不再是简单意义上的空间圈地与"盖厂房 + 出产品"，而是产业概念上的资源融合，是资源与环境的融合、人与自然的融合。工业产业园一旦建成，即对当地政治、经济、文化、环境均产生十分重大的影响。因而，工业产业园区的建设必然是当地政府政治经济工作中一项十分重大的战略性投资决策，而决策之首即起始于工业产业园区的规划设计。

工业产业园的规划分为内容规划与形式规划，内容规划解决"建什么"的问题，形式规划解决"怎么建"的问题。工程咨询专家应认真做好工业产业园的规划设计研究，做到内容规划与形式规划完美统一，为工业产业园建设决策者当好参谋，为地方政府的重大投资决策提供科学依据，为工业产业园可持续性发展奠定坚实基础。

工业产业园是我国现代工业的重要基地，但多年来的建设实践证明，不甚成功甚至不成功的工业园并非个案。究其原因，主要在于部分建设决策者心存"政绩""形象""面子"方面的杂念，急于求成、急功近利，没有做或没有认真去做调查研究、科学规划，以致走上了一条似曾相识的建设老路。

因此，回顾我们已走过的工业化道路，制订工业产业园的规划设计原则，对于我们今天新一代的工业领导者，对于实现我国新时期的工业现代化都具有十分重大的意义。

一、回顾历史，为今天的工业产业园建设寻觅前车之鉴

新中国成立初期，我国是一个落后的农业大国，工业方面几乎是一张白纸，连火柴、煤油等日用品皆因从外国传入而称"洋火""洋油"。为改变这一面貌，新中国的缔造者毛泽东主席早在残酷的抗日战争刚刚胜利而谋划建国蓝图之时，即做出了要实现中国工业化的决策。他在 1945 年的《论联合政府》中写道："抗日战争结束以后，中国的工人阶级的任务，不但是为着建立新民主主义的国家而奋斗，而且是为着中国的工业化和农业近代化而斗争。"其后，他又逐渐完善地提出中国要"由落后的农业国变成先进的工业国"的奋斗目标，以及实现以工业现代化为首的包括农业、科学文化、国防在内的"社会主义四个现代化"的口号。

在工业化的明确目标指引下，"一五"时期，我国完成了以苏联帮助设计的 156 个重点项目为中心的 694 个大中型项目建设，初步建立了我国社会主义工业化基础，实现了以工业总产值占农业总产值的 70%、生产资料总产值占工业总产值的 60% 为重要标志的国家工业化目标。"一五"工业化的胜利加速了我国工业化追梦的步伐，以至于在第二个五年计划至第六个五年计划的五个五年计划中，我国工业化在国力底子薄、内忧外患的非常困难时期进行了超越能力的急行军。在此期间大事连连："大

跃进""反右倾""超英赶美""备战、备荒""三线建设",以及六十年代初掀起的全国性的无比浩大、无比热烈的"工业学大庆运动"等。三十年间,中国工业战线创造了一个举世无双的"激情燃烧的时代"。在这一时期,我国建成了庞大的东北一类工业基地,衡阳、唐山、徐州、绵阳、锦州五大二类工业基地以及遍布全国的大大小小数以百万计的各类工业企业。在一个古老而落后的农业国度里,我们完全依靠自己一双握锄的手,终于建成了规模化的工业体系,为国家的政权巩固、国防建设以及其他国计民生大业奠定了丰厚的物质基础。创业的艰苦卓绝与成就的灿烂辉煌所铸就的历史丰碑将永放光芒!

但毋庸讳言,成就的背后是沉重的代价。当时的中国,正是百业待兴又"一穷二白","穷则思变"的动力使由农民转变的工业建设决策者什么都想建。无论重工、轻工、化工,也无论厂子大小,基本是想建什么就建什么、想建哪里就在哪里建。于是城区里面是工厂,到处机器轰鸣;工厂外边居住着由农民转变的工人群体,形成了新的城区。在"工业化 = 盖厂房 + 出产品"的思维中,在缺技术、缺经验、缺资金、赶任务的情况下,大家以无比高昂的政治热情和冲天干劲,没日没夜地大干快上,"有条件要上,没有条件创造条件也要上"成为当时最具号召力的动员令。于是,因陋就简、"干打垒"建起的小而全、大而全的工厂如雨后春笋般在全国崛起,并不断创造出工业"卫星"与"奇迹"。其中最突出的是以钢产量为目标的"超英赶美"。1958 年 8 月中央决定当年钢产量指标在 1957 年 535 万吨基础上翻一番,提高到 1070万吨。于是小高炉、土法炼钢的群众运动顿时风起云涌。到年底,全国参与大炼钢铁的人数达到 9000 多万(当年全国总人口 6.5 亿),修建土高炉 100 多万座,实际钢产量达 1108 万吨(当年英国 2000 万吨、美国 6970 万吨)。其他各行各业也在万马齐奔。例如造纸,至 1985 年,主要分布于我国黑龙江、黄河、长江、珠江四大江河中下游流域的已建成投产的造纸企业有 4551 家,生产纸及纸板 930.8 万吨,每家企业年均实际产能仅 2050 吨,而且几乎全是制浆造纸"联合"企业。

无序占用土地,无法遏止与无力治理的"三废"排放,能源、资源的高消耗,工业结构和产能布局的严重失衡,以及厂房、设施等建构筑物非标化等根本性弊端,使这些耗费巨大人力物力、千辛万苦搭建起来的工业基础从诞生之日起,就已基本注定没有可持续性发展的前景。当今的旧城改造、产业调整、污染治理、人员安置、厂房拆除、基础设施重建等一系列十分艰巨的任务,正是当年大跃进工业化遗留的后果。

总结几十年来我国工业建设中的失误之源,一个除政治经济因素以外的重要原因,就是因时代的局限而没有科学严谨的规划设计。今天我国工业产业园建设已具备一切必要的物质与科技条件。工业建设的决策者们，以及为其参谋的工程咨询专家们，应树立工业现代化的建设理念，建设工业化产业园，应遵循一系列科学规划原则，以不渝的责任担当建立起我国现代化工业发展的新模式。

二、工业产业园的规划设计原则

规划和计划都是对未来行动方案的设计，但计划是线性的，重在设计单项事务的发展走向，是对相对较短时间内的行动设计。规划却是多项事物的综合布局，具有点线面结合的整体性与长期性考量。对于工业产业园区的规划，工程咨询专家应为政府把握如下规划原则。

（一）目标清晰的产业规划原则

工业产业园的内容规划是对产业的先期设计，"产业不对，一切白费"。工业产业园建设前，决策者应聘请咨询专家对本地区的社会经济发展规划、资源、能源、交通、市场辐射等要素进行充分的调查、分析、论证，认清方向，确定适合于本地经济发展的产业发展目标。我国工业行业很多，门类齐全，产品庞杂，在迅速兴起的工业产业园中，很多工业产业园并不理想。当初，工业园建设决策者雄心勃勃，奠基剪彩轰轰烈烈，一心想建"工业航母舰队"。可是热闹之后，却远离了拟建"航母舰队"的初衷，建成的不过是小舢板的集群。仍然是"单打鼓、独划船"，无法形成合力，产能不能优化，产品品质不能提升，招商不能到位，不能形成规模经济，不能实现规模效益，既不能抵御"外侵"，也不能实施"外攻"。

为此，建议以下四类工业产业园进行规划思路，设计好本地区工业产业园建设的产业规划，建造中国工业坚强的产业航母。

一是单一型特色产业园区。产品具有鲜明特色，拥有在较大区域里发展的空间，对全国以至于对进出口方面都有重大影响，可以形成上下游产业依存或是研发设计、主机制造、零部件生产、实验鉴定、人员培训与售后服务等完整产业链的产业园区，例如汽车制造产业、农业机械产业等产业园。二是高新技术产业园区。什么是高新区？2013 年 8 月，习总书记在大连高新区视察时指出：高新区就是又要高又要新，高是高水平，新是新技术，要体现高新含量，不能搞粗放经营、什么"菜"都装进高新区的筐子里。总书记对高新区的定义主要是以高起点、高水平、新技术为特点，建设创新型的产业支撑体系，强化科技创新成果产业化，培育先导型产业目标，且具有孵化器功能的产业园区。例如，以拥有自主知识产权为主的高新技术产业园。三是复合型优势产业园区。园区内产品之间具有同质关联性的优势产业集聚，形成具有区域影响力的专业化、规模化的产业园。如电子、服装鞋帽、小商品等轻工类产业园区。四是以某产业为主导，融合地方其他产业的主导产业园区，适合县域经济发展或城镇化建设。它以地区优势产业为主导，融合当地多类其他产业而形成，例如以矿产或以农林牧副渔产品为原料的深加工产业园。

有了清晰的产业规划思路才可能对园区平面建设规划即形式规划进行设计。

（二）节约、集约的用地规划原则

土地是最宝贵的资源，园区建设要贯彻落实"十分珍惜、合理利用土地和切实保护耕地"的基本国策，符合节约用地和集约用地原则。在满足园区基本功能需要的前提下千方百计少用地，特别应不占或少占耕地。要严格执行《关于发布和实施〈工业项目建设用地控制指标（试行）〉通知》（国土资发〔2004〕232 号）精神，符合其规定的投资强度、容积率、建筑系数以及行政办公和生活服务用地占比等四项控制指标。例如代码为"29"的橡胶制品业，在一、二、三、四等地区：投资强度 ≥ 2250 万元/公顷，容积率 ≥ 0.6，建筑系数 ≥ 30%，行政办公和生活服务用地 <（工业项目总用地面积 ×7%）等。此外，园区用地要根据城市建设用地结构、布局，按照挖掘用地潜力的原则科学选址。

（三）园区厂房建设的通用性规划原则

市场上琳琅满目的商品在不断更替。商品在进入流通领域之前是厂家的产品，工业产业园的功能就是产出产品，厂房的建设是工业产业园区建设的主要内容。工业产品的转瞬换代表明了工业生产技术的突飞猛进，厂房建设必须适应生产技术发展与生产规模化要求，以不变应万变。工业产业园的工业厂房主要有两大类：一是以产业为导向的专业化厂房，二是通用性较强的综合型标准化厂房。前者遵循既有的专业化厂房标准，不再赘述。通用性较强的综合型标准化厂房应充分考虑如下因素：在使用上具有更高的灵活性，以利于后续的改建和扩建；在结构上便于传输起吊机具的设置和改装；在布局上适应产品与零部件的机械化与自动化生产与传送要求；在厂房建筑层级上以多层建筑为主。因此厂房设计在遵守相关标准、规范的同时，要尽可能地扩大柱网尺寸，增加空间跨度，适当加大地面、楼面荷载，基础及上部结构采用高强材料，围护结构及内部隔断采用轻质化、配套化和标准化材料进行组合拼接式安装，生产区域内除现场调度室、检测检验室、仪器仪表室等生产性专业用房外，其他所有管理用房和生活用房均应集中单独设于生产厂区以外。

（四）便捷畅达的科学化交通规划原则

工业产业园区的交通应从园区内外两方面加以研究，以科学合理和体现以人为本的人性化关爱为原则进行规划设计。

园区的内部交通，一要人流、物流通道设计科学合理。工业园区是人员和物资集散十分密集的地方，生产工人、辅助人员、管理人员以及原辅材料和产品出入频繁，必须依据生产工艺流程，针对人流量及人员工作性质、物流量及物流节点分别设计好运行通道和出入口。要让人流、物流分道分口出入，各行其道，按原材料和产品的吞吐量设计好装卸场地。二要消防通道设计科学规范。工厂是火灾重点防范区，防火是工厂安全生产的首要任务，必须防患于未然。必须按消防要求设计宽度不小于4米、转弯半径不小于9米的绕园区内厂房四周呈环形的消防通道，按规范设置室外消火栓，预留符合要求的建筑消防扑救面，设置紧急的安全疏散通道与安全出入口，并树立指示标志和应急指示灯。

外部交通就是要使园区道路对接城市路网，要设计多方向的出入口，以利于人员与物资的便捷流动。工业产业园区要特别重视同步发展公共交通，重视从业人员上下班的交通问题。根据我国当前现状，园区从业人员主要以在家居住为主，且分散于市内各个方位。为此，工业园区应避免建于交通死角，对处于交通死角地带的园区，要由地方政府同步规划开通新的交通线路，以利于从业人员就近转乘市内其他公交车、地铁、城际轻轨等公共交通工具。发展园区周边的公共交通，既是提倡绿色出行、减少自驾带来的空气污染、减轻道路堵塞的需要，也能大大降低交通安全事故与夜班员工出行时的社会治安安全事故发生的概率。同时，随着社会的进步和社会分工专业化协作的推进，工业产业园区内的员工住宿问题也可以通过社会化管理模式在园外解决。由此，也需要地方政府配套规划好员工专用廉租房。员工廉租房应在园区周边就近建设，以利于员工步行上下班。如因环境所限，需在较远处建设这种园区员工专用廉租房，其公共交通的上下班车程原则上应在单程1小时、最多乘换2趟车以内。这既体现了文明社会的人性情怀，又体现了"人是生产力第一要素"理念，是通过减少员工在途时间、增加员工休息时间而提高劳动生产率的有效途径，也是今后我国工业化建设中必然要考虑的问题。

（五）"三废"集中处理的规划原则

工业产业园的"三废"是指废水、废气和固体废弃物。其中废水分为生活水和工业生产废水；废气主要是工业生产废气，包括烟尘、粉尘、恶臭气体和含有有害气态污染物的气体；固体废弃物分为生活垃圾和工业垃圾，包括生产中伴生的不可回收利用物和边角余料。在一个同类产业的工业园里，"三废"具有四大特点：一是"三废"性质基本相同；二是废物中所含有毒有害物质基本相同；三是废物收集较容易；四是废物总量较大。正是这些特点，为工业产业园区对"三废"进行专业化集中处理以及回收利用提供了有利条件。工业产业园应科学规划好"三废"的流向与路径，同步建设好"三废"处理（治理）的设备设施，制订"三废"处理后有用物资回收利用的标准以及回收利用的措施，实现"资源 — 产品 — 再生资源"的反馈式流程。其中，工业废水量大的工业园区应单独建设采用专门处理工艺的污水处理厂。

（六）绿色建筑设计的规划原则

什么是"绿色建筑"？国家《绿色建筑评价标准》（GB/T50378 — 2006）将其定义为："绿色建筑是指在建筑的全生命周期内，最大限度地节约资源（节地、节能、节水、节材）、保护环境和减少污染，为人们提供健康、适用和高效的使用空间，与自然和谐共生的建筑"。绿色建筑是一种概念或象征，建设绿色建筑是日益快速发展的经济在给环境带来巨大压力之后，人类为自己生存并谋求可持续性发展所被迫采取的以减少资源消耗、减少生态破坏、减少环境污染为目标的应对措施。

工业产业园区的"绿色建筑"概念应是包括园区用地、园区建构筑物及与周边环境关系的广阔范畴，是资源与环境、人与自然的融合。园区一旦建成，特别是园区的主要内容——以形成固定资产为目的的建构筑物一旦建造成功，其品质的优劣即随之固化。为了防止园区规划的失误与设计的浪费，必须对工业园区的规划与设计进行"绿色建筑设计评价"。评价的方式是在国家《绿色建筑评价标准》的指导下，设计一套由一系列评价指标构成的评价体系，以园区最初的规划和方案设计为起点，评价园区场址选择及其建构筑物的平面布局、建筑设计要素等是否符合节约资源、保护生态和减少环境污染的标准。通过对规划设计的评价，实现园区及其建筑在全生命周期内的资源节约最大化、生态环境负影响最小化，在运营过程中能为人们提供健康、舒适、低耗、无害的活动空间，寿终拆除后对环境的危害可以降到最低。

我国在早期工业化的进程中所付出的环境代价太沉重了，今天工业园区的"绿色建筑设计评价"，正是在吸取历史经验教训后所采取的实现建设"资源节约型、环境友好型"社会的重大举措，作为"企业集中"的工业产业园区必须建成以"绿色建筑"为特征的现代工业示范基地。

（七）配套服务专业化的规划原则

工业产业园区是个功能齐全、需求全面但又十分专业化的区域。它需要很多社会成员的协作，其中生活后勤服务和运输服务是工业产业园区经营运作必要的社会协作内容。工业产业园区所在地的政府部门应积极鼓励和支持社会力量为园区提供专业化、社会化的服务。例如，建立包括餐饮、物业、水电管网维修在内的后勤保障服务体系，原辅材料和产品出入的运输体系，实现专业分工与协作的大社会关系，以提高整个社会的规模效益。

三、开创工业现代化的新时代

我国工业化道路已走过了艰辛而又辉煌的历程。攀高回望，我们在必须继续发扬前辈"筚路蓝缕，以启山林"的艰苦奋斗精神的同时，更应清醒地认识到在当年历史条件下的工业化建设中的诸多失误，并吸取经验教训，使之成为我们今天工业化建设的成功之母。如果说当年工业化建设中急于求成、大干快上造成了一系列不良后遗症，尚可因"国家从废墟中立起，家底一穷二白且迫于国家发展形势紧迫与人民生计急需不得已而为之，其失误在所难免"来理解与谅解的话，那么今天若再出现同样的失误，便是对国家和人民的犯罪了。

今天，我们已有了广阔的视野、先进的理念、必要的建设资金、发达的科学技术，完全有条件、有能力将工业产业园区建设好。工业产业园是我国现代工业骨干基地。无论建设哪一类园区，在进行园区规划时，首先都要以建设高品质园区为目标，瞄准科技前沿和产业高端，强化产业引领，加强产品创新，着力打造优势更优、强项更强、特色更特的园区经济，着力建设产业发展新高地和产城融合新地标。新一代工业领导者和工程咨询专家应有责无旁贷的使命感，通过科学化与民主化决策，遵循园区可持续发展的理念，去追求实现工业基地全生命周期里最大化的经济效益、社会效益和环境效益，去开创工业现代化的新时代。

农业县引入"集团企业入园"的"飞地经济"新模式探索

内容提要：

"飞地经济"是产业资源与土地资源互补的经济模式。即有产业（包括资金、技术和产品）而缺建设用地的一方，向有建设用地而缺产业的一方转移自己的产业。或者是缺产业（包括资金、技术和产品）的一方利用自己的土地资源（产业园区）承接外来产业的一种互利互惠、取长补短发展经济的模式，其动议均因土地而起。它是国内区域间在市场经济规律指导下，寻求经济发展平衡、促使区域经济进行自我调节的重要手段。"飞地经济"的发展有效化解了一方"土地富余，产业饥渴"与另一方"产业富余，土地饥渴"的矛盾，通过产业的转移与承接，实现了区域间经济发展的优势互补与相对平衡。

"飞地经济"主要表现为产业集中地区向农业集中地区"飞"，结合"三农"问题的解决思路，引入龙头农业集团进入农业县的产业园区，实现大型龙头产业集团与县级政府合作的经济发展模式。这是解决三农问题的一种实践创新，是对党中央关于国富、国强、国美的"三必须"理念及适应经济发展新常态等一系列要求的具体落实。

关键词： 农业　龙头产业　转移　飞地经济

"飞地经济"是打破行政区划限制，发达地区将自己的产业项目落户于国内任何欠发达地区的产业园，以共建或托管方式建设入园的产业项目，通过创新规划、建设、管理和税收分成等合作机制，实现优势互补、互利共赢、可持续发展的一种经济模式。它是我国改革开放后，为寻求区域间社会经济均衡发展的必然产物，是市场经济条件下社会经济行为自我调节的经济现象。"飞地经济"在我国已有了十多年的实践历史，积累了很多经验，有的地方已将其作为发展经济的法宝。但它仍然是一件成长中的"新生事物"，仍然存在着大量需要不断调整、完善与创新的地方，"飞出飞入"还面临着各种挑战。本文提出农业县，即在农、林、牧、副、渔产品的某方面或几方面极具特色、有利规模发展的农业县（市）域引进"集团企业入园"的"飞地经济"新模式，试图为农业县的产业体系良性构建和经济转型升级创造更加有利的条件。

一、我国"飞地经济"的发展及其存在的主要问题

我国改革开放后，沿海地区首创了"招商引资"，并为引进的产业建立集中产业园，内陆地区迅速仿效跟进。国家、省、市、县乃至乡镇大大小小级别的工业园如雨后春笋般耸立起来，"筑巢引凤"，招商引资如火如荼。但经历多年的发展之后，由于地缘及经济基础的关系，"招商引资"效果渐成天壤之别，各地经济发展呈现出巨大的差异，并有了泾渭分明的发达地区与欠发达地区之分。发达地区产业发达，有资金、有技术、有产品的企业众多，有的地方已"企满为患、无地自容"，已阻碍着新的发展以及产能升级与结构调整优化。而欠发达地区则因缺资金、缺技术、缺产品，产业带动不起来，经济在低层次上徘徊，发展缓慢，拥有广阔土地空间的"产业园"却无产业开发，或者开发得也未如预期美好，甚至依然是一块未开垦的处女地。

但区域间的社会经济只要不设人为的藩篱，必然要寻求发展的平衡，市场经济规律也会促使经济行为进行自我调节。在我国改革开放与时俱进、加快经济发展政策日臻完善的利好形势下，"飞地经济"应运而生。实施了十多年的"飞地经济"主要有四种飞地模式：一是跨省模式；二是跨市模式；三是跨县模式；四是跨乡镇模式。其中，跨省、跨市模式是一省与另一省、一市与另一市之间互结对子，"飞入地"划出一定区域作为共建产业园区，承接"飞出地"的产业转移，实现资源合理配置。其运作方式基本上是"飞入地"出地建园，负责园内拆迁安置、社会管理以及园外基础设施配套建设等工作；"飞出地"负责园内规划、产业落实、投资开发、招商引资和经营管理工作。跨县、跨乡镇模式是在市、县政府领导下，按照产业聚集原则或产业类别集中安置原则，在市、县区域内建设专业产业园区或以一业为主兼顾其他产业的主导产业园区，使优势产业跨县区或乡镇落户，形成规模发展。

"飞地经济"的发展有效化解了一方"土地富余，产业饥渴"与另一方"产业富余，土地饥渴"的矛盾，通过产业的转移与承接，实现了区域间经济发展的优势互补与相对平衡。近年来，"飞地经济"更有向欠发达的农业县市扩张的趋势。发达地区

向欠发达的农业地区进行产业转移，可以在农村获得广阔而廉价的土地资源，实现自己的产业调整升级，创造新的经济增长极。对于欠发达的农业地区而言，通过"飞地"引进了新的产业，促进了基础设施的加快建设，实现了当地资源的开发利用与集约化经营，推动了当地的产业转型和人力资源的回流，化解了若干社会矛盾，能在较短的时期内打破当地管理者与生产者的思维定式，放开思想，提升现代化经营管理意识，对于促进当地经济和社会发展具有十分重大的意义。

但上述模式的"飞地经济"也有着若干障碍，即无论是跨省跨市"飞"，还是跨县跨乡镇"飞"，都由双方政府主导，由发达地区政府组织当地企业"飞入"欠发达地区的产业园里；欠发达地区政府组织产业园的建设，接受产业。双方政府主导后，其实施程序就复杂了，考量也多元了，对 GDP、税收、投资、产业、民生、环境、资源、统计口径等种种权益分配乃至政绩显现都有各自的诉求，需要一个漫长的"商谈研究"过程。其后也有可能因某方或双方主要领导层的变更而导致相关协议、方案、规划临时终止、延缓或难以为继。政府不是直接投资者，投资主体是拥有资本的企业。这些企业又有各自的生态圈，有各种切身利益的追逐与考量。此外，两地之间，相对而言，"飞出地"拥有资金、人才、技术、产品、管理与信息优势，选择面较广，多处于主动与强势地位。"飞入地"渴求"飞出地"的各项优势资源，有失去合作机会的担忧，故多处于被动与弱势地位。但"飞入地"也有别的担忧，即担忧"飞出地"转出的产品是竞争力和"比较优势"较弱的产品，或是不能在"飞出地"持续发展的或是处于生命周期末端的产品；更担忧高能耗、高原料消耗、高劳动密集而附加值低，甚至污染严重的产业"飞"进来。在合作的"蛋糕"分割上，这种由政府主导、跨行政区域的"飞地经济"模式，存在着双方政府、飞入企业三者之间的利益纠结，而对"飞入地"产业体系的构建与经济发展模式的改变到底能起多大促进作用并不明朗。由此，几经来回权衡之后，很有可能在"飞入地"产业园的平台上，走的仍是单纯"招商引资"的老路。

二、"集团企业入园"的"飞地经济"模式及特点

我国是农业大国，也是一个正在从农业弱国走向农业强国的发展中国家，农业、农村、农民中若干历史遗留与发展滞后的问题远非近期能全部解决。为逐步解决"三农"问题，实现农业强国梦，中共中央在每年之初都以"中央一号文件"形式，对以农业、农村和农民为主题的农村改革、农业发展和农民增收做出具体部署，以突出

"三农"问题在中国的社会主义现代化时期"重中之重"的地位。2013 年中央一号文件《关于加快发展现代农业，进一步增强农村发展活力的若干意见》指出：要始终把解决好农业农村农民问题作为全党工作重中之重，把城乡发展一体化作为解决"三农"问题的根本途径；要深入贯彻落实科学发展观，全面推进"三农"实践创新、理论创新、制度创新；要培育壮大龙头企业，支持龙头企业通过兼并、重组、收购、控股等方式组建大型企业集团，创建农业产业化示范基地，促进龙头企业集群发展。

　　2015 年颁发的中央一号文件《关于加大改革创新力度加快农业现代化建设的若干意见》，更以"三必须"将解决"三农"问题的重要性、紧迫性提到了更新的高度，即"中国要强，农业必须强；中国要富，农民必须富；中国要美，农村必须美"。如何实现三农"强、富、美"？通观全篇，"延长农业产业链、提高农业附加值"十分耀眼，该词虽是写在第二段的第十二条中，但实则贯穿全文，主要意思就是种稻不能仅仅盯在增加稻谷产量上，养猪不能仅仅盯在增加猪肉产量上，而是要放眼于发展与它有关的所有"直系与旁系的亲属"上，并要经过精心调理、改造、加工、配置，增加其附加值，让"豆腐变成肉价钱"。为此，文件提出了"主动适应经济发展新常态，推动新型工业化、信息化、城镇化和农业现代化同步发展，在优化农业结构上开辟新途径，在转变农业发展方式上寻求新突破"等一系列要求。

　　"集团企业入园"的"飞地经济"模式，是指由农业县县级人民政府主导，以县域内的工业园为载体，依据本地的区位条件、交通条件，特别是依据包括农、林、牧、副、渔在内的特色农产资源以及秀美山川本色，定向引进农业专业化产业集团公司进行以产业链为目标的开发经营，实现大型龙头产业集团与县级政府合作的经济发展模式。这是解决三农问题的一种实践创新，是对党中央关于国富、国强、国美的"三必须"理念，以及适应经济发展新常态等一系列要求的具体落实。

　　这一"模式"的主要特点：

　　一是由"飞入地"一方的县级人民政府主导，强化了合作双方中"飞入地"政府的决策力与主导作用。县级人民政府是管理一个县级行政区域事务的政府组织，是中央、省、地级政府与乡镇政府和行政村联系的中间环节，是整个国民经济和社会发展的基础行政区域。我国宪法规定，县级人民政府依照法律规定的权限，管理本行政区域内的经济、文化、城乡建设等各项事业，管理财政、司法、监察等各项行政工作，发布相关决定和命令。因此，它对县域内"飞地经济"的发展方案有着独立决策权，排除了另一方政府的干扰。它也只与大型龙头企业进行合作，减少了与其他小企业方的合作矛盾。"蛋糕"的分割由合作双方商议，减少了分割主体，利益更为均等。由此，县级政府可以充分发挥在这一"飞地经济"模式下的主导作用。

二是产业集团"飞出"是企业行为，必须如其所愿。产业集团"飞出去"发展是企业自己的战略考量，不受"飞出地"政府制约，政府也无权干预。因而，它不计较 GDP 计入何处，也不关心自己"飞出去"后对"飞出地"的政绩等有何影响，它只关注自己的投资效益，关注"飞入"对方后如何获得长远利益和可持续性发展。它对入园后的产业链建设有充分的自主权，可以依据自己的发展战略做大手笔的长远规划。它行事前必将充分调查研究，慎重决策，一旦决定落户对方，便不会半途而废，必为实现自己的既定目标而努力奋斗。由此，无论是对企业自身的产业升级与发展，还是对"飞入地"的经济结构调整和发展模式，都将产生实质性的积极影响。

三是"飞出""飞入"双方都以自己的实力为基础，实现的是强强结盟与优势互补。"飞出"企业是某一主导产业领域内的集团企业，在主导产业的引领下，有上下游的产业链，同时有着一业为主、多业为辅的产业体系，有着国内与国际的销售渠道或展示平台，也有资金、产品、人才、技术管理与信息的诸多优势。它对"飞入地"的产业发展有着强烈的示范和引领作用，对其产业结构调整和构建新的经济发展模式将产生重大影响。"飞入地"除了为"飞入"的集团企业提供廉价的土地资源外，还有丰富的原材料资源、招之即来的人力资源以及灵活的地方经济政策。因此，双方的结盟以各自的实力为基础，是优势互补，实现的是强强联合。尤其是"飞入地"的优势增强了选择"飞入"集团企业的针对性与竞争力度，避免了"飞入地"招商引资时的"急病乱求医"，避免产业承接出现盲目与勉强，甚至无果而终或无善果而终。

三、"飞地经济"的基础状况

"集团企业入园"的"飞地经济"模式的基础是农业县应有丰富的原材料和土地资源，有着培育和促进"飞入地"农产资源规模化经营的广阔前景，对"飞入"集团企业有着强劲的吸引力。2014 年 9 月 29 日，习近平主席主持召开了中央全面深化改革领导小组第五次会议，会议审议了《关于引导农村土地承包经营权有序流转发展农业适度规模经营的意见》。该意见指出："伴随我国工业化、信息化、城镇化和农业现代化进程，农村劳动力大量转移，农业物质技术装备水平不断提高，农户承包土地的经营权流转明显加快，发展适度规模经营已成为必然趋势。实践证明，土地流转和适度规模经营是发展现代农业的必由之路""鼓励农业产业化龙头企业等涉农企业重点从事农产品加工流通和农业社会化服务，带动农户和农民合作社发展规模经营。引导工商资本发展良种种苗繁育、高标准设施农业、规模化养殖等适合企业化经营的现代种养业，开发农村'四荒'资源发展多种经营"。

根据党中央的战略部署，农业县引入农业产业化龙头企业，发展适度规模经营将是发展现代农业的必由之路。但农业县要发展规模经营，吸引农业产业化龙头企业入园，其政府与官员除了要有解放思想、开拓进取、为官一任造富一方的境界，更要有以下的具体行动：

1. 要做好地情调查，透彻了解自己地域内的地形、交通、土质、水利、气候、动植物品种及分布，要以科学态度开展引入新品种、新物种的实验与研究，掌握可以因地制宜、规模经营的特色农、林、牧、副、渔资源。

2. 要制订详细发展规划，落实种植作物及饲养畜禽水产的品种、面积与人力资源的数量；落实灌溉、制肥、育种、动植物医药、农机、农技、排污等配套工程与保障措施。

3. 要制订种植、管理、收获、运输、储藏等环节的保障措施，实现以高质量为前提的大批量资源聚合。

4. 要根据当地社会人文、村野田园、奇山异水、民俗乡情、现代生态农业等特点，发掘休闲农业、创意农业资源，使其成为龙头产业体系的重要组成部分，进一步加快农村基础设施建设，提升农业收益，多渠道提高农民收入。

5. 要有"将欲取之必先予之"的战略心态与广阔胸怀。通过地方立法，制定一系列鼓励大型农业产业化龙头企业入园的优惠政策；通过龙头产业集团的农业示范园区引领当地的其他产业、行业走上产业聚集、规模发展、结构调整、优化升级的道路。

6. 用足用活中央一系列惠农政策，拓展思路、大胆创新，在有利于经营发展和经营主体自愿的基础上，发展多种形式的农业混合所有制经济。

7. 要将上述行动转化为农业县的实力，从大型农业产业化龙头企业中寻找合适自己的合作伙伴。

四、"飞地经济"的主要目标、任务和重点项目

"集团企业入园"创新了专业优势企业集团与县级政府合作的"飞地经济"模式。其目标就是充分发挥入园集团企业所具有的产业链开发能力，与当地的资源优势与政策优势结合起来，互利共赢，推动当地经济多元化发展，带动和促进特色农业产业和农业休闲、旅游产业的快速发展与转型升级，大幅度提高农业县的综合实力和发展

水平。

"集团企业入园"的主要任务就是依托大型集团企业的资金、产品、人才、技术、管理与信息优势，大力发展农业县的特色优质农产品种植繁养与精深加工、农产品物流及包装产业。根据入园龙头产业集团企业与地方县级政府签订的《合作协议》，把推进入园企业的重大投资项目作为地方政府工作的重要任务，紧紧围绕上述目标，充分释放重大项目建设对县内投资的拉力与带动效应，促进县内农业资源的聚集整合和生产要素的合理流动，加快推动农业县的农业现代化发展步伐。

明确了目标与任务之后，要落实到重点项目的建设上来。项目建设应有利于产业链的连接与产业体系的构建，要留有后续扩张的余地。例如在生猪产业链上，以生猪繁养基地为中心，上游有饲料厂、生物有机肥料厂、沼气利用工程等，下游有屠宰厂、肉制品加工厂等；在茶油产业链上，以油茶林基地为中心，上游有优良高产油茶苗培育基地、病害防治工程等，下游有茶油生产线、附产物加工厂等；在水稻产业链上，以优质水稻生产基地为中心，上游有良种筛选与培育基地、农药与肥料研发、病害生物防治技术研发等，下游有粮食深加工、谷物加工及糠壳、糠油等衍生产品加工厂等。与上述产业链相配套，建设现代化的农产品物流园，提供专业化的质量检测、仓储保管、产品包装、零整交易、运输配送、农机制造与修理、农艺农技培训与科普教育、电子结算、电子商务、融资担保等一体化服务项目。

通过重大项目的建设，确定可望而又可即的相应技术经济指标目标，既利于检查考核，又鼓舞斗志，增强信心。

五、合作机制

1. 飞地项目必须符合国家鼓励类产业项目，符合县域经济的产业发展规划；符合环境与生态保护、水土保持以及文物、古树木、不可再造的天然资源保护等基本条件；项目选址必须符合工业园区土地利用规划和区域性详细规划；项目投资强度和投资额度不低于国家和省市规定。

2. 飞地项目必须按照招商引资工作流程运行，由"飞入地"产业园根据集团企业提供的项目建议书和可行性研究报告向县投资主管部门提请项目立项以及可研报告的评审与批复，然后进行签约、供地与开工建设。

3. 政府与进入"飞地"的产业化龙头企业签订入园协议，以契约形式规定互相达成共识的权利与义务。

4. 飞地项目统一在落户所在地登记注册，由产业园区统一管理。

5. 产业园区负责项目建设用地的报批及征地拆迁、场地平整；负责将道路、电力、给排水等配套基础设施修至园外，留足接口，其规模满足园内生产生活需要。

6. 工业园区负责做好飞地项目前期协调服务工作，并协助入园业主办理好工商注册、核准备案、环评、能评、安评、税务登记、消防等事项的审批手续。

7. 飞地项目均享受县政府出台的所有优惠政策。合作建设重特大项目，县政府将根据实际情况实行"一事一议"，另行商定不违反法律的优惠政策。

8. 产业化龙头企业负责主导产业的产业链构建与开发，并形成规模化的产业体系。产业链上的专业生产经营企业或休闲、创意农业等服务性企业，由龙头产业集团开发或引进，享有与龙头企业同样的优惠政策。产业链上的上下游关系、企业间的关系由龙头企业牵头以契约形式规定，报所在县投资主管部门备案。所在地政府将产业链上的生产企业或服务企业视为龙头企业的整体，按政府与龙头企业的契约履行同样的权利与义务，

9. 产业化龙头企业对产业链上作为原材料资源的农产品采用"龙头企业＋合作社＋农户"的组织模式，带动和促进农户和合作社发展规模经营；负责对农（林、牧、副、渔）产资源的开发与技术指导，保障资源的可持续性利用；负责对生产者的职业技术培训，在降低农户的市场风险与技术风险、争取农户收益最大化、进一步激发农户生产热情的同时，造就一支适应现代农业发展的高素质的职业化农民队伍；通过农民合作社监督和约束分散农户的机会主义行为，保证产业集团在农产品收购中数量与质量的稳定和运营效率。政府支持产业化龙头企业的上述措施，支持和配合龙头企业通过农业示范园的示范作用，拓展新的产业领域。

六、结束语

2014 年 12 月 9 日至 11 日在京召开的中央经济工作会议认为，我国经历了多年高强度大规模开发建设后，传统产业相对饱和，但基础设施互联互通和新技术、新产品、新业态、新商业模式的投资机会大量涌现，对创新投融资方式提出了新要求，必须善于把握投资方向，消除投资障碍，使投资继续对经济发展发挥关键作用。从生产要素的相对优势看，过去劳动力成本低是最大优势，引进技术和管理就能迅速变成生产力。现在人口老龄化日趋加速，农业富余劳动力减少，要素的规模驱动力减弱，经济增长将更多依靠人力资本质量和技术进步，必须让创新成为驱动发展新引擎。

中央经济工作会议的上述精神既为有实力的大型农业龙头企业集团新的投融资指明了方向，也为欠发达地区特别是农业县（市）寻求经济发展提供了新的契机。但核心是要创新，即实践创新、理论创新、制度创新。

"集团企业入园"的"飞地经济"模式作为一种产业转承的经济发展方式，也许没有最好，只有更好。它从创新的角度进行探索，把党的"重中之重"落到实处，把解决新时期的"三农"问题推向了一个新的起点。

科技创新成果转化引入代建制的机会研究

内容提要：

专利成果是科技创新成果的重要组成部分，专利成果是一种理想化的技术方案，需要将其转化成现实生产力——商业化产品或服务才能造福社会。我国专利成果数量居世界第一，但转化成现实生产力的项目很少。这既浪费了大量的人力物力财力，挫伤了广大人民群众发明创造的积极性和创新精神，也不利于我国经济结构的调整优化。如何加快创新科技成果特别是专利成果的转化，提升专利成果转化率，引入"代建制"是一种有效的方法。破除专利转化风险投资的神秘，找一个接纳她的合适"婆家"，并建立健全专利转化机制，实为当今十分迫切的需要。

为克服引入代建制来转化专利成果所带来的关于对投资风险的担忧以及相关配套政策与机制不完善的制约因素，必须采取一系列相应措施。

关键词： 创新　专利　代建制　转化

李克强总理在 2014 年《政府工作报告》中指出："创新是经济结构调整优化的原动力。要把创新摆在国家发展全局的核心位置，促进科技与经济社会发展紧密结合，推动我国产业向全球价值链高端跃升"。这是党和国家领导人对我国创新工作一次空前的更为明确的地位论述，表明我国的创新工作在当今世界经济的快速发展中的重大意义，必须予以高度重视。

专利成果是"创新成果"的主要体现，获得批准的专利成果的数量是衡量一个国家创新能力的重要标志。专利成果，即使以有形的"样品"形式出现，都只是一种理想化的技术方案，都需要将其转化成具有使用价值并为人们所使用的终端产品或者服务的现实生产力才能造福社会。

本文根据《国务院关于投资体制改革的决定》（国发〔2004〕20 号）关于“对非经营性政府投资项目加快推行‘代建制’，即通过招标等方式，选择专业化的项目管理单位负责建设实施，严格控制项目投资、质量和工期，竣工验收后移交给使用单位”的要求，拟以专利成果的转化为例，探索引入“代建制”，以创新科技成果转化的新模式，促进和加快推动科技成果转化方式的重大变革。

一、关于创新的理解

什么是创新？似乎没有一个很标准化的定义，而“创新”范围与内容很广，例如有理论创新、理念创新、科技创新、工作模式创新等等，不同的“创新”应有不同的内涵。由此，这里仅做如下概括式理解：用新的知识、新的理念和新的思维方式，创造性地提出超越前人认识与见解的新理论、新理念、新技术、新工艺、新材料或新的生产方式和经营管理模式，并能在其指导下或按其方案实施，最终能生产出具有显著经济效益和社会效益的产品或服务的行为。

据此理解，无论何种“创新”，最终都将要落实到能“生产出具有显著经济效益和社会效益的产品或服务的行为”上来。这种“行为”之后，必会产生出一种“创新成果”。最显见的“创新成果”是专利成果。

专利是由政府机关或者代表若干国家的区域性组织根据申请而颁发的一种文件，这种文件记载了发明创造的内容，并且在一定时期内产生这样一种法律状态，即获得专利的发明创造在一般情况下他人只有经专利权人许可才能予以实施。在我国，专利分为发明专利、实用新型专利和外观设计专利三种类型。我国专利法第二条第二款对发明的定义是：“发明是指对产品、方法或者其改进所提出的新的技术方案。”第三款对实用新型的定义是：“实用新型是指对产品的形状、构造或者其结合所提出的适于实用的新的技术方案。”发明专利和实用新型专利能够为社会生产出一种更加优质、更加节能节材、更高使用价值与更高运行效率效能的新产品，或者能为社会提供更加优质的服务。

由获得批准的发明专利和实用新型专利所载明的技术成果称为专利成果。专利成果的数量是衡量一个国家创新能力的重要标志。但专利成果，即使以有形的“样品”形式出现，都只是一种理想化的技术方案，都需要将其转化成具有实用价值并为人们所使用的终端产品或者服务的现实生产力才能造福社会。包括专利成果在内的创新科技成果，转化是落脚点。只有广辟渠道、广开途径，大力促进创新科技成果转化成产业化、商业化的产品或服务，才能使创新真正成为"经济结构调整优化的原动力"。努力创造条件，实现创新成果转化，也是对科技人员劳动的尊重，是科技人员实现知识价值、获得社会应有尊重的具体体现，从而更能激发科技人员的创造热情。

1996 年 10 月 1 日起施行了《中华人民共和国促进科技成果转化法》，2015 年 8 月 29 日第十二届全国人民代表大会常务委员会第十六次会议，对《中华人民共和国促进科技成果转化法》进行了修正，形成了《中华人民共和国促进科技成果转化法》（2015 年修订）。两份文件根据国家经济社会发展新形势，进一步提出了促进我国科技成果转化的一系列重大原则问题，是指导我国在新形势下促进科技成果转化的主要法律依据。依照该法定义，"科技成果转化，是指对科学研究与技术开发所产生的具有实用价值的科技成果进行的商业化应用和产业化活动"。

二、我国专利受理申请与成果转化现状

国家知识产权局 2014 年 2 月 20 日召开新闻发布会，甘绍宁副局长宣布："2013 年，国家知识产权局共受理发明专利申请 82.5 万件，同比增长 26.3％，连续 3 年位居世界首位"，"每万人口发明专利拥有量提前完成十二五规划设定目标"。这是个非常令人振奋的消息。一个"世界首位"，一个"提前"，足以充分证明我国社会蕴藏着巨大的创新能力。但甘局长没有宣布另一个关键指标 —— 专利成果转化成实际生产力的转化率指标，即花费了巨大财力物力精力研究出来的专利成果到底有多少转化成了社会化的财富。

我国专利申请主要来自三个方面：高校和科研院所、企业以及个人。根据相关不完全资料可知，这三方面的专利转化率都是很低的。《上海交通大学学报》2009 年第 4 期的《上海高校专利转化率低下的瓶颈及对策》（下简称"上高文"）一文指出："尽管上海高校专利转化水平领先于全国，但仍属较低，以 2006 年为例，授权量为 1576 项，而当年只有 62 项的专利合同，即仅有 3.9％的专利进行了转化"。教育部出版的《中国高校知识产权报告》中的统计数据显示：高校的专利转化率平均也只有 5％。中国发明协会发明创业促进中心主任邹定国介绍，民间发明人得到授权的专利数量约占全国一半。有记者从 2012 年第六届中国专利周重庆专利展示交易会上获悉，该市个人专利转化率不到 5％。企业的发明专利主要是职务发明，是为解决生产实际问题所进行的定向技术攻关成果，转化率约 25％。2010 年两会期间，全国政协副主席、中科院院士王志珍也披露说，我国的科技成果转化率在 25％左右，真正实现产业化的不

足 5％，远低于发达国家 60％～70％的转化水平[注]。

由于相关信息发布滞后，并且很难从公开资料中找到，本文反映上述指标的资料并不完整，但也基本反映了我国科技创新成果转化较低的基本状态。专利只有转化成生产力才有意义，现实是我国拥有世界第一的专利总量，而转化率很低，可能在世界排名靠后。有人认为，导致我国大量专利不能顺利进入市场应用的原因，是专利缺乏实用性，或效益无法预测等。这些无疑都是重要因素，但也不尽然。就效益预测而言，专利成果的发明，都是专利权人"有感而发"的具有很强针对性的研发成果，是一种可以拿来生产终端产品的技术方案，效益一般也应是可以预测的。例如，有一个专利号为"ZL200920162319.9"，名叫"自助式婴童物用互变轻便手推车"的专利。它在不新增零部件的情况下，可以将一种婴儿车改变成手推车、童车、老人购物手推车或小型行李手拖车，或者说只需重新拆装，就可以改变形状与功能，从这种车变成另一种车。它"有感而发"的发明动因是现有婴童车有的专为婴儿躺卧而设计，有的专为儿童坐靠而设计，或者兼而有之。但无论何种童车，都有如下的共同弊端：专供婴童卧坐，使用功能单一；婴童一般只在 0.2～2.5 岁期间使用，且仅限于晴天在住家周边短距离游玩，实用期短，使用频率极低；从保障儿童安全考虑，婴童车都材质优良，制作坚牢，工艺精良，因此，在婴童不再使用时，其完好率至少在 90％以上。对家庭而言，这样的童车弃之可惜、卖不值钱、馈赠失礼、搁着占地；对社会而言，随着婴儿的年年出生，新婴童车也年复一年地制造、积累着。这是对社会人力、物力、财力等宝贵资源的巨大浪费。而老人轻便购物手推车的需要量随着我国老龄化的加速而与日俱增，小型行李手拖车也是居家常备。"自助式婴童物用互变轻便手推车"正是针对现有婴童车的这些弊端，结合老人购物手推车与家用行李手拖车的大量需求而发明设计的。其思路是以先期适应婴儿躺卧为主，其后"在不增加新的零部件情况下"改装成幼童坐靠车、老人购物手推车或行李轻便手拖车。该专利大大延长了既有产品的使用寿命，社会资源被重复利用，完全符合我国建立"资源节约型、环境友好型社会"与实现全球"低碳化"的时代要求，不但有着重大的社会效益，其经济效益也是可以预测的。可是，专利公告几年，除了一些骗子中介公司纷纷来信骚扰外，没有一位"正人君子"过问。

上面仅为一个极普通的实例，还有更多科技含量高的专利也是同样的命运。有人关注"每万人口发明专利拥有量"，但反过来说，发明人也只是全部人口中的极少数。他们日思夜想，千辛万苦，好不容易研究出一个专利来，消耗了大量的社会资源，却无人问津。这不只是科技人员个人的悲哀，也应是社会的不幸。分析专利成果转化难的原因，主要有三：一是认识上将专利的转化视为"风险投资"的心理障碍；二是缺乏转化机制；三是无人牵引实施。因此，破除风险投资的神秘，找一个接纳她的合适"婆家"，并建立健全专利转化机制，实为当今科技成果转化中的一个十分迫切的需要。

三、破除风险投资的神秘

专利转化的确具有风险投资的特质，因此有必要简略认识一下风险投资。风险投资是一种投资于高科技、高产出、高风险项目的投资，或投资于拥有这类项目并处于成长中的企业的投资，在欧美及日本等发达国家已十分普及。这些国家有完备的法律、通畅的运行机制、健全的风险评价体系和充裕的资金保障，还有全民对风险投资事业的理性认知。这些都为专利成果向生产力的转化创造了极为有利的条件，从而极大地促进了转化成果快速实现商业化、产业化，也由此为他们的国家积累了极大的社会财富。而我国的风险投资事业起步很晚，发展期十分短暂。1985 年 3 月中央发布《关于科学技术体制改革的决定》，提出要"广开经费来源，鼓励部门、企业和社会集团向科学技术投资"，以及"对于变化迅速、风险较大的高技术开发工作，可以设立创业投资给以支持"，其中的"创业投资"已是"风险投资"之意了。1996 年 5 月通过的《中华人民共和国促进科技成果转化法》则正式提出了"风险基金"概念，并规定"国家鼓励设立科技成果转化基金或者风险基金，其基金来源由国家、地方、企业、事业单位以及其他组织或者个人提供，用于支持高科技、高产出、高风险的科技成果的转化，加速重大科技成果的产业化"。此处也首次提出了民间资本可以进入风险基金。我国将以"支持高科技、高产出、高风险的科技成果的转化"为目的而成立的投资公司命名为"创业投资公司"，试图利用创业资金和风险资本的博弈性带动包括民间资本在内的社会资金投入，为引导多元化的科技投入，拓展高新技术产业投融资渠道实现了新的突破。但多年的实践表明，这类企业仍多为政府出资的企业，资金来源单一。为了确保国有资产的保值增值，国姓投资者不得不趋利避险稳扎稳打，以致这类创业投资公司在促进创新成果或是专利成果转化上收效甚微，大量专利技术仍被终身束之高阁。

风险投资给投资者望而却步的感觉，只因投资以"风险"冠名而披上了一层神秘与恐怖的面纱。其实并非如此，揭开面纱，拆开分析风险投资的每一个构成要素后，却并不那么"狰狞"。它并不如股票、期货、博彩一样具有过程短促、成败完全不可预知、没有力量抗拒甚至没有时间研究对抗策略的风险特质。它不过就是一种"创业前"的投资，其项目的选择、成果转化的必要性与可行性研究分析、资金来源、投入方式、回收方式、成果转化所必要的设施设备购置或厂房等工程建设，以及转化成果的市场开拓发展、企业运营与管理等等，无不与普通投资的普遍共性完全一样。它有市场不测的风险，也有独占市场的优势——被投资的科技专利成果具有独创性和技术领先性，拥有为法律所保护的独享的自主实施权，一旦成功，必将为投资创造丰厚的收益。而风险也同样存在于传统产品中。例如，最火爆的房地产，如今不也在担忧"泡沫"的破灭与"鬼城"的形成吗？这些企业迟早也是要调头转产寻找新的出路的。

专利转化具有风险投资特质，但风险是可以预测与预防的，在全方位视角下，风险不能遮挡专利转化的无限风光。有了牵头的实施机构，理顺了运作机制，在一系列规范化条件的协助下，专利转化必将成为我国新的经济增长点。

四、"代建制"为专利转化找到实施机构

我国目前推行的"代建制"，主要适应于政府全额投资的政府性机构的生活和办公用房类项目、科教文卫体项目、服务老幼残的社会福利项目、环保生态维护及道路水电气通信等市政基础工程类项目。以此实施的"代建制"是指依法通过招标方式，选择专业化的管理单位（即代建单位）负责这些项目的实施，以其技术和管理能力来控制代建项目的投资、质量、工期，并保证施工安全、项目竣工验收后移交使用单位的制度。

"代建制"的优势在于，"代建单位"具有"管"和"建"的两种专业职能。"专业化管理"是主要的，通过专业团队"管好"这个项目的投资、质量，保证施工安全，保证按工期竣工验收后移交使用单位。而"建"则要看"代建单位"自己的能力，有建设（施工）资质和专业化施工队伍的代建单位可以自己承建。如果自己没有相应建设（施工）资质和专业施工队伍，则可以通过招投标，选择具有相应资质的专业施工单位承担该项目的建设任务。"代建单位"仍负责全面的"管理好"工作。

适应"代建"的项目，最根本性的特征是项目资金由政府投入，并向代建单位支付代建费用。专利成果转化同样具有政府投资成分，例如，依据《关于科学技术体制改革的决定》设立的创业投资基金，依据《中华人民共和国促进科技成果转化法》设立的科技成果转化基金或者风险基金，以及以其他方式筹集的资金，如科技发展基金、天使基金、孵化基金等，这些基金中无一不有政府的出资部分。但国家对这些资

金的"投入"只能宏观掌控，对于具体专利成果的转化项目，国家无力管理，更不可直接操盘。为了保证国家资金真正用在支持专利成果转化的刀刃上，促使专利成果迅速转化成现实生产力，仿效政府投资项目的"代建制"，实行"专利成果转化代建制"，委托具有相应资质的特定法人进行具体管理，将政府的宏观掌控落到实处，不仅是十分必要的，也是完全可能的。

但专利成果转化项目的"代建"与政府推行的项目"代建"有着本质的区别：政府推行的项目"代建"，一是政府全额投资，二是投资于非经营性的公益性项目，三是建好即移交使用，无后续问题；专利成果转化项目的"代建"，则一是政府只投扶植资金而不可能全额投资，二是转化成果项目除特定用途外，主要为经营性项目，三是代建完成后即行移交，承接者即为本专利成果转化成批量产品后的经营性企业，承接企业从转化产品的销售利润中支付专利转化的投资成本。

为此，专利成果转化项目的"代建"必须明确如下要义。

第一，专利成果转化代建单位的基本定义：

专利成果转化代建单位是指具有规定资质和独立法人资格的、为专利成果转化进行组织、实施并负责转化期建设管理任务的社会化专业单位。这个"单位"可以是科技产业园、科技企业孵化基地、生产力促进中心、技术转移中心、创投公司等科技中介机构与企业，但必须具有申办"科技成果转化代建"的资质。

第二，代建单位的基本要求：

需申请登记注册成独立法人，有规定数额的注册资金，或在具有良好财务状况及信誉的企事业单位中增加此项代理业务；有固定的办公场所、完善的组织结构、健全的管理制度和必要的技术装备，且有风险投资意识与经历的领导人员。应依法通过招投标方式择优选定代建单位。

第三，代建单位的基本任务：

遴选具有产业化与商业化前景的专利项目；寻找愿意承接专利成果转化的类似企业；负责专利成果的改造使之更加完善，以提升专利转化产品的市场价值；负责专利成果转化项目的实施，负责投资、质量和工期的控制；负责项目竣工验收投产后移交承接企业；负责承接企业从转化产品的销售利润中偿付专利转化的投资成本。其中，代建费用以及专利转化中设定由政府出资的部分从科技成果转化的专项基金池中支付，不由承接企业承担。

五、需要建立的配套措施

专利成果的转化涉及资金、技术、市场以及运行机制等若干错综复杂的问题，实行"转化代建"本身就是一项创新的新生事物，困难在所难免。但总要前行开步走，"不积跬步，无以至千里；不积小流，无以成江海"，也需要从国家层面加强如下配套措施的建设。

第一，加强专利成果转化代建机构的资质认定。

国家投资主管部门应设定专利成果转化代建机构的资质要求，强化该类项目代建行业的准入条件，使不同的专利成果转化能通过公平竞争找到合适的转化代建机构，促进专利成果早日发挥应有的经济效益和社会效益。

第二，资金统筹，归口管理，使用监督两条线。

政府应发挥在资源配置中的主导作用，将分散在各个领域、各个部门、各自为政的能用于创新科技成果转化的资金，集中至"科技成果转化基金"或"科技成果转化资金池"中来。归口管理，打破原有转化资金包括优惠政策与奖励的分配办法，一切以实现转化为目的，以实际转化为中心，重新设定创新科技成果转化中可以由国家支付资金的科目与条件，创立新的专利转化资金分配机制。专利成果转化代建单位在找到具有转化前景的具体专利成果项目后，提出资金申请报告或可行性研究报告，投资主管部门会同科技主管部门按政府投资项目建设程序审批，财政审计部门监督，以此落实政府对专利成果转化的强化管理与资金扶植。

由于集中了现有各种分散的资金渠道，富裕了"资金池"；由于有了政府扶植资金的投入，有效降低了代建单位自筹资金和民间资本投资的风险。由此更能引导和促进代建企业和民间资本的积极参与，破解专利成果转化起始即遇到的融资难瓶颈。

第三，健全民间资本的引进机制。

专利成果转化虽然需要国家的大力引导与支持，但最终仍只能是企业行为，由企业来完成其进入市场的终极使命。而投资于专利成果的转化是我国一个亟待开发的投资领域，国家应创造条件，广泛吸纳民营资本的投入。

我国不乏民营资本。改革开放早已使一部分人先富起来，打开网页，关于中国富豪数的统计一天天在刷新，也一天天在增长。据胡润研究院与群邑智库于 2013 年 8 月 14 日联合发布的《群邑智库·2013 胡润财富报告》，目前，全国每 1300 人中有 1 人是千万及以上富豪，每 2 万人中有 1 人是亿万及以上富豪。其中广东亿万富豪 9600 位，富豪人数在全国仅次于北京，名列第二。

网站另有统计资料介绍，中国奢侈品市场 2013 年本土消费为 280 亿美元，增幅 3％，境外消费则进一步加强，达到 740 亿美元。即中国人 2013 年奢侈品消费总额为 1020 亿美元，合 6000 多亿元人民币，表明中国人买走了全球 47％的奢侈品，是全球奢侈品市场无可争议的最大客户。

这些具体数据未经核实，但在"让一部分人先富起来"政策指引下，中国已成富豪生产大国、富人们拥有大量"闲钱"已是不争的事实。富人有钱进行高档消费无可厚非，但也有富人却因有钱无处投资而苦恼。国家应创造条件，为富人们的"闲钱"开拓新的更有意义的投资领域，并为民营资本投向专利转化开设绿色通道，健全机制，降低投资风险。正如 2014 年 7 月 14 日，李克强总理主持召开经济形势座谈会时所强调的，要向民间资本敞开更多准入大门，使企业有更多投资选择、更大发展舞台，让勤劳智慧的中国人的创造力充分迸发。

第四，完善中介机构建设。

要充分发挥社会中介机构在促进专利成果转化中的特殊功能。与专利转化相关的社会中介机构包括产权交易中心或交易平台、知识产权价值评估机构、法律机构、工程咨询机构等。

产权交易中心或交易平台可以对专利成果进行初步筛选，提供具有转化前景和市场潜在价值的专利成果信息，架设专利权人与成果转化代建企业之间的桥梁。

知识产权价值评估机构为拟转化的专利成果进行科学的、公正的货币化价值评估，为专利成果的权利转让或投资入股提供基础。目前，知识产权货币化价值评估在我国还是空白，主要原因在于，这种评估价值不是抽象的理论价值，也不是模糊的社会价值，而是具体的"交换价格"。评估一个具体专利成果值多少钱，客观上有一定难度。一是专利成果货币化价值的实现受很多因素制约，例如封闭化研制中导致专利自身存在的不完善、社会认同感低，"前所未有"的产品（商品）导致消费者的怀疑与观望等待，产业化与商业化中还有较多的其他不确定因素等。二是未经实施的专利的货币化价值，往往不能由专利成果本身决定。因为，同一个专利转化项目由不同的人来评估，价值可能很不一样；由不同的人实施，专利所创造的价值可能更悬殊。这些也造成专利货币化价值的不确定性。这些既是专利成果转化的效益疑虑与投资风险之所在，也是评估机构对专利成果货币化价值即价格估量的难点之所在。因此，需要创造条件组建具有权威性的知识产权价值评估机构，引进、吸收国外先进的评估理论和方法，开创具有中国特色的专利成果货币化价值评估新局面。

法律机构为专利成果转化中的投资各方提供法律服务，以保证各方的合法权益并避免纠纷。实践中，专利权属纠纷并不少见，有很多法律问题需要专业的法务专家或律师的释疑把关。

工程咨询机构承担专利转化项目资金申请报告或可行性研究报告的编制，对专利成果的转化从产业结构调整、社会资源配置、市场需求、建设规模、投资与效益、节能与环境保护等方面进行必要性与可行性的研究分析，为投资者和政府管理部门提供决策依据。

通过上述中介机构的协助与参与，可以加速形成完善的职能化体系，实现专利成果以至所有创新成果转化常态化。

六、结束语

2014 年 5 月 27 日，李克强总理在全球研究理事会 2014 年北京大会上的致辞中指出，"科学的开放必然涉及知识产权的保护，……保护知识产权就是保护创新。只有著作权、专利权等知识产权得到有效保护，科学技术发展才会有更加旺盛的生命力，创新成果才能不断涌现"。"科技关乎国家前途和命运。……持续下好中国经济这盘棋，实现升级是方向。这需要体制改革和创新驱动来激活，激发全社会创新动力、创造潜力、创业活力。……促进科技成果加快转化为现实生产力，形成新商品、新服务、新业态，创造新的就业岗位。科技发展必须依靠体制改革，我们着力推进完善科研投入管理机制，改革科技成果处置权收益权制度，让科技人员享有自由的创造空间、获得应有的社会尊重。科学贵在追求卓越、追求创新。敢于质疑、敢为人先、敢于创造，是科学之树成长的沃土"。

李总理的致辞阐明了包括创新与专利的关系在内的关于科学技术发展的一系列重大问题，为我们敢为人先的创造增加了勇气和动力。本文关于科技创新成果转化引入代建制的机会研究，期望能为政府制定促进专利成果转化方面的政策提供有益的帮助。

　　[注] 本文成于2014年，本书出版时想更新专利转化年数据，但该数据很难从公开资料中获取，仅从网上查到《光明日报》2017年03月30日02版《光明时评》曾载清华大学法学院副教授陈建民的《专利转化率比数量更值得关注》一文，对于专利转化率该文也只表述为："根据有关方面的统计，中国专利的转化率约为10%，而专利资本化的比例也较低，大多数专利处于'闲置'状态"。

我国中西部以小城镇为基础的城镇化建设路径探索

内容提要：

落实习近平主席《在中国共产党第十九次全国代表大会上的报告》中提出的"实施乡村振兴战略"，加快推进我国中西部地区城镇化进程，引导约 1 亿人在中西部地区实现就近的城镇化是党和国家一项十分重大的社会经济发展战略任务。农村人口向城镇集中，集中之地主要是我国广大中西部地区中有利于城镇化发展的小城镇，以小城镇为基础的城镇化是适合我国国情需要的新型城镇化建设之路。实施新型城镇化，小城镇虽小，"肝胆"俱全。首先要有维系城市生存的产业化，可持续发展的产业是城镇健康发展的先决条件与基石。要实施以产业规划为基础的"多规合一"，统筹解决新增人口的衣、食、住、行、就业、医疗、教育等迫切民生需求，解决入城农民原有土地的出路等问题。小城镇新型城镇化，要准确定位，建立特色小镇。要采用 PPP 模式，突破城镇基础设施建设的资金瓶颈。在农民市民化过程中不能以耕地荒芜、农业萎缩为代价，要通过土地流转等多元方式，实现入城农民遗留土地的规模化、集约化经营，使有限的耕地发挥最大的经济效益。要敢于创新，善于发现，要创造历史，改造自然，造就新的名镇，并以此为依托，实现农业人口就近城镇化。

关键词： 中西部地区 小城镇 多规合一 特色小镇

党的十八大以来，我国大踏步地加快了全国城镇化的推进速度，先后出台了《国家新型城镇化规划（2014—2020 年）》（下称《城镇化规划》）等一系列关于加快城镇化建设的规划等政策性文件。2014 年 9 月 16 日，李克强总理主持召开的推进新型城镇化建设试点工作座谈会以后，国家发改委等 11 部门紧急行动，迅速联手制定了"通过加快中西部地区发展和城镇化进程，引导约 1 亿人口在中西部地区实现就近的城镇化"。

农业人口就近城镇化是乡村振兴的重大措施，也是乡村振兴的有机组合。习近平总书记的《在中国共产党第十九次全国代表大会上的报告》将"乡村振兴"提升为"乡村振兴战略"，并将"实施乡村振兴战略"确定为"贯彻新发展理念，建设现代化经济体系"的重要组成部分。他指出："农业农村农民问题是关系国计民生的根本性问题，必须始终把解决好"三农"问题作为全党工作重中之重。要坚持农业农村优先发展，按照产业兴旺、生态宜居、乡风文明、治理有效、生活富裕的总要求，建立健全城乡融合发展体制机制和政策体系，加快推进农业农村现代化。"

以小城镇为基础的就近城镇化，使农业人口乡不离土不弃，城乡结合，城乡融合，以城带乡，为广大农村造就一派欣欣向荣新天地。根据党中央、国务院的会议精神，在中西部地区实现以小城镇为基础的就近城镇化建设将是我国在今后一个相当长的时期内推进城镇化建设的基本方针。认真探索以小城镇为基础的城镇化建设内容与技术路径，是实现国家关于"积极稳妥、扎实有序推进新型城镇化建设"的必然要求，也是实施乡村振兴战略的必然要求。

一、以小城镇为基础的城镇化是适合我国国情需要的新型城镇化建设之路

农村人口向城镇集中，在发达国家，是伴随资本主义社会发展，走过了一个漫长而平缓的渐进过程。在 1978—2012 年的 35 年间，人均收入与我国接近的发展中国家的城镇化率从 39% 左右增至 52%，累计只增长约 13 个百分点。而我国同期常住人口城镇化率由 15% 增至 52.6%，累计增长 37.6 个百分点。其中 1996 年之前的 18 年间增加了 14 个百分点，之后的 17 年间，增加了 23.6 个百分点。均大大高于人均收入与我国接近的发展中国家城镇化的速度。由此，我国城市规模迅速扩大，以 1978 年为基数，至 2010 年，1000 万级人口的特大城市由 0 个增至 6 个，500 万~1000 万级人口的城市由 2 个增至 10 个，300 万~500 万级人口的城市由 2 个增至 21 个，100 万~300万级人口的城市由 25 个增至 103 个，50 万~100 万级人口的城市由 35 个增至 138 个，50 万级人口以下的城市由 129 个增至 380 个，其中大量的中小城市正在雄心勃勃地积极筹建"国际化大都市"。伴随城市的扩张，也大大提升了我国的城镇化率。

但是，我国城镇化发展很不平衡，地区间差别很大。例如《国家新型城镇化规划（2014—2020 年）》提出 2020 年全国城镇化率的目标是 60% 左右，可早在 2012 年底，

京、津、沪、辽、苏、浙、粤、闽八省市的常住人口城镇化率已达 67.83%，高出其他 23 省市区（平均 46.62%）21.21 个百分点。这些发达地区的城市，以及各省会城市和其他发达的二线城市，是"被统计为城镇人口"的外来人口的主要聚集地。外来人口的大量拥入与本地户籍人口的快速增长，已使这些城市大大超出了自身的承载力，难处突现。例如日常生活物资及水电气资源需求巨大供应难、房价虚高不下住房难、人口庞杂治安管理难、交通拥堵停车难、环境污染源点多面广治理难、紧急事态应急迟缓处置难、不可抗力事件发生时及时安全疏散难等"城市病"越来越严重。决心根治这些"城市病"成为以习近平同志为核心的党中央于 2015 年 12 月 20 日召开的城市工作会议的中心议题和"十三五"期间的重要目标。

全国常住人口城镇化率和户籍城镇化率自 1978 至 2012 年的 35 年间，"剪刀差"已达到 17.3 个百分点，其对应的 2.34 亿人口中的主体便是年富力强的农民兄弟及其随携家小。他们绝大部分成了"飞向东南的孔雀"，飞来的梦想是希冀于寻求到更好的发展机会。但现实很骨感，除鲜有成就者外，绝大部分入城农民只是以其青春和体力的拼搏成为了新型城市的建设与维护主力军、劳动密集型企业流水作业线上的主力军、小本买卖与低档服务的第三产业主力军。其微薄收入除补贴家用外，根本无法应对当今城市衣食住行之贵，更不可能在繁华都市真的落地生根，成为向往的城市"户籍人口"。但却以其庞大的人群基数和遵循着"年少离家、年中想家、年老回家"的程序一批批地轮换，也促进着"常住人口城镇化率"的不断攀升。

城镇化的不均衡发展已成当前我国城镇化推进中亟待解决的首要问题。遵照党中央部署，将城镇化特别是户籍人口城镇化的重点转向我国以中西部小城镇为基础的就近城镇化建设上来成为当务之急，也是实现城镇化最切实的办法。

辽阔广袤的中西部地区，拥有几万年乾坤造化的沧海桑田，几千年历史沉淀的农耕文化，正是我们永远的衣食之源。作为世界人口大国，粮食的丰饶与农民的安定永远是我国的立国之本。但多年来，农村青壮劳力都外出发展，部分村庄里耕耘播种已后继无人，偌大的村寨里只有老弱病残及儿童在守望着。如此，不仅使外去者和留守者两相分离、两头牵挂，处于外去者城里发展无望、留守者眼望田土无收的两地落空状态。大片膏腴之地荒芜废弃或任意的"广种薄收"，空落落的乡村和垮塌破败的房舍所显露着的贫穷，已成国家之痛。

这种状况必须改变。改变的根本出路，就是要把城市"引入"农村，把城市的多余资源要素转移到中西部地区的小城镇。然后，以小城镇为基础推进新型城镇化建设。以此吸引农村人才人力回归，重振乡村经济。农村人才人力回归，不是回归于从前"面朝黄土背朝天"的艰辛劳作，而是一种农民市民化的华丽转身。

据《中国统计年鉴（2013年）》载[注]，我国中西部23省市区有县及县级市、自治县的县治所地城关镇1119个，建制镇及乡治所在地的集镇有27919个，两者共有29038个，其中部分已具备继续扩大、进行更大规模城镇化建设的基础。建设一大批小城镇，通过政策导向，将已走在社会经济发展前列的大中城市过剩的人才、技术、资金、产业等社会资源和生产要素向小城镇流动，以此促进中西与东南、内地与沿海城镇化率的同步提升，欠发达地区与发达地区共享国家改革开放成果，共同富裕，是我国国情与民情的必然要求。

二、实施以小城镇为基础的新型城镇化，首先要有维系城市生存的产业化

中国的城镇化建设已经从单纯的固定资产投资造城，演进到了打造城市经济体，打造地区经济社会发展增长极、辐射源的阶段。因此，建设新型小城镇要贯彻落实"产城融合发展理念"，准确定位，建设特色产业镇。城以产为魂，产以城为体。小城镇虽小，"肝胆"俱全，同样要走以产兴城之路。建设新型小城镇首先要为城镇建立生产功能，策划好城镇的产业规划，可持续发展的产业是城镇健康发展的先决条件与基石。这既是小城镇吸入农民回归，又留住农民、造福农民的需要，也是小城镇自身存在与发展的需要。小城镇产业发展了，产城融合了，便能以城带乡、城乡一体。这将是我国新型小城镇建设的新常态。

中西部中小城镇从自身的区位优势出发，选准定位，发展特色产业。特色产业可着重从以下几方面拓展思路。

（一）旅游业

我国山川秀美，民族众多，名人荟萃。"五里不同景，十里不同俗。"上苍与祖先为我们造就了各具风格的民族风情、人文古迹、俊山秀水、飞瀑流泉、平畴阡陌、奇花异卉、特艺独技、美食佳肴，以及革命先辈们留下的无数爱国主义教育基地等等。用心挖掘，处处都是可历可赏、可歌可颂的旅游胜地。此外，在发展旅游业的同时，还要与发展康养业、民宿自助度假业结合起来，建立长效机制。

发展旅游业既妥善保护了当地的自然生态和历史文化遗存、创造了更为宜居的环境，又因旅游资源而显著增加居民的创业与就业机会，使"闲置"的资源转变成了现

实生产力。

（二）农副初产品加工业与手工制作业

农副初产品附加值低，受储藏与运输条件限制，销售困难，眼望银子化成水。新型小城镇被乡村所包围，农副初产品收购方便，运输半径短捷。以农副初产品为原料发展深加工业及手工制作业，有利于上下游产业的链接与产业链的发展延伸，有利于减少辗转奔波的中间环节与转存浪费，降低成本，提升附加值，是最符合小城镇实际的主导产业。

（三）轻工电子产品制造业

轻工电子产品种类繁多，使用面广，生产简便，需求不竭。同时，掉头转产容易，市场适应度高。选取适合本地发展又对当地生态环境无负面影响的轻工电子产品做精、做强、做大，很容易成为一个小城镇的支柱产业，也是最适合向沿海发达地区联营或作转移承接的产业。

（四）以商品集散为主要功能的物流业

我国地域辽阔，纵横深远，自古以来的城镇就是沿驿道、河流兴建与发展的。现代物资极其丰富，交通工具种类繁多，在水陆交通节点地带建设以商品集散、转运、仓储为特征的小城镇，拓展以物流业为主的支柱产业。

新型小城镇的产业既可以一业为主，上下游产业相连，供产销并进，形成专业化、规模化、标准化、系列化产品，创造出具有浓郁地方特色的品牌、名牌，成为走向世界的特色产业小城镇；也可以多业并存，资源共享，以适合不同人群的创业与就业。但应以利用就近自然资源，发展绿色、环保、节能产业为主，力避高投入、高排放、高污染的工业化产业。

这种新时代的以产业为纽带以农业人口为主力的"农村包围城市"模式，为实现真正的城乡结合、城乡融合、产城融合、以城带乡，从而促进乡村振兴开拓了有效途径。

三、新型城镇化实施以产业规划为基础的"多规合一"

首先以产业规划为基础，制定人口规划。人口规划应满足产业发展对劳动力数量、质量及合理结构的需求。遵循自然增长和机械增长的发展趋势，运用"按一定比例分配社会劳动"的原理，用自然地域法、行政区域法或以主城区为中心的半径推进法来确定与规划城镇人口规模。"自然地域法"以自然地形地貌及自然资源为依据，将相同地域人口城镇化；"行政区域法"是以行政区划为单位将所属人口成建制地城镇化；"以主城区为中心的半径推进法"是指以城镇中心至某点距离为半径先设一环，将环内人口城镇化，然后根据城镇发展趋势一环环地稳步向外推进。无论用哪种方法制定城镇人口规划，都应充分考虑资源与环境的承载能力，要适度控制与稳步实施。

以人口规划为基础，围绕居民的衣、食、住、行、医疗、教育等迫切需求，以及农民入城后原有土地的出路等问题制定配套规划。地方政府应制定新型城镇的社会经济发展规划、土地规划、市政水电气道路公园等基础设施规划、生态与环境保护规划、文体卫教规划、农村土地规划等。这些规划在现有的政府管理体系内是分由不同部门制定的。出于不同部门职责考量，同一辖区内的各种规划内容既有重叠又不全含，规划期也长短不一，执行起来又常因主管领导变动而难以为继。加之责任不明，无检查考核，不了了之者不在少数。新型城镇化建设要打破这种制度性障碍。要由有决策权的一级政府组织专家对城镇的各专业规划进行充分论证与风险评估，组织公众参与。然后统一概念、统一指标、统一计算口径、统一执行期，互相衔接，将城镇不同规划统筹统一起来，"多规合一"，综合成一本书一张图。此外，要让规划期与干部任期一致，分阶段检查、落实、考核，工资奖励与绩效和廉政勤政挂起钩来，促使真正科学的规划步步落实，有始有终。

四、采用 PPP 模式，突破城镇市政基础设施建设的资金瓶颈

推进城镇化建设，必须完善市政基础设施建设。市政基础设施建设必然要投入大量的资金，据有关专家估计，全国推进中小城镇化所需资金至少在 40 万亿以上。在市政基础设施建设中，大力推广 PPP 模式是突破资金瓶颈的主要途径。

21 世纪以来，联合国、世界银行、欧盟和亚洲开发银行等国际组织在全球大力推广 PPP 模式的理念和经验。党的十八届三中全会提出关于"允许社会资本通过特许经营等方式参与城市基础设施投资和运营"后，PPP 模式已被广泛运用于城市基础设施建设和运营实践。国家政策和法律法规也在逐步完善，国务院、国家发改委、财政部、农业部也相继出台一系列政策，以指导"PPP 模式"的推行与具体操作。

国家发改委《关于开展政府和社会资本合作的指导意见》（发改投资〔2014〕2724 号）文明确指出，"新型城镇化试点项目，应优先考虑采用 PPP 模式建设"；国家发改委《关于促进具备条件的开发区向城市综合功能区转型的指导意见》（发改规划〔2015〕2832 号）文指出，"探索开发区将基础设施、公益性基础建设项目及产业导入等服务项目整体外包"；中共中央国务院《关于深化投融资体制改革的意见》（中发〔2016〕18 号）、国务院办公厅《关于促进开发区改革和创新发展的若干意见》（国办发〔2017〕7 号）等文件鼓励社会资本进行"连片开发"，"鼓励以政府和社会资本合作（PPP）模式进行开发区公共服务、基础设施类项目建设，鼓励社会资本在现有的开发区中投资建设、运营特色产业园，积极探索合作办园区的发展模式"等等。这一系列顶层设计进一步明确了我国城镇化建设的实施办法。

PPP 项目运作方式主要有建设-运营-移交（BOT）、转让-运营-移交（TOT）、改建-运营-移交（ROT）、建设-拥有-运营（BOO）等。政府可以选择一种或多种运作方式与社会资本合作进行新型城镇的建设，从而解决政府新型城镇基础设施建设中资金缺口的重大难题。

在上述运作方式中，BOT、TOT、ROT 都有 20～30 年的期限规定。目前，农村农业的很多基础设施工程，如污水处理工程、饮用水供水工程、环境整治与垃圾焚烧发电工程等均视情况采用了 BOT、TOT、ROT 运作方式。而 BOO 运作方式中，项目由社会资本方投资建设，无期限规定，也不涉及项目期满移交，意即一种基本的私有化方式。由此，BOO 运作方式颇受雄厚资本拥有者的欢迎。但 BOO 运作方式涉及土地使用权出让、土地使用年限、建设资金投入、项目建设运营方式，以及后续的管理与绩效考核等等系列问题，其中很多还存在法律层面和政策层面上的障碍，国家层面也尚无明确的法律与政策上的指引。

但 BOO 运作方式既然是 PPP 模式中的一种运作方式，也不妨碍在特定环境或特定条件下的探索。例如，一些有条件的小城镇采用这一模式，以发展旅游产业为基点，在保证公益性的约束条款下，由社会资本兴建一些或如江南水乡小巧精致、或如徽派大家风范、或如岭南个性鲜明、或如北方富贵大气、或如西南清秀灵逸等独具个性、各领风骚的庭院或园林，再造苏州园林景观。既传承中华园林建筑瑰宝，为新型城镇的形象增添亮点、聚集人气、扩大城镇知名度，亦为新型城镇引进产业投资，构建新的经济增长点。

五、通过土地流转等多元方式，实现入城农民遗留土地的规模化、集约化经营

耕地是我国最为宝贵的资源，我国人多地少的基本国情，决定了必须把关系十几亿人口吃饭大事的耕地保护好。为不让在城镇化、农民市民化过程中的耕地荒芜、农业萎缩，必须采取措施实现耕地规模化、集约化经营，使有限的耕地发挥最大的经济效益。

（一）土地流转模式

2014 年，中共中央办公厅、国务院办公厅印发了《关于引导农村土地经营权有序流转发展农业适度规模经营的意见》，要求五年内完成承包经营权确权。按照"土地确权、两权（所有权和使用权）分离、价值显化、市场运作、利益共享"方针，对农业用地使用权实行有偿有期限流转制度。2015 年 5 月下旬，习近平主席考察浙江舟山农村时指出，土地流转和多种形式的规模经营，是发展现代农业的必由之路，也是农村改革的基本方向。

土地流转可根据情况采用土地互换、土地出租、土地入股、宅基住房、股份合作等模式，鼓励农民将承包的土地向专业大户、合作农场和农业园区流转，发展农业规模经营。把农民承包的土地从实物形态变为价值形态。通过土地流转，整合土地资源，树立大农业、大食物观念，实现传统农业向现代农业的转型。

（二）农业合作农庄模式

依托高等农业教学与科研院校的人才与技术优势，挖掘本土农业资源，建立现代化农业综合示范基地或农业合作农庄。培育一批专业农技人才和农业产业工人，大量使用现代农业机械和农业科学技术，助推当地农业产业全面升级。

（三）飞地经济模式

城镇政府要依据本地农、林、牧、副、渔等特色农产资源以及秀美山川特色，定向引进农业专业化龙头产业集团公司进行以产业链为目标的开发经营，实现大型龙头产业集团与当地政府合作的经济发展模式。通过龙头企业产业链的开发，使目标农产品专业化、规模化。

六、创造历史，改造自然，抓住机遇加快城镇化建设

城镇化是伴随工业化发展，非农产业在城镇集聚、农村人口向城镇集中的自然历史过程，是人类社会发展的客观趋势。我国始建于 1086 年的古镇周庄，因邑人周迪功先生捐地修建全福寺而得名，其时也只是一江南水乡小镇。乌镇古名乌戍，为春秋时期吴越边境，吴国曾驻兵于此而得名"乌戍"。同里镇因 7 岛 15 河 49 座桥、家家临水，户户通舟的"醇正水乡，旧时江南"的特色而闻名海内外。周庄、乌镇、同里顺应了这一自然的历史发展过程，但已今非昔比。她既保留了宝贵的历史遗存，又抓住了改革开放的机遇，集聚了大批非农产业、集中了大量农村转移人口而成了一座极具现代化特色的新型小城镇。

推进新型城镇化既要依托历史名镇，更要创造历史，改造自然，抓住机遇加快现代化新型城镇建设，做出我们这一辈应有的新贡献。封闭的山旮旯张家界天子山村正是抓住了因吴冠中先生发现与宣传而一夜成名的机遇，一跃成为名闻中外的旅游重镇。

天子山镇镇治所在地原为袁家界村，位于张家界群山峻岭中的天子山顶部，是一个典型的为深山所封闭的小小原始村落。著名画家吴冠中先生于 1979 年因写生而发现"张家界"，并在《湖南日报》上发表著名的《养在深闺人未识——张家界是一颗风景明珠》一文。顿时如惊雷乍起，随后即游人如织。张家界的天子山，雄、险、奇、秀、幽、野之不二特色，春夏秋冬、阴晴朝暮之变化万千，使游历者无不惊叹"不是黄山，胜似黄山"，盛赞"谁人识得天子山，归来不看天下山"！1986 年，当时的大庸市人民政府敏锐地发现了发展旅游、建设旅游特色镇的机遇，及时将以袁家界村为中心的几个几乎与世隔绝的山窝小村设为天子山镇。建镇后，又逐渐将分散于各山崖旮旯的村民搬迁过来，以发展旅游产业为主导，开始新的城镇化生活。如今该地旧貌换新颜：一幢幢具有土家苗家特色的吊脚楼鳞次栉比，雕花的窗棂与灰白的风火垛墙呈现着古韵古香，青石板铺设的街道透着幽远与厚重。田垅里铺面前，苗家姑娘们精细的银饰随处闪亮。篝火旁树荫下，土家小伙粗犷的茅古斯歌舞之声响彻云端。一个苗家土家民俗风情浓郁的山窝小镇以其特色景观而享誉海内外，广纳世界宾朋。

更有小渔村深圳抓住了改革开放、对外开放的机遇，一跃而成新型大都市；"鸡毛换糖"的农业小县义乌抓住了小商品的市场机遇，180 度大转变，一跃而成小商品世界超市等等。

以小城镇为基础的就近城镇化，地方政府要主动出击，寻找机遇、发现机遇、抓住机遇。机遇往往稍纵即逝，抓住机遇既要地方政府有胆识有远见，又要熟知与发现自己属地的人文与自然资源禀赋。熟知了，发现了，就要对其深度挖掘、开发、利用与再创造。现在党和国家大力促推新型城镇化建设，好政策已有千条万条，各级地方政府应努力抓住良机，加快当地城镇化建设落到实处，造富一方。

七、展望

我国新型城镇化建设在《国家新型城镇化规划（2014—2020年）》的五年规划指导下，正积极推进。我国中西部地域广阔，可资开发利用的自然与人文资源十分丰富，但因历史与地缘原因，社会经济尚欠发达。因此，在中西部加快以小城镇为基础的就近城镇化建设，促进全国城镇化率特别是户籍城镇化率均衡发展，便更显重要与迫切。党中央国务院关于"加快中西部地区发展和城镇化进程，引导约1亿人口在中西部地区实现就近城镇化"的战略部署正在积极落实。2014年12月29日，国家发展改革委印发《关于国家新型城镇化综合试点方案的通知》（发改规划〔2014〕2960号）文要求，2014年起，分三批将2个省和246个城市（镇）列为国家新型城镇化综合试点，率先探索城镇化关键制度改革。2017年底，第一批试点2个省和62个市镇试点任务基本完成并取得一批阶段性成果，2016年7月1日，住建部、国家发改委、财政部发布《关于开展特色小镇培育工作的通知》（建村〔2016〕147号），到2020年，培育各具特色、富有活力的休闲旅游、商贸物流、现代制造、教育科技、传统文化、美丽宜居等特色小镇1000个左右，引领带动全国小城镇建设，不断提高建设水平和发展质量。随后，住建部于2016年10月11日公布了第一批127个中国特色小镇名单，2017年8月30日公布了第二批276个中国特色小镇名单。两年培育了特色小镇403个，平均每年200个，按增长速度，不到五年就会实现培育特色小镇1000个的目标。

在我国中西部，依附农村资源和大中城市资金、技术、人才、产业等资源要素的导入就近建立起来的新型小城镇，实现了农民就近创业就业。进城农民乡不离土不弃，农民成市民，市民亦农民，乡村还是他的乡村，家园还是他的家园，田地还是他的田地，白天在城镇里尽力拼搏于自己的事业，夜晚则悠居田园，尽情享受稻香与蛙声的诗意。他们在熟悉的乡土文化氛围与当地社会环境中工作与生活，乡音无改，人际关系融洽。从而更有利于兴旺乡村、发展农业、留住农民；更有利于维系乡情、民情、人情，传承乡风、村规、民俗，永续中华文脉。而对于家庭而言，也实现了病人就近就医、学生就近入学、小朋友就近入园，免于背井离乡的长途奔波与牵挂。

在中西部加快以小城镇为基础的就近城镇化，为解决"三农"问题开辟了新途径。我们必须努力贯彻落实党的十九大精神，深入学习习近平新时代中国特色社会主义思想。在以习近平同志为核心的党中央领导下，求真务实。展望未来，一大批习主席所期盼的产业兴旺、生态宜居、乡风文明、治理有效、生活富裕的农村各具特色、独领风骚的新型小城镇必将如璀璨明珠，遍布神州中西大地。

[注] 近年来，我国农村基层行政区划变化很大，很多乡镇村已打破原有建制，或拆乡建镇，或并乡并村，形成新的行政单位，而新的乡镇统计尚在进行中，故选用了《中国统计年鉴（2013 年）》资料。

我国工程建筑领域应尽快实施绿色建筑设计评价

内容提要：

人类为建造各类建筑及其附属设备耗用了从自然界所获得的 50％ 以上的物质原料，而在建造和使用这些建筑和设备中，又消耗了全球能量的 50％ 左右，与建筑有关的空气污染、光污染、电磁污染等占环境整体污染的 34％，建筑垃圾占人类活动产生垃圾总量的 40％。为减少建筑对资源、生态、环境的负影响，我国于 2006 年制定了国家标准《绿色建筑评价标准》。

工程建筑作为资源消耗与生态破坏、环境污染的重点领域，强化治理措施就是要抓住建筑源头的治理。为此，有的地方政府针对建筑源头，制定了住宅建筑和公共建筑的"绿色建筑设计评价标准"，其意义必将在中国绿色建筑评价史上留下浓墨重彩的记录。但将"绿色建筑设计的评价时点定于施工图设计之后""绿色建筑的评价时点定于建筑投入使用后一年进行"是不可取的。

"绿色建筑设计评价"要像"能评""环评"一样成为一票否决的准入条件，像"社会稳定风险评估"一样，规定相应星级的处理原则。以确保建筑对资源节约的最大化和对环境负面影响的最小化，确保项目（建筑）在运营中能为人们提供健康、舒适、低耗、无害的活动空间，拆除后又将对环境的危害降到最低。

关键词： 环境污染　强化治理　绿色建筑　设计评价

2013 年 5 月 24 日，习总书记在中共中央政治局第六次集体学习时就大力推进生态文明建设强调："要清醒认识保护生态环境、治理环境污染的紧迫性和艰巨性，清醒认识加强生态文明建设的重要性和必要性，以对人民群众、对子孙后代高度负责的态度和责任，真正下决心把环境污染治理好、把生态环境建设好。最重要的是要完善经济社会发展考核评价体系，把资源消耗、环境损害、生态效益等体现生态文明建设状况的指标纳入经济社会发展评价体系，使之成为推进生态文明建设的重要导向和约束。"总书记的讲话体现了国家掌舵人对我国资源消耗、环境损害、生态破坏现状的深沉忧虑和治理决心。

资源消耗、生态破坏和环境污染遍及国家社会经济的各个领域，但最集中最大头的是在工程建筑领域。建筑是具有实体形态的建筑物和构筑物的总称，又是人类利用土木搭建或用工具挖掘出适合自身生产生活需要的各种空间、场所的建造活动。作为建构筑物，它是供人们生产、生活或其他活动的房屋或场所的总称，例如住宅、学校、商场、工厂、道路、桥梁以及游憩观赏用的亭、台、廊、阁等等；作为建造活动，它是人类能动地利用自然又改造自然的重要手段，是人类生产生活活动中极其重要的组成部分。建构筑物给人类带来了安逸的居所、畅通的交通以及能满足生产生活所必须要的各种处所场地。但同时，建造活动又是人类对自然资源和环境影响最大的活动。所有建构筑物及建造活动都是对土地的占用或毁损，并伴随巨大的资源消耗和环境污染。我国 2006 年制定的国家标准《绿色建筑评价标准》（GB/T 50378—2006）指出：人类为建造各类建筑及其附属设备耗用了从自然界所获得的 50％以上的物质原料，而在建造和使用这些建筑和设备中，又消耗了全球能量的 50％左右，与建筑有关的空气污染、光污染、电磁污染等占环境整体污染的 34％，建筑垃圾占人类活动产生垃圾总量的 40％。为控制人类的建造活动对资源、生态、环境的负面影响，国际社会早已在加紧行动，制定了一系列具有约束力的国际公约类的相关文件。在国家的《绿色建筑评价标准》出台后，各省市的地方《绿色建筑评价标准》也跟进出台。这些标准均试图从绿色建筑评价入手，以将资源消耗、生态破坏和环境污染造成的负影响降至最低。2014 年又对该标准进行了修订，形成《绿色建筑评价标准》（GB/T 50378—2014），但从实施情况看，各地对相关绿色建筑考核评价体系的建立还在进一步深化。其中，"绿色建筑评价"到底于建筑全生命周期中的哪个阶段进行评价，评价"绿色星级"的意义何在，谁是评价标准中"控制项"的控制主体及怎样实现"控制"，找出了不符合评价标准的"非绿"因素又怎么办等一系列问题的认识也不甚明了。为此，我们有必要深入探讨与厘清这些关键点。

一、自然资源大量透支与环境重创的严酷事实

我国土地资源的特点是"一多三少"，即土地总量多、人均耕地少、高质量的耕地少、可开发的后备资源少。我国耕地面积位列世界第三，可人均耕地面积排位大致在世

界第 126 位了。不容乐观的是，土地仍在不断破坏，耕地在不断侵毁。2008 年 10 月，《全国土地利用总体规划纲要（2006－2020 年）》提出的核心目标是，确保 2020 年全国耕地保有量 18 亿亩红线。但红线能否守住？"如果土地整理跟不上，占补平衡不了，18 亿亩耕地红线肯定守不住。"国土资源部土地整理中心副主任郧文聚如是说。

当前，网络上已有很多关于我国水资源现状的调查资料，其中，2013 年的一份资料介绍：我国淡水资源总量为 28000 亿立方米，占全球水资源的 6%，居世界第四。但人均只有 2200 立方米，仅为世界平均水平的 1/4、美国的 1/5，名列世界第 121 位，是全球 13 个人均水资源最贫乏的国家之一。全国 600 多座城市中有 400 多座供水不足，110 座城市严重缺水。数百个湖泊在干涸，无数地方性河流在消失，因地下水过度开采，致使地陷房塌之事时有发生。缺水！北方资源性缺水、南方水质性缺水、中西部工程性缺水，缺水已全面告急。"中国是一个中度缺水的国家"，水利部水资源司司长吴季松说，这是从水资源对社会经济发展的支撑能力上得出的判断。

风起云涌的工程建设，为河沙带来了巨大的市场需求与利润，一艘中小型挖沙船除去成本一天就有近万元的收入。在市场强烈需求与暴利驱使下，对河沙的狂采滥挖偷采超采现象严禁不止。以广东为例，广东建设市场年河沙需求量都在 1 亿立方米以上，而主要河道年河沙沉积量只有 1400 多万立方米，有些河段近 20 年的采沙量相当于 115 年的河沙沉积量。湖南湘江有些河段原有沙层 4～5 米厚，现仅存 1 米左右了。掠夺式的采掘破坏了江河的河势稳定，河床无法冲淤平衡。挖沙使河床及河床下的蓄水层千疮百孔，引发出一系列次生灾害。为挖沙，有的已从江河走上了陆地，毁田挖沙事件到处疯狂进行：湖南郴州安仁县坪上乡坪上村村民上书时任省委书记周强，告之因强行挖沙，该村三个组的良田数十亩、旱地 150 余亩已遭大量毁坏；西安市灞河河岸自古遍植柳树，春天柳絮纷飞如雪，史有"灞柳风雪"之誉，为长安八景之一。后因灞河河滩挖沙毁损周边树木，导致需要加大整治，重塑风光。

2009 年的第七次全国森林资源清查显示，我国森林覆盖率只有全球平均水平的三分之二，排在世界第 139 位。林产品供需矛盾十分突出，2012 年 7 月，国家林业局副局长张建龙在接受采访时透露，现在我国每年木材缺口 1 亿立方米左右，到 2020 年缺口将在 1.5 亿立方米以上。

在各类资源无节制消耗的同时，环境污染日趋严重并形成恶性循环。中国地质调查局专家在国际地下水论坛发言中指出，我国 90% 的地下水遭污染，其中 60% 严重污染；国家规定的城市饮用水 106 项检测指标无一地的水质完全达标；空气质量恶化，2012 年，我国曾有 140 多万平方公里的地域被雾霾笼罩，8 亿以上人口受影响的记录,人们谈霾色变。为此,国家气象台还新增了雾霾指标的报道。京城三月,雾霾绕城,黄沙漫天,空气污染成"两会"绕不开的话题。钟南山院士指出:"北京十年来肺癌增加了 60%,这是一个非常惊人的数字,空气污染是一个非常重要的原因。"小小的 PM2.5 已成健康的一大杀手。国家首任环保局长 83 岁的曲格平痛陈世界范围内还没有哪个国家面临着这么严重的环境污染,他甚至将不消除环境污染、不保护好生态环境提至要亡党亡国的高度。

有限的资源再经不起无约束的耗费了,祖国锦绣山川的污染重创再也不能继续下去了!我们必须以强烈的忧患意识、紧迫感和高度负责的精神,首先在工程建筑领域采取严苛措施,开展绿色建筑评价,强化建筑的节地、节能、节水、节材和环境保护。

二、开展绿色建筑设计评价,建立绿色建筑设计评价体系

建筑的全生命周期包括规划设计、施工建设、运营使用、寿终拆除四个阶段。推行"绿色建筑"的目的是要使建筑在其全寿命周期中符合节地、节能、节水、节材和健康、环保的要求。为达此目的,必须防患于未然,于建筑的孕育中注入"绿色"基因,并剔除其"非绿"因子。这就是必须对包括建筑规划在内的设计进行评价,建立完善的绿色建筑设计评价体系的重要原因。

关于绿色建筑设计评价,有的地方政府参照国家《绿色建筑评价标准》制定了住宅建筑和公共建筑的《绿色建筑评价标准》,并在该《标准》中分别增加了住宅建筑和公共建筑的《绿色建筑设计评价》,以期从建筑源头上增强绿色因子。

绿色建筑设计评价的基本方法是将建设建筑的评价内容分为六大部分,每部分均有若干控制项和若干以分值量化的评价内容与标准,同时另增"创新项",评价结论共设三个星级,如表 01 所示。

表 01   绿色建筑设计评价分值表

建筑类别	评价方式	评 价 内 容							总(项)分	评价等级		
		节地与室外环境	节能与能源利用	节水与水资源利用	节材与材料资源利用	室内环境质量	运营管理	创新项		★	★★	★★★
住宅建筑	控制项	8	3	6	3	5	4	—	29	29	29	29
	得分	2—16	2—14	2—8	2—6	2—8	2—4	5	61	20—30	31—40	41—61
公共建筑	控制项	5	5	5	3	6	3	—	27	27	27	27
	得分	2—13	2—18	2—8	2—7	2—11	2—4	5	66	22—32	33—44	45—66

对照标准，即可找出该建筑设计的绿色星级及其差距，就有了对规划设计不足或不周的纠正与完善方向，从而实现建筑建成后的"绿色"。

关于住宅建筑或公共建筑的"绿色建筑设计评价"理念的提出及其标准的制定，无疑将在中国绿色建筑评价史上留下浓墨重彩的记录。但将绿色建筑设计的"评价时点定于施工图设计之后""绿色建筑的评价时点定于建筑投入使用后一年进行"是不可取的。因为设计分为方案设计、初步设计、施工图设计三个阶段。在施工图设计之前，用地规划、可研评审、初步设计图纸审查、建设方案、用材用量、建筑内外环境以及投资额度等均因走过了漫长的研究、讨论、审批的"长征路"而成定局。完成施工图设计之后即开工建设了。此时评价，不要说评价时间仓促，就是评价了，不是走过场，就是无法对负面评价因素进行修改。例如，若评价得分 32 分，可评"一星"，与满分 66 分比，得分率为 48.5％，亦即尚有 51.5％为"非绿"因素；得 44 分，可评"二星"，尚有 33.3％为"非绿"因素。难道我们的新建项目还应允许有 33％～51.5％的非绿因素存在吗？这些"非绿"因素怎么办？而绿色建筑的评价在建筑投入使用一年之后，资源消耗的已经消耗了、生态破坏的已经破坏了、环境污染的已经污染了，连修正与退却的机会都失去了。此时，再去对一堆已凝固的钢筋水泥建构筑物追根究源、评头论足，然后挂一纸一星或二星的"星级"标签有意义吗？这种形式主义的东西完全形成不了约束机制，更无益于我国绿色建筑的形成。

三、政府通过可研报告的评估与审批实现对绿色建筑的有效控制

《国务院关于投资体制改革的决定》和《政府投资条例》实施后，政府强化了对国家直接投资项目和资本金注入项目的管理以及宏观调控，规定政府投资项目"都要经过符合资质要求的咨询中介机构的评估论证，……广泛听取各方面的意见和建议"。政府投资项目历年投资巨大、涉及面十分广阔。政府主管部门对其进行管控的重要手段之一就是评估审批项目建设的可行性研究报告（以下简称"可研报告"）。原国家计委以及后续的国家发展计划委与国家发展和改革委为规范可研报告的编制，相继发布了《建设项目进行可行性研究的试行管理办法》《投资项目可行性研究指南》和《建设项目经济评价方法与参数》等一系列关于评估可研报告内容和深度要求的文件。即"可行性研究"必须依据国家法律法规、经济政策、相关规范与标准，以及项目所在地的地形地貌、气候、水文、地质等自然条件与政治经济条件，研究论证可研报告中

一系列的工程技术、节能减排、三废治理、环境保护等方案在技术上是否可行、是否优化、投资估算是否合理。

上述方案在可研报告中绝非仅用文字所能叙述清楚的，而必须由设计师用图文展现出来，设计师的这种"设计"必须符合国家住房和城乡建设部制定的《建筑工程设计文件编制深度规定》中"方案设计"的深度要求，同时也必须符合绿色建筑设计要求。但"设计方案"相当于是一种"征求意见稿"，是建设单位提供给工程咨询单位邀请专家组织评审论证《建设项目可行性研究报告》的基础材料，专家的评审论证是项目建设进行可行性研究的重要组成部分。因而，评估机构及专家在评审建设项目的可行性研报告时，也同时在评审包括绿色建筑设计在内的建筑规划与设计方案，也只有"经评审的可研报告"并连同"评估报告书"一起，才能成为政府投资主管部门做出是否批准该项目建设的依据。

由此可见，评估机构、评审专家和政府审批部门才是绿色建筑设计评价中"控制项"的控制者，是建筑活动是否放行的执闸人。"绿色建筑设计评价"要与建设项目可行性研究报告的评审同时进行，要像"能评""环评"一样成为项目建设一票否决的准入条件，像"社会稳定风险评估"一样，规定相应星级的处理原则，即新建项目的规划设计原则上必须是"绿色三星"，"绿色一星"设计不批准实施，"绿色二星"设计须经调整修改并由专家评议后实施。只有通过评审机制，才能约束建设、设计、施工三方的行为，促其真正动心思去考虑科学利用建筑元素和环境因素，以确保建筑对资源节约的最大化和对环境负面影响的最小化，确保建设项目在运营中能为人们提供健康、舒适、低耗、无害的活动空间，拆除后又将对环境的危害降到最低。

四、强化绿色建筑设计评价的主要措施

人类活动离不开建筑及与建筑相关的内容。在科学日益发达、社会高度文明的今天，建筑规划设计优劣影响的不再局限于建筑本身和使用者个体，而是切切实实关系到以资源节约与环境保护为内容的社会公共利益。工程建筑作为资源消耗与生态破坏、环境污染的重点领域，强化治理措施就是要抓住建筑源头的治理。设计的失误是最大的失误，设计的浪费是最大的浪费。这就要求，一是对建筑的规划与设计方案进行绿色建筑设计评价，让建筑的"非绿"因素在建筑实施前的前期准备阶段就让其"胎死腹中"。二是要建立科学的以绿色建筑设计评价指标、标准与方法为内容的评价体系，依此逐项逐条审议建筑的规划设计方案是否符合资源节约和环境保护的要求。

三是将评出的"绿色三星"列为建筑通行的准入条件。对资源消耗无节约措施、对生态破坏无设防预案、对环境污染无防治办法的规划设计方案设置红灯。四是以此推动和促进绿色建筑材料的革命，大力推广无污染、质量轻、体积小、功能强、内在质量优异的新材料的诞生与应用。五是加强问责力度，对违反绿色建筑设计规范的行为实行终身问责追究。

建筑是以形成固定资产为目的的工程，一旦建造完成，其全生命周期的品质即随之固化。为此，在工程建设前期工作中引进"绿色建筑设计评价"就成为一项十分迫切的任务。评价规划设计是否"绿色"，就要从建筑源头开始，监控建筑的全生命周期；"绿色建筑设计评价"也不应仅限于"住宅建筑和公共建筑"，应将其推广到其他民用建筑以及道路、桥梁等一切建造活动中，以在全社会更广阔的建筑领域里节约资源、保护环境。

政府投资项目应首先实施"绿色建筑设计评价"。政府投资项目在整个国家建设项目中数量庞大、在国民经济建设中居于极其重要的主导地位。首先实施"绿色建筑设计评价"能实现大批建筑的绿色要求更为我国建筑业普遍开展绿色建筑设计评价起到巨大的表率、示范与推动作用。

在建设项目可行性研究报告的专家评审中引入"绿色建筑设计评价"，并通过法定程序予以审批，是国家对建筑领域内的资源节约和生态保护实施宏观调控和监督管理的必要的也是有效的手段。监控了建筑，就监控了全部的土地开发、大部分的人类活动空间、一半的物资与能源消耗、1/3以上的污染与垃圾总量。

五、用行动来保护我们的绿水青山

我们要牢记习主席的指示："空谈误国，实干兴邦"，"绿水青山就是金山银山"。保护环境，节约资源，要从实实在在的地方着手干实事。要建立、健全与完善绿色建筑设计评价机制，用制度化的评价保障、标准化的评价指标、常态化的评价程序、强有力的问责手段，使绿色建筑设计评价真正成为一种约束机制，成为我国生态文明建设的明确导向与可靠保障。绿色建筑设计评价要扫除形式主义之风，杜绝表现上的花架子与程序上的走过场，建立对业主、设计单位和施工单位的绿色建筑绩效考核机制和问责追究机制，以此强力推进我国生态文明建设，为我们的子孙后代留下可持续发展的一地资源、一方净土、一汪碧水与一片蓝天，实现具有中国特色的资源节约型、环境友好型社会的中国梦。

我国工程项目建设前期工作中一个亟待修正的程序

——"可行性研究报告"不应设为"方案设计"的前置条件

内容提要：

工程咨询单位没有拟建工程的"设计方案"为咨询基础和研究对象，就出不了"可研报告"；设计单位没有"可研报告"作依据，就不能进行"方案设计"。咨询、设计互为前提成了工程建设前期准备工作程序"混乱与纠结"之源。必须摆脱这个怪圈。

《兆域图》的出土标志着远在 2400 多年前，我国先民在建筑学等方面已有非凡的聪明才智和创造力。18 世纪 60 年代，伴随着以"珍妮机"的发明和应用为标志的蓬勃发展的英国工业革命，正式诞生与发展了系统的工业工程设计，此时期距今已近300 年了。工程咨询至 19 世纪末才始于丹麦，20 世纪 30 年代被美国用于工程项目的决策，第二次世界大战后正式形成一个独立的工程咨询服务行业。我国改革开放后开始引进工程咨询，即工程咨询在世界上仅有 100 来年历史，在我国仅 40 年左右，尚在不断的完善之中。

史料与咨询实践表明，"设计方案"存在于工程咨询的研究全过程之中，先于项目"可研报告"的提出，而不是先有"可研报告"而后再行"方案设计"。

我国是每年用几万亿资金进行项目建设的泱泱大国，工程建设方面的相关制度、规定应贯彻"实质重于形式"原则，在科学发展观的指导下与时俱进，应根据国情实际，顺应事物发展规律，从宏观管理的国家制度层面上着手，理顺工程建设程序[注]，这才是工程建设前期工作通畅的终极之路。

关键词： 方案设计　可研报告　程序　修正

　　国家住房和城乡建设部制定的《建筑工程设计文件编制深度规定》中称："方案设计"的"设计依据"是"与工程设计有关的依据性文件的名称和文号，如项目可行性研究报告（下称"可研报告"）……"据此，该文将"可研报告"已明确设为"方案设计"的前置条件。正是以这一规定为依据，很多建设单位跟着要求工程咨询单位先出建设项目的可研报告。原国家发展计划委 2002 年 1 月 4 日公布的《投资项目可行性研究指南（试用版）》（计办投资〔2002〕15 号）却要求，"项目的建设规模与产品方案确定后，应进行技术方案、设备方案和工程方案（以下统称"设计方案"）的具体研究论证工作。技术、设备与工程方案构成项目的主体，体现项目的技术和工艺水平，也是决定项目是否经济合理的重要基础"。于是，一个怪圈由此形成：没有拟建工程的"设计方案"，工程咨询人员就没有进行项目建设可行性研究论证的基础；没有设计部门提供的技术要求、确定的施工工艺和工程数量，就不能确定工程量单价，就无法进行投资估算，也就出不了"可研报告"。而设计单位强调执行建设部的规定，没有"可研报告"作依据就不能进行"方案设计"。于是，我国工程项目建设前期工作便陷入了程序上的混乱与纠结。厘清二者的涵义，走出认识误区，摆脱这个怪圈，修正我国工程项目建设前期工作中的这一程序，取消建设项目的"方案设计"以"可行性研究报告"为前置条件，定位好"可研报告"和"设计方案"在工程建设程序中的位置和作用，已十分必要。

一、"设计方案"是业主、设计师就拟建工程与他人进行沟通交流的载体

　　业主想建什么样的工程（即"拟建工程"），必有一个在既定条件下希望达到某种经济技术目的的最初"设想"。他的头脑中一定有一个"样式"，比如他想建造一个箱子，一定会事先设想这个箱子做什么用，它有多高多宽多长。有这种"设想"是一种本能，即使是喜鹊，也会事先"设想"它的爱巢应筑在什么地方、筑多大。这种"设想"，原只是处于业主头脑中的一种抽象的观念形态的东西，其整体架构可能是模糊的、技术措施可能是不确定的、预期效果可能是非理性的。但毕竟是个有准备、有行动、有目标的"思维活动结果"，业主头脑中的"样式"是任何建设工程最原始的起源。我们将其提升为业主关于拟建工程的"原始建设方案"。

　　在这里，要先明确"方案设计"与"设计方案"的差别。"方案设计"是指方案的"设计过程"，而"设计方案"是设计过程完成后的设计成果。设计是设计师运用

设计专业技能，创造性地把业主的"原始建设方案"，通过点、线、面构成的图形所形成的视觉形象传达出来的一个活动过程，其最初成果即为设计第一阶段的"设计方案"。"设计方案"出自设计师之手，是设计师用个人的智慧将业主头脑中的抽象概念变成图纸上的形象样式的工作成果。但因受限于业主的需求和设计师的个人一己之力，原始的"设计方案"是粗糙的、肤浅的，注定不能成为工程建设的实施蓝图。因而，业主迫切需要借助更多的外部智慧，对项目的"设计方案"进行更广泛、更深入的研究论证和补充完善。于是，"设计方案"就成了业主与设计师就"拟建工程"与他人进行沟通交流的载体。工程咨询集中各类专家的专业知识和经验，依据国家法律法规、技术经济政策、相关规范和标准，结合项目其他内外因素，从宏观和微观上对"设计方案"进行全面而深入的分析论证，然后给出项目建设内容是否是必要的、技术方案是否是可行的、投资估算是否是合理的结论。对肯定者支持，对否定者放弃，对瑕疵者继续修改、补充、完善和优化，形成项目建设可行性研究成果 ——《建设项目可行性研究报告》。因此，对建设项目进行工程咨询的前提，是业主和设计师必须提供一个"咨询"的基础——既能反映业主在特定条件下的意愿，又融入了设计师具有专业水准的"设计方案"。它为工程咨询专家开启了寻找拟建工程"问题"之门，为建设项目的可行性研究提供了研究对象，也是研究项目是否经济合理的重要基础。"设计方案"的内容在工程咨询的可行性研究全过程中都将被应用，由此，它应先于项目"可研报告"的提出，而不是先有"可研报告"而后再行"方案设计"。工程咨询专家需要的是设计成果，而不是设计过程。

有人会问：先有了设计方案，还要可研报告做什么？其实，这只是一种"想当然"，不太了解项目建设为什么要进行可行性研究。

二、工程咨询的业务性质需要有设计单位的设计方案

咨询服务有很多专业门类。其中，企业财务咨询服务的对象是企业生产经营状况，是财务咨询专家深入企业现场收集资料，进行调查研究，从资金的流入与流出、成本与效益以及资金利用等财务信息资料着手，找出薄弱环节和问题所在，分析影响企业经济效益的关键因素，提出具体的改进措施并指导其实施的一系列活动。

人力资源咨询服务的对象是企业的人力资源状况，人力咨询专家运用相关理论和方法，对企业人力资源结构、管理效能等现状进行分析，找出薄弱环节和问题所在，提出人力资源开发配置以及人力资源管理的措施与对策，为企业创造永续竞争力。

　　上述咨询的共同特点是咨询专家可以不通过他人而直接与咨询服务对象面对面，或到咨询服务对象提供的现场亲自进行"望、闻、问、切"的调查而获取诊断"病情"所需要的第一手资料。但以工程建设项目为服务对象、以工程建设项目可行性研究报告为成果的工程咨询服务就不同。无论新建还是改建、扩建项目，其咨询的基础——那个"拟建工程或拟改拟扩后的工程成果样式"是存在于业主头脑中的"设想"，是不可见的抽象，且业主并不知道他"设想"的工程"有没有问题或问题在哪里"。由此，必须由设计师通过专业的设计技术，将特定的建筑要素用点、线、面、专业符号和相应文字共同构建（设计）出一个可视图样（方案），使业主头脑中的"设想"通过这个可视图样直观地表现与表达出来。工程咨询专家只有针对这个建设项目的可见可量的特定建筑图样进行研究论证，才能确定这个工程可不可建，或这个工程的建设方案可不可行，或是经济投资合不合理，以及"有什么问题和问题在哪里"。更重要的是，工程咨询研究论证的不仅仅是"设计方案"本身的"问题"，还要对该项目涉及的法律法规、政策、社会政治经济环境、投资效益与风险等一系列要素进行全面论证与分析，形成一份完整的咨询成果——《××建设项目可行性研究报告》，为政府主管部门及建设单位提供投资决策依据。因此，工程咨询需要业主与设计师联合形成"设计方案"不是无缘无故的，而是工程咨询的业务性质使然。

三、工程咨询的研究深度需要有设计单位的设计方案

　　1983 年 2 月 2 日，国家计委颁发《建设项目进行可行性研究的试行管理办法》，2002 年 1 月 4 日，国家发展计划委员会发布《投资项目可行性研究指南（试用版）》（计办投资〔2002〕15 号）。在《指南》的指导下，水利、电力、化工等行业相继发布了适应本行业要求的可研报告规范要求。2006 年 7 月 3 日，国家发改委再次发布了《建设项目经济评价方法与参数》（第三版）。上述一系列文件都规定了可研报告的内容和深度要求。

　　例如，工业性建设项目仅从"设计"角度就要求提供拟建项目的规模、产品方案；产品所需原材料、燃料、电力及公用设施方案；拟建厂房的位置、水文、地质、地形条件及选址方案；项目的构成范围、生产方法、主要技术工艺和设备方案；改扩建项目中原有固定资产利用及厂区布置方案；公用辅助设施方案；能源节约与节能减排、环境保护和"三废"治理方案，以及上述每种方案不少于两种的比选方案等等。又如，建一所综合公立医院，需要满足规划部门的规划条件和医院建设的规范和标准

等强制性要求，需要有满足医疗功能需要的构建物的数量与规模，要有场地的平面布局、各功能用房布局、强弱电及给排水管网布局、垂直及平面交通设计、污物及污水处理等技术性方案。

上述这一切，是不可能用文字描述清楚的，也不是工程咨询人员的专业知识与能力所能承担的。此外，项目建设可行性研究中的投资估算，更不可能凭空想象，而必须以建设项目既定的建筑方案及其图纸所确定的工程量为依据。建筑方案未定，只能凭经验进行投资的简单匡算，而不可能做投资控制用的投资估算。甚至缺少某一建筑因素或是变动某一建筑因素，将导致工程量的连锁变动，使估算的投资存在缺陷。因此，没有基本确定的建设项目"设计方案"就进行可行性研究并提出"可研报告"，没有项目设计图纸所确定的工程量、施工工艺与建构筑物材质就进行投资估算，无异于缘木求鱼，其路径是行不通的。而"设计"是具有设计资质的设计单位的职责，旁人的替代是非法的也是无效的。这在 2000 年 9 月 25 日国务院颁布的第 293 号令《建设工程勘察设计管理条例》和建设部 2007 年 6 月 26 日颁布的第 160 号令《建设工程勘察设计资质管理规定》中都有明确规定，毋庸赘述。

四、先有工程设计，后有工程咨询，是事物发展的客观规律

人类最先和最主要的创造活动是为自己的生存而造物，广义的"设计"便是为造物所进行的预先设想。如果把这种预先的"设想"用有形的点、线、面及表示特定含义的符号在平面上勾画出具有视觉形象的"物"，这就是工程设计图纸。这种"设计图纸"确实早已存在于人类的生产实践活动中。

1983 年 10 月在河北省平山县中山国古墓中出土了一幅我国春秋时期的长约 94 厘米、宽约 48 厘米的铜版《兆域图》。《兆域图》是标示王陵方位、墓葬区域及建筑面积形状的平面设计图。图上的方位为上南下北，用金银镶错出陵园的平面布置，线条符号及文字注记按对称关系配置，布局严谨。图中"堂""宫""门"的位置、尺寸标示等十分详细，并有相当于"设计说明书"的文字注记 33 处，数字注记 38 处，以及图形符号和比例。《兆域图》的出土，证明约在公元前 310 年的诸侯已有专职"设计师"为之设计陵园了。该图是国内也是世界上迄今为止发现的最早的建筑平面设计图。《兆域图》的出土也标志着远在 2300 多年前，我国先民在建筑学等方面已有非凡的聪明才智和创造力。至 18 世纪 60 年代，伴随着以"珍妮机"的发明和应用为标志

的蓬勃发展的英国工业革命，正式诞生与发展出系统的工业工程设计。此时距今也历经近 300 年。工程咨询至 19 世纪末才始于丹麦，20 世纪 30 年代被美国用于工程项目的决策，第二次世界大战后正式成为一个独立的工程咨询服务行业，我国改革开放后开始引进工程咨询，即工程咨询在世界上仅有 100 来年历史，在我国仅 40 年左右，尚在不断的完善之中。

五、"可研报告"在建设程序中错位的由来及"设计"的进化

1951 年，国家政务院财经委颁发的《基本建设工作程序暂行办法》和 1978 年国家计委、建委、财政部联合颁发的《关于基本建设程序的若干规定》（下称《建设程序》），均无"可行性研究"或"可行性研究报告"一词，只有"设计任务书"一词。在"建设程序"中的顺序都是先有"设计任务书"，即先交代设计任务、明确设计要求、签订设计协议，后行"工程设计"。1983 年 2 月 2 日，国家计委颁发《建设项目进行可行性研究的试行管理办法》（下称《办法》），开启了我国建设项目进行可行性研究之门。但该《办法》是在"与国际接轨"的背景下提出来的，具有鲜明的时代特征。如第四条规定："可行性研究研报告"（下称"可研报告"）主要用于"利用外资项目"，"其他建设项目有条件时，也应进行可行性研究"，意即其他项目是在"有条件时"才"进行可行性研究"，"没条件时"也可以"不进行"。何谓"有条件"与"没条件"？解释空间很大，故实际是内资建设项目仍没有"进行可行性研究"，也就没有"可研报告"。加之，当时国家经济不发达，什么项目都要建，又不可能什么都建，于是必须"有计划"地建，这就是"计划经济"。所以，建什么、建哪里、建什么内容、建多大规模等都是上级"计划"好了的。各地抢项目抢都抢不到，哪还会去研究建这个项目"可行不可行"？所以，项目建设便继续用"设计任务书"。直到 1991年 12 月，国家计委发文取消"设计任务书"名称后，外内资项目才有了统一称为"可研报告"的内容。但该文又称："可研报告"和"设计任务书"相比，"内容和作用基本相同"，取消的原因是"两个名称常常被混用"。也因只是"名称"的更换，"可研报告"在建设程序中的"位置"仍是原建设程序中的"设计任务书"的位置——处于项目"设计"之前。对"可研报告"的如此认识，也导致实质上并没有对建设项目进行真正意义上的可行性研究。而"设计"也未表述成明显的方案设计、初步设计和施工图设计三个阶段，只统称"设计"。这种错位，完全是因为当时时代背景

下的认识问题，并相沿成习，以致通行于整个计划经济体制及转轨过渡时期，绵延多年未变。

其实，顾名思义，"设计任务书"只是业主对设计师交代的设计"任务"而已，是对"怎样"设计或设计"什么"的一种基本的纯技术层面的要求与契约式文书，它与《建设项目的可行性研究报告》是两类不同性质、不同内容的文件。这在前文所提的《建筑工程设计文件编制深度规定》中有进一步证实：该文称"设计依据"除了"可研报告"外，还有"设计任务书或协议书"。可见"设计任务书"与"可研报告"是两个不同的概念。

我国自改革开放以来，国家建设在飞速发展，经济建设能力大为提升，国家经济管理一方面大力引进和吸收国外先进管理理念与管理知识，一方面又不断依据我国国情而创新。其中，国家投资体制进行了重大改革，关系国计民生的重大项目及国家投资项目也明确要求必须进行可行性研究。

建设项目的可行性研究是一个依据国家有关法律、法规、政策和相关行业制定的规范及标准，对拟建项目的建设背景、建设必要性、可行性以及区域社会经济现状、项目建设条件、建设内容与建设规模、建设方案、节能措施与环境保护、劳动安全与职业卫生、项目实施进度与项目管理、投资估算与资金筹措、经济效益、社会评价及风险防范等建设要素进行全面分析论证的过程。通过对建设项目这一系列建设要素的研究，以判断拟建项目的建设是可行还是不可行。

《建设项目的可行性研究报告》是一份对项目建设可行性研究过程进行准确描述、对研究资料进行比选分析、对研究成果进行归纳总结后，得出该项目建设是可行还是不可行的结论明确的应用型研究论文。它是在业主与设计师"设计方案"的基础上进行的再创造，是一份由业主、设计师、外部专家共同将建设项目作为一个系统工程进行研究，并在符合国家法律法规和公众利益前提下，寻求系统工程内部各要素间的相对平衡，以及本系统与外系统的相对平衡，是对建设项目透彻认识后的科学总结。同时，它又是咨询单位为业主和政府主管部门进行咨询服务的服务成果，是业主和审批机关做出某项目是否建设的决策参考，甚至是决策依据。可行的建设项目必定是必要的，建设方案是可行的，投资估算是合理的，具有显著的经济效益、社会效益和环境效益。在国家社会政治经济环境已发生了翻天覆地巨变的今天，"建设项目可行性研究报告"的功能、内涵和深度要求已远非当年的"设计任务书"所能比拟。

设计也非当年的设计。在人类社会已进入高度文明、科技日益发达、决策日益民主的今天，建筑设计已突破了画图布点或对建筑本身的外形和内部空间改造的自我需求、自我满足的构想局限，而是通过结构、材料、建筑内外部空间关系等元素的科学运用，走向了节地、节能、节水、节材与环境保护等关乎国家、关乎社会、关乎人类公共利益的广阔领域，并形成了新的可持续发展的绿色建筑设计理念。

由此，建设项目可行性研究已成为建设前期工作中的必经程序，而"设计方案"也不再是业主与设计师的私事，而必须回归到项目建设程序的本来位置，提前进入建设项目的可行性研究阶段，并融入可行性研究报告之中，成为可行性研究报告不可分割的一部分，让代表国家和公众利益又拥有专业知识的专家加以评判。

六、工程建设在程序错位中的几种权宜之计

看似简单的程序错位，已给工程咨询的实际工作带来了极大的障碍，但我国工程建设却未曾一刻停步。那么，以什么方法先获得项目的工程设计，再提供给可行性研究单位进行项目建设的可行性研究呢？一是找"关系"。急迫要求项目上马的业主找"有关系"的设计单位先行方案设计，将"设计方案"提供给工程咨询单位进行可行性研究，以尽快出具可行性研究报告报政府审批。二是为争取设计业务，设计单位主动放弃规矩。现在很多设计单位都是由原设计单位分出或由个人承包组建而成，大家都在争夺市场这块蛋糕。只要有设计任务，便已早不顾及什么"以可研报告为依据"了。三是设计单位"舍小求大"，已不再强求"先有可研报告"的程序了。由于工程设计费用比工程咨询费用高出几倍甚至几十倍，一些既有工程咨询资质又有设计资质的双质单位，往往以很低的工程咨询服务价格甚至不在乎工程咨询费用而去争得设计业务。这时，他们的"设计"也不要求遵循"先有可研报告"的程序了，赶紧将设计、可研两项工作一起做，并以极低的工程咨询费用为条件去争得收费很高的设计业务。四是地方调整。有的地方政府已看到了这一"前置条件"的障碍以及进行可行性研究没有"设计方案"的确不行的事实，便在地方文件中做了适当调整。例如在《政府投资建设项目的管理办法》中规定："立项审批，可同时核准勘察和设计招标方案"。设计中标后，设计单位很快将用于投标的"投标设计"变成"设计方案"提供给工程咨询单位。于是，工程建设前期程序成了如下模式：立项审批—勘察、设计招标（投标设计方案）—设计方案—可研报告—初步设计。投资主管部门在委托评估机构组织评议"可研报告"时，图文并茂的"可研报告"给各专业专家提供了详尽的评议内容，专家的评议意见也具体、中肯而专业。根据专家意见再次修改的"可研报告（修改稿）"成为政府决策项目建设的高质量依据，也是设计单位下一阶段进行

"初步设计"的高质量依据。

但以上这些一时的权宜之计毕竟是不正常的，既不利于维护工程咨询市场和工程技术设计市场的正常秩序，也不利于维护相关国家制度、标准规范的权威。这种非正常现象不能再继续下去了。对政府投资的工程建设项目进行可行性研究，出具建设项目的"可行性研究报告"，组织专家对"可研报告"进行评议，已成为政府投资项目建设程序中的必经环节，也是《国务院关于投资体制改革的决定》和《政府投资条例》赋予工程咨询机构的重大责任。日月如梭，1951 年由中财委发布的《基本建设工作程序暂行办法》距今已有 60 多年了，我国作为每年用几万亿资金进行项目建设的泱泱大国，工程建设方面的相关制度、规定也应在科学发展观的指导下与时俱进。应根据国情实际，尊重"实质大于形式"原则，顺应事物发展规律，从宏观管理的国家制度层面上着手理顺工程建设程序，这才是工程建设前期工作通畅的终极之路，才能更充分地发挥工程咨询在国家建设上的决策智囊作用。

[注] 2017 年 2 月 21 日，国务院办公厅发布《关于促进建筑业持续健康发展的意见》（国办发〔2017〕19 号），提出培育全过程工程咨询，鼓励投资咨询、勘察、设计、监理、招标代理、造价等企业采取联合经营、并购重组等方式发展全过程工程咨询，培育成具有国际水平的全过程工程咨询企业。

全过程工程咨询，是指将具有（或拥有）项目策划、可行性研究、环境影响评价、工程勘察、工程设计、工程监理、造价咨询及招标代理等工程咨询服务业务能力的咨询企业通过采取联合经营、并购重组等方式组建一个新的全过程工程咨询企业。将项目建设前期准备工作融入一个企业统筹安排、配合调节、有效整合企业专业资源去完成。这样，本文所阐述的长期困扰传统工程咨询单位和工程设计单位关于"可行性研究报告"与"设计方案"谁先谁后的程序制约矛盾便迎刃而解了。此文的收录，展示了我国工程建设前期工作程序正经历着一个不断完善的过程。

建设项目可行性研究报告评审介绍：看图说话

内容提要：

评审可研报告时，可研报告编制单位采用"看图说话"式介绍文本内容，将需要介绍的内容重点、要点和图表制成PPT，文字精练、信息集中、重点突出，打破了以往"平铺直叙"式介绍的沉闷与单调，显示出另一种特色鲜明、生动活泼的优势。

关键词： 报告评审 介绍 PPT 看图说话

建设项目的可行性研究，涉及的政策性、理论性、实践性、专业性很强，是一项涵盖多学科多专业知识的系统工程。对建设项目进行可行性研究，是基本建设程序中不可缺少的重要一环，是建设前期工作的重要内容，是建设项目决策期的工作核心和重点。建设项目可行性研究的成果就是《建设项目可行性研究报告》（下称"可研报告"）。

《可研报告》的"评估论证"，由具有相应咨询资质等级的工程咨询评估机构组织专家，依据国家有关法律法规、政策、标准、规范，对《可研报告》所阐析的内容进行系统的再论证与评议。它是政府投资拟建项目批准建设前一次极其重要的把关。它规范了政府的投资行为，完善了投资决策规则，是投资决策科学化、民主化的重要程序，体现了政府对拟建项目投资的严肃与谨慎。通过专家论证的《可研报告》方能成为政府主管部门是否批准该项目建设的依据。

在《可研报告》专家评议评审前，报告编制单位要先将报告文本送交参评专家审阅并进行现场考察。评审会上，《可研报告》编制单位需将报告的主要内容向专家们介绍，听取专家评审意见及其质疑，并答疑解惑。对建设项目《可研报告》的介绍是评审中的定制程序，它既是《可研报告》编制单位对拟建项目进行可行研究的汇报，又承前启后，为专家们的后续评审评议提供内容与引导。

在《可研报告》的评审实践中，可研编制单位对《可研报告》的介绍，多是将报告文本的文字和图表内容直接用投影仪投在屏幕上，介绍人按屏幕上出现的文图顺序宣讲，不择轻重、不分详略，一气讲述下去。这种介绍方式称为"平铺直叙"式。对于一份数万字的、内容翔实又融合多学科的《可研报告》文本，相关专家不可能逐一核实研讨，只能是重点关注涉及自己专业的内容。在听取介绍时，介绍者照本宣科一字不落，屏幕跳转速度快，图、文、表格在评委们眼前一闪而过，既看不清屏幕上的图、表所载信息，又不能集中听取介绍。有的专家希望重看某处内容，则需将屏幕频繁前后退返，而不想重看的专家又被连连打断思路……很是影响介绍效率和评审效果。

为此，建议将需要介绍的内容重点、要点集中在图表上并制作成 PPT，然后，依图依次介绍。这种介绍，可称为"看图说话"。PPT 图景文字精练、信息集中、重点突出，生动活泼，打破了"平铺直叙"式介绍的沉闷与单调，显示出特色鲜明、图文并茂的优势。采用"看图说话"式的介绍，关键是"图"与"话"必须精心准备。现以内容较为单薄的一般工业与民用建筑项目的可研报告为例，择要简述其具体做法。

一、图表完善，内在联贯

《可研报告》编制单位在组织评审汇报资料素材的时候，要特别注重完善附图和附表。"看图说话"就是以图表为中心的解说。

附图包括项目区位图，项目位置图，总平布置效果图，鸟瞰图，项目区域地形图，建构筑物的正、侧、立面效果图、平面及剖面图、设备安装位置图、工艺流程图以及道路、隧道、大型管网工程的纵断面、横断面图等。在国家发改委、建设部发布的《建设项目经济评价方法与参考》（第三版）中，明确提出了可研报告"方案经济比选"的要求，即包括项目选址在内的各种方案都要进行多方案比选，以寻求合理的经济和技术方案。方案比选是专家评审中一项十分重要的内容。方案不同，上述各种附图的差异便很大，应将这些不同内容、不同方案的附图按序号并列或先后准备，使其有一种内在的必然联系与连贯。每一幅附图都应尽可能收集更多的关联信息，以满足对《可研报告》内容的评议。其中，"项目区位图"是以项目为中心向四周幅射一定距离后的地域图形，它表达的是项目处在一个怎样的区域范围内。这个"一定距离"不是等量的半径，这个"区域"也没有确定的边界，但从该图中可以看出项目处在怎样的大范围地理位置上，以及怎样的地形地貌与社会人文生态环境之中。在项目的区位图中，项目的位置只是一个点。"项目位置图"表明该项目所处的确切地点，它表达的是在项目用地红线以外较近的距离内有着怎样的地物环境，表明项目地的东、南、西、北四周的主要道路，及具有显著特点的地物标识。"项目地形图"是由国土测绘院把项目地的地貌、地物按照一定的投影方法、比例关系和规定的符号，测绘在平面上的图形。它用绝对高程和等高线表示地面的高低起伏和高差。建构筑物正面、侧面、立面"效果图"直观地表明了建筑物的造型、风格、色彩等主要建筑特征。通过"项目鸟瞰图"可清楚地看出项目建构筑物的布局、立体空间及其可视距离内的外部生态环境。"项目总平面布置图"明确了本项目主要建构筑物、内部道路、停车位、货站、码头、人车物流组织及人车出入口在项目用地范围内的方位及相对位置，互相之间的匹配与距离，各管、线的接入等。"主要建构筑物的剖面图"表明了该建筑物的总高、层数、层高及垂直交通、内部主要结构等。"建筑物内部平面图"主要表明建筑物每层用房面积、平面功能布置及交通组织、防火区划、消防措施。"主要设备安装位置图"是建筑物功能用房布局的特殊部分，它表明某一功能用房中设备所处的具体位置。"工艺流程图"是工业产品制备与生产中，将原辅材料按特定的工艺技术要求、完成各道物理或化学制备工序直至生产出合格产成品的生产顺序或程序的图示。该"生产顺序或程序"称为"工艺流程"，该"图示"称为"工艺流程图"。它用图表符号形式，表达产品通过工艺过程中的部分或全部阶段所完成的工作。典型的流程图包含的信息有数量、移动距离、所做工作的类别以及所用的设备，也可以包括工时。工艺流程图的基本要素是方框、内容、实线与箭头。基本画法是用细实线画出长方框，长方框内填写车间（工段）、工序或原料、半成品、成品名称等内容；长方框之间按工艺技术要求的先后顺序用粗实线连接，该粗实线称为流程线；将箭头画在流程线的一端，表示流程方向。箭头指向应有去处，不能有堵头或进入"死胡同"，除非已到流程终端。根据流程图所要表达的工艺意思，方框内外或流程线上还可加注各物料的组成、数量、中途添加物以及设备特性数据或画上管线、设备上需要配置的某些阀门、管件、自控仪表等相关符号。工艺流程图是对上述生产顺序或程序最简洁、最直观的图解。

"附表"则是项目的经济分析、产品产能分析、市场分析、财务成本分析、社会经济分析与风险分析等分析数据组成的表格。它是《可研报告》中技术经济要素一系列数量特征的体现，是"精确系统的、完备无遗的计算"结果，是"分析、比选、论证"的量化。该表可以是一张总的经济技术指标表，也可以根据需要分专业设置。用于方案比选的表格，一般均指标名称相同而数值不同，以利于一一直观对比。

"附图"和"附表"承载着可研报告的主要的信息，或者说可研报告的主要信息都可以以图、表为载体加以展示，从而使"看图说话"式介绍成为可能，也使介绍过程更加简单、明了、便捷、高效。

二、以图配词，言简意赅

虽然有了上述各类附图、附表，但却不能省掉"撰写介绍词"的程序，这是"介绍好"的必要条件。而且介绍词还不能仅写附图、附表上所标注的信息，还应扩充图、表外的信息，以更好地阐明研究对象的特征，但不能脱离可研报告文本中需要介绍的内容。把与图、表相关的信息全部收集起来，编写出介绍词，以内容为类，也以图、表为轴，集中表述，称为"按图索'意'"。上述各图、表介绍词所包括的内容大致如下。

项目选址地的区位图、地理位置图，一般是扫描当地最新的行政区划地图。介绍由近及远，说明项目所处的社会经济环境。如项目所处村组、乡镇、区县、地州市、周边省市；附近的主要市政公共工程或设施，如道路、桥梁、园区、商场、医院、学校、景区、给排水及"三废"处理厂（场）、变电站等；外围的水陆空交通、人文与社会环等。项目地形图的介绍内容由远及近，描述项目地的地貌特征，如高山、丘陵、平原、谷地、冲沟等；描述项目地或其周边地面上的主要地物特征，如江河、湖泊、森林以及临近的海洋，人工建造的道路、桥梁、房屋、水利设施；依据地勘资料描述项目地的地层、地质构造、岩土性质等；最低、最高高程、平均高程，预估项目内主要挖填土石方工程量。

主要建构筑物或建筑群相关效果图的介绍词，包括设计理念、建筑造型、风格；提出建构筑物功能相互匹配的关联程度、与周边建筑的协调和谐程度、与城市规划的适应相融程度；代表性建筑物四侧立面的门窗设计等。

项目总平面布置图的介绍应配合主要经济技术指标汇总表，介绍项目建设的主要内容、规模以及建设本项目的必要性及其社会影响，项目建筑群的功能分区，相关道路、广场、停车场、室外水电、绿化景观工程及建构筑物的布局与主要做法。

生产型企业则可同时介绍主要生产工艺流程，以及与该流程相匹配的厂区功能布置。例如，某造纸企业的基本生产工艺流程如图 01 所示。

```
原料(堆场) → 计量(过磅房) → 备料(车间) →

蒸煮(车间) → 制浆(车间) → 抄纸(车间) →

成品(仓库)
```

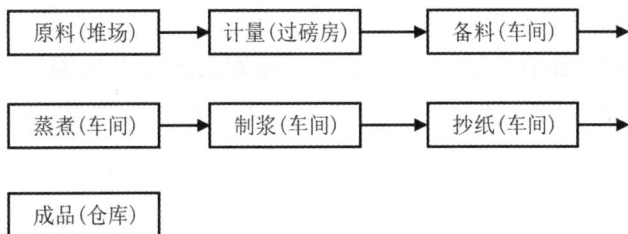

图 01　某造纸企业基本生产工艺流程示意图

根据图 01 所涉及的设备、工艺技术要求，提出科学利用地形地貌，有效节约用地，避免原材物料迂回运输，减少管、线等辅助设施建设工程量、节约能源，以及平面交通组织设计优化，消防与人流、车流、物流路线设计优化，项目自身污水、污物流向设计与处理措施优化的比选方案评价。

主要建筑物剖面图应介绍建筑物地下、地上层数、层高及总高，垂直交通设计，结构设计、基础选型及其比选方案，以及相关屋面、墙面的做法。

建筑物内部平面图介绍词的内容包括每层面积、相关装饰装修做法、地面主要荷载指标等基本数据，功能用房的分布，强、弱电（智能化）系统布置原则与终端规模，每一独立平面内的功能细分，平面交通组织，防火分区与消防设施布置。

设备安装位置图介绍词应说明主要设备名称、数量，相关设备的工作顺序。例如机械加工车间里（一楼）的车床、刨床、铣床等加工机械的布置；造纸厂制浆车间浆料筛选、漂洗、打浆等工艺设备的布局、制浆工艺流程以及设备选型方案。

根据数据汇总表内的信息，介绍词内容主要关注项目的建设内容与规模，供、产、销能力平衡，投资效益与风险，社会影响等多方案比较的定量分析结果、定性评价结论与建议。

上述介绍主要是一些通用要求，不同的项目内容不一样，介绍词的撰写要有重点，要有针对性，可以将一幅图所涵盖的信息一次讲完，不必重复。

由于可研报告文本在专家手上已人手一册并都已看过，且每个专家关注的重点在各自的相关专业上。故上述介绍词便不能随手拈来、泛泛而叙，而是要认真思考、精心过滤、科学组织，根据不同项目、不同方案，内容从简择要，做到提纲挈领、言简意赅，重点不遗漏、内容不重复，可行不夸大、问题不回避。

三、图表顺移，口语旁白

将可研报告中的图、表、文进行重新归类整理，形成一份新的以图、表为主轴，具有内在联贯、条理清晰、脉络分明、重点突出、内容详而不杂、简而不漏的"图、文分离"PPT，可以使图在屏上，文在手中。随着大屏幕上按编排顺序移动，介绍人便可以"看着图说话"了。这是介绍人事先归类摘录、加工整理的劳动成果。由于图、表本身已直观地承载了丰富的信息，加上又有充分准备，介绍人面对屏幕，完全可以做到口语化地脱稿旁白。可以自然流畅，生动活泼，避免了"照本宣科"报告似的沉闷与呆板，大大缩短了汇报介绍时间。而附图与附表所表达的信息，既融合了多学科内容又不因章节而分割，可使不同专业的专家都专注在同一张图表上，共享资源、集思广益，同时寻找自己专业的切入点。特别是对互相交叉与渗透的部分，相关专家都可以受到启发，产生共鸣。附图、附表在屏幕上停留时间长，专家们可以仔细看、细心听，眼脑合用，更能激活思维、拓展思路，也可随时质疑与交流，从而能有效地缩短介绍时间、提高评审效率，得出更全面、科学的评估结论。这对可研报告编制单位也提出了更高的要求，有助于进一步提高业务能力，提高服务水平。

结合项目特点设计评标标准

内容提要：

"设计方案"是一种具有专业知识的智力劳动成果。工程设计方案的优劣对于依此方案建设完成的实体工程的使用与实用效果，影响十分重大。设计是设计者将发包人（业主）的要求转化为项目（产品）的文字描述和图形描述的过程，而设计方案是文图描述的结果，是项目怎样建设、怎样产出的形象表达。设计招标评审时，评审专家对设计方案优劣的评判，是依据自己的专业知识对现场提交的设计方案所做的判断。这种判断是"就事论事"的客观判断，与这张图纸的设计人花了多少劳动、以前有怎样的业绩等"过去"因素没有太多关系。因此，专家对评审现场提供的设计图纸的直观评价结果所占的权重应适当调高，这有利于增加优秀设计方案中标的机率。

关键词：设计　招标　方案　权重

从一起案例谈起。

有一个体育公园户外设计的招标项目，设计内容要求是在一个新建体育公园用地范围内，有几种规定的球类运动场地，有各年龄段人员开展体育健身活动的场地，有以春、夏、秋、冬命名且蕴涵其意的园林景观休闲区，有连成网络的公园道路和适量的生态停车场等。总之，这是一个将激情奔放、活力四射的体育运动用地与宁静安逸、怡情养性的闲庭信步好去处完美结合的方案。设计成果实际就是这个公园的总平面布置图、局部放大图以及相关设计说明。

有A、B、C、D、E五家投标人依法投来五份设计方案。评标采用综合评估法，评审内容大致分三大块，一是设计图纸，二是资质、业绩、工作团队、公司财务等若干商务信息，三是投标报价。招标文件规定：1. 先评设计图纸。设计图是"暗标"，将图纸临时编注①、②、③、④、⑤号,专家评出各号设计方案的结果,待后续评审程序完成后,揭晓图纸编号对应的投标人,并将评定分数计入对应投标人的总分中。2. 资质、业绩、工作团队、公司财务等指标为客观分,且是根据符合程度得到相应分值,完全不符合就不得分。3. 投标报价基础分 100 分,每高于或低于平均报价 1%,均扣 5 分。上述三块得分的权重为 30:40:30。

从专家库里随机抽取的五位专家从规划、建构筑物布局、功能分区、交通组织、景观创意、环境融合、投资经济等方面对五份方案进行独立评判,分别评述优劣。综合打分后,五位专家对第一块"设计图纸"的评审结论是:方案①95 分,名列第一,方案④70 分,名列第三。对第二块"资质、业绩、工作团队、公司财务等若干客观商务信息"评审后,E 单位得 90 分,名列第一,A 单位得 70 分,名列第四。对第三块"投标报价"评审时,A 单位低 2 个百分点,扣 10 分,实得 90 分,E 单位高 1 个百分点,扣 5 分,实得 95 分。揭晓编号,方案①为 A 单位,方案④为 E 单位。然后将各块得分分别乘权重后相加得单位总分:A 单位 83.5 分,E 单位 85.5 分,E 单位中标。

对此结果,专家们很是愕然,认为 A 单位方案设计最好,报价又最低,未能中标十分惋惜。但国家招标投标法规定,招标文件确定的评标标准和方法是确定中标候选人的唯一依据,只能如此。评审完成后,专家们只能在评标结论中提出特别建议以示补救:在后续的详细设计中重点参考方案①,对方案④加以优化。

从上述情况看,对于设计项目,无论是工程类招标还是政府采购类招标,招标代理公司及招标书编制人员必须明白以下几个关键点。

第一,设计是对建设"想法"的形象表达。

设计是设计师运用设计专业技能,创造性地把业主的建设"想法",用视觉的形式传达出来,并将业主与设计师头脑中的思维抽象变成图纸上的具体形象的活动过程。其成果"设计方案"是设计师对设计对象的理解、设计理念的贯彻、设计元素的运用,以及设计智慧的展露等的充分体现。一句话,设计是设计者将发包人(业主)的理想化要求转化为项目(产品)的文字描述和图形描述的过程,而设计方案是项目(产品)描绘的图形以及关于图形的文字说明、文图描述的结果,它是项目怎样建设、怎样产出的形象表达。因而,专家对评审现场提供的设计图(设计方案)的"评价分"应占有较重的权重比例,它应成为确定中标单位的主要依据。

第二，设计方案的价值是设计图样内涵的价值。

"设计方案"是一种具有专业知识的智力劳动成果，它的价值体现在这张纸上图形的内涵价值上。而"内涵价值"的高低则完全取决于现场大多数评审专家的主观评判，专家的评判结果是影响中标与否的直接因素。"投标报价"是设计单位依据设计人员在设计这张图时付出的体力劳动成本、智力劳动成本、相关物资消耗成本和特定供求关系下的合理利润之和，再加上如水、电、纸张、其他耗材等的成本以及合理利润等因素自行确定的一个综合价值量。这个"综合价值量"与这张设计图本身的"价值"并没有太多的关系。况且，这张设计图本身的"价值"是多少也不由"设计图"自己决定，而是完全取决于评审专家对它的共同认定，这是投标人所无法掌控的。而投标报价中的"设计人员的体力劳动成本、智力劳动成本和合理利润"，具有很大的弹性与调节空间，可以由投标人自我决定。由此，不同的设计单位会根据自身的情况制订投标报价。特别是设计市场放开后，设计报价已十分灵活，单位之间差异是很大的。总之，设计的投标报价是一个与按工程量清单计算的实打实的工程报价完全不同的"价格"，不可与之混为一谈。因而，设计招标的投标"报价分"不应以平均报价为基础"高低均扣"，而应采取"低加高扣"的计分办法。如果为"限额报价"，则只用"低加"的计分办法。但又可能有两种情况，一种是企图以太低的报价来获取增加分值，以超越优秀的设计方案，使方案质劣而报价超低者中标；另一种是方案确实优秀而报价稍高的投标人失去中标机会。为此，要增加"加分最多为×分"的上限设置。

第三，企业相关资质与业绩不能完全反映承担本次投标任务的能力。

设计资质当然重要，这是最基本的门槛；以往业绩当然也重要，证明有同类工作经验可资借鉴；工作团队当然也重要，证明拥有完成整体项目各专业设计的专业人才；公司财务状况也当然重要，证明公司有必要的经济实力。但整体说来，这些内容所证明的事实都可归为"过去的事实"，而"过去"做过的或做得很好的"事实"今天未必能做，亦未必能做好或做得更好。更何况投标实践证明，这些"过去的事情"对一些缺少"诚信"的单位而言，很多是可以"移植"的甚至是可以在制作投标文件时"现造"的。而这些"诚信缺失""移植"与"现造"，评标专家在评标现场还难以判断真伪，因而这一大类条件的得分权重设定不宜太突出。

根据上述理解，调整一下报价"加扣分"办法和各块的权重设计，结果就较为符合实际了：投标报价基础设分 100 分，将"每高于或低于平均报价 1％，均扣 5 分"调整为"每低于平均价 1％加 5 分，每高于平均价 1％扣 5 分"；上述三大块内容的权重由 30：40：30 调整为 40：30：30。依此，经重新计算，A 单位得总分 92 分，E 单位得总分 83.5 分，A 单位中标。

由此，无论是建设工程项目的招投标，还是政府采购项目的招投标，其目的就是运用竞争机制选择优秀的施工队伍或优秀供货商，包括优秀的设计方案。但项目不同，标的要求不同，在遵循公平、公正、公开原则，不违背法律法规的前提下，相关评标条件也应有所侧重，即应结合项目特点设计评标标准，才能更好地发挥招投标择优选取中标人的作用。

下篇

PPP规范化应用

PPP精准活化应用

PPP 规范发展的前期准备

内容提要：

在 PPP 模式的大力推广应用过程中，曾一度泛化滥化，甚至违规违法，从而导致大量增加地方隐性债务。由此，国家重拳出击，采取了一系列清理、整治与强化规范的措施。2017 年底，加大力度贯彻《国务院关于加强地方政府性债务管理的意见》（国发〔2014〕43 号）文件精神，2017 年 11 月 10 日，财政部紧急出台《关于规范政府和社会资本合作（PPP）综合信息平台项目库管理的通知》（财办金〔2017〕92 号），规定三类十种情形的项目不得入库、七类二十七种情形的已入库项目必须清理出库，对照规定检查清理，清理整治快速、严厉，业内普遍称之为"风暴"。风暴过后，整个 PPP 市场基本归于沉寂，地方政府与业内人士纷纷存疑：PPP 模式在我国将何去何从。

关键词： 问题　清理整治　前期准备　行稳致远

财政部 2019 年 3 月 7 日发布《关于推进政府和社会资本合作规范发展的实施意见》（财金〔2019〕10 号），对 PPP 项目清理整治后的规范发展提出了具体的政策要求。本文在此基础上，就 PPP 项目前期准备工作的规范化提出建议，以促进 PPP 模式运用从开始就走上正轨。

一、PPP 运用不规范的问题表现

党的十八届三中全会提出的关于"允许社会资本通过特许经营等方式参与城市基础设施投资和运营"重大决策，对渴望增加投资，加快地方经济建设的地方政府而言无疑是一场久盼的春雨。PPP 模式应用，启动了很多地方的城镇基础设施建设，解决了很多地方政府曾经迫切想要解决而解决不了的问题，在地方经济稳增长、促改革、惠民生方面发挥了积极作用。也正是这些显而易见的积极作用，大大激发与调动了地方政府采用 PPP 模式加快地方基础设施工程建设的热情。因情之所急，一系列不规范行为便随之来。一场不顾实际，放开手脚，"有条件要上，没有条件创造条件也要上"的城镇基础设施 PPP 模式建设浪潮以急风骤雨之势迅速铺展开来。据《中国经济周刊》2018 年第 5 期报道，截至 2017 年 12 月末，全国 PPP 综合信息平台项目库共收录 PPP 项目 14424 个，其中，国家示范项目 697 个，总投资额 18.2 万亿元。在总项目与总投资中，处于准备、采购、执行和移交阶段的项目 7137 个，投资额 10.8 万亿元，覆盖了国民经济的全部 19 大行业。此外，还有无数由各级地方政府确定但暂未进入全国信息平台的 PPP 项目。这表明，在刚好四年的时间里，我国已成为世界上最大的 PPP 市场。这种在极短时间内人为制造的火爆场面与高速度，体现的是浮躁与失衡，也必然带来 PPP 模式应用的泛化与滥化，其严重后果是形成了地方政府庞大的隐形债务。

这些不规范的行为，主要表现在以下方面。

（一）决策匆忙仓促，建设项目未进入规划体系

很多 PPP 项目是地方政府出于加快地方经济建设、努力改善民生，或是创造政府政绩，特别是新一届政府政绩的良好愿望而提出来的。有了"好"愿望必定会"想"出"好项目"来。可项目要上却又"囊中羞涩"缺少资金，于是自觉或不自觉地就把社会资本当成财神爷，把 PPP 模式当作快速融资的手段。项目确定了，又为赶申报机会、赶某个时间点而加紧推进。这种临时加速推进的 PPP 项目，很多没有进入已有的国家或省市的国民经济和社会发展的中长规划或者行业发展专项规划中，也没有经过规划的调整论证与评估。

《中华人民共和国城乡规划法》和各省市的《实施〈中华人民共和国乡规划法〉办法》以及中共中央国务院发布的《关于进一步加强城市规划建设管理工作的若干意见》（中发〔2016〕6 号）等都已严格规定："城市、乡镇规划区内的建设活动应当符合规划要求"；"控制性详细规划是规划实施的基础，未编制控制性详细规划的区域，不得进行建设"。建设项目必须先有规划，并进入各级政府和行业的中长期城乡经济社会发展规划，"先规划，后建设"是我国工程建设的首要程序。不遵从这些程序，本质上就是一种违法行为。

（二）项目建设缺乏科学论证，为后续运作预埋无穷隐患

很多项目打包捆绑，包装粉饰，强力推出，决策匆忙，报送急切。在一个项目里，民居建筑、道路广场、景观绿化、学校医院、文化商业、环境治理等应有尽有，人称"PPP 是个筐，什么都往里面装"。PPP 项目建设内容多，建设规模大，动辄投资几亿至几十亿。但项目建设前期准备不足，没有进行地质勘察，没有工程设计文件，没有建设用地边界，有的项目甚至只是在卫星地图上由主管领导"画一个圈"就拍板定案。建设内容不详，建设规模"待定"，建设项目可行性研究过程"省略"，可行性研究报告的必要性与可行性是"合理假设"。这种项目一旦启动执行，必将为后续运作带来无穷隐患。

（三）PPP 项目准备工作不足

有的 PPP 项目的准备与采购阶段必做的工作、必经的程序与必要的法定手续缺失，部分存在严重违规现象。

有的 PPP 项目没有建设主管部门的项目立项批复和可行性研究报告的评审与批复；没有城乡规划部门、国土部门的选址意见、用地预审、规划条件；没有涉及水利、文物、国防等专业部门的批复，或者缺这少那。有的 PPP 项目没有认真开展物有所值和财政承受能力的评价与论证，或者评价与论证的方法与程序违反相关规定。这些法定手续与建设程序上的缺失将动摇 PPP 项目建设的合法性的法律地位。

（四）PPP 项目没有收益

确定采用 PPP 模式建设的项目，有的只有建设，没有运营，没有收益。这类项目大量体现在市政道路工程建设和城市美化、亮化与绿化工程建设上。这些工程自身不产生经济效益，是没有使用者付费的又非民生急需的纯公益性项目，社会资本的投资回报主要为可行性缺口补助或者变相的政府付费，必将对未来地方财政支出造成重大压力。

（五）项目为非公共领域基础设施

有些 PPP 项目的建设内容不属于公共领域的基础设施，而确定采用 PPP 模式的建设项目又缺少财力支撑，盲目承诺，形成了政府重大隐形债务风险。部分地方政府建功立业心切，只想将项目"做大做强"，树立区域标杆，又期望将当地基础设施一

次建设成功，城市面貌一夜旧貌换新颜，于是泛化 PPP 模式运用范围，将一些不相关项目统统打包放入 PPP "筐"里，如土地整理、特色小镇、招商引资、房地产开发、民居改造等项目。为吸引社会资本的积极参与，为筹集政府必出的项目资本金和在今后运营期里将要逐年支付的"可行性缺口补助"资金，不顾自身财力、固化政府支出责任，甚至违规担保或举债。

二、国家重拳出击，PPP 项目遭遇严肃清理整治风暴

自 2014 年至 2017 年底的四年时间里，风起云涌的 PPP 项目已使地方隐形债务大量膨胀。为此，2017 年底，国家重拳出击，以前所未有的力度贯彻《国务院关于加强地方政府性债务管理的意见》（国发〔2014〕43 号）文件精神。财政部办公厅于 2017 年 11 月 10 日紧急出台《关于规范政府和社会资本合作（PPP）综合信息平台项目库管理的通知》（财办金〔2017〕92 号）。该文制定了 PPP 项目三类十种的项目不得入库、七类二十七种的已入库项目必须清理出库的强制性标准[注1]，突击遏止 PPP 模式应用中的泛化滥化行为，规范 PPP 项目运作程序，消除可能发生的各类风险，特别是防控地方政府隐性债务风险，实现 PPP 模式理性应用，回归财金〔2014〕76 号文所规定的创新公共服务供给机制、促进经济转型升级、支持新型城镇化建设、加快转变政府职能、提升国家治理能力、深化财税体制改革、构建现代财政制度的设计初衷。其严格的评判、快刀斩乱麻的果断和迅雷不及掩耳的来势，被业内形容为"风暴"。

通过甄别清理，大批违规违法违反程序仓促上马的 PPP 项目被阻止进入全国 PPP 综合信息平台项目库（以下简称"库"），已入库的被清退出库，已进入执行阶段的被停止实施。至 2019 年 10 月，可以继续完善或新建的 PPP 项目，大抵只有为落实中共中央办公厅、国务院办公厅 2018 年 2 月 5 日印发的《农村人居环境整治三年行动方案》、国务院 2018 年 6 月 27 日印发的《打赢蓝天保卫战三年行动计划》（国发〔2018〕22 号）两文件所要求加快完成的农村污水处理以及饮用水供应、垃圾收集与焚烧发电、农村人居环境整治、健康、养老等密切关系民生的工程、基础设施补短板工程，文化、体育、旅游等基本公共服务均等化领域有一定收益的公益性工程以及国家认为必须建设的其他重点工程了。除此之外，整个 PPP 市场已基本归于沉寂。

风暴之后，地方政府不再轻言 PPP，业内有人迷茫、有人彷徨、有人准备退出或已退出 PPP 行业。大家心底存疑：中国 PPP 何去何从？

其实，不必那么悲观。PPP 模式在国外已经有了几十年的应用与经验总结，是一种有效的投融资模式与项目管理模式，在公共领域运用 PPP 模式早成常态，成效显著。我国借鉴其精华，洋为中用，已成为我国一种既定的经济政策，是党中央新发展理念在社会主义新时代经济建设中的具体体现。它创新了公共服务供给模式，激发了市场活力和社会创造力，推动了经济发展的高质量变革和高效率变革，是发挥市场在资源配置中的决定性作用和发挥政府的主导作用相结合的成功实践，是一种具有旺盛生命力的经济建设模式，必将继续为我国新型城镇化基础设施建设做出积极贡献。为此，财政部 2019 年 3 月 7 日发布《关于推进政府和社会资本合作规范发展的实施意见》（财金〔2019〕10 号），再次做出了肯定的回应。该文重申，"在公共服务领域推广运用政府和社会资本合作（PPP）模式，引入社会力量参与公共服务供给，提升供给质量和效率，是党中央、国务院做出的一项重大决策部署"。这一表述与五年前的财金〔2014〕76 号文一脉相承。但 PPP 必须规范发展，《意见》进一步提出了 PPP 规范发展四项总原则、新上政府付费项目三项审慎要求、规范运作五项不得、规范 PPP 项目的六项条件，以及四项风险提示等一系列要求[注2]，严密防控地方政府隐性债务风险。

三、PPP 应用的规范发展，应完善项目前期的技术准备

财金〔2019〕10 号文的严格要求将成为今后 PPP 规范发展的行动指南，必须不折不扣地遵循与坚决执行。此外，在 PPP 项目启动时，还应在前期准备的技术层面上做好如下工作。

（一）PPP 项目要符合规划或做好相关规划的制订或修订调整工作

PPP 项目必须符合城市或区域未来发展规划的要求，要与城市的中长期社会经济发展规划相衔接，与城市产业规划、交通路网规划、水电气管线规划、文教卫体发展规划、环境治理规划、给排水综合布局规划、美丽乡村建设与人居环境整治规划等行业或专项发展规划相衔接。如果不符合这些规划就不能建设。如果有理由必要建设，就必须按程序修订相关规划甚至重新制订相关规划，以避免违规违法或重复建设和不合理建设，确保拟建 PPP 项目的建设任务是实施本地区规划的一部分，能带动与促进区域社会经济的可持续性发展。

（二） PPP 项目的建设要首先完成项目立项、可行性研究报告的编制

可研报告要通过专家评审，图纸要通过专家审核，施工要获得施工许可证，用地要先有预审，建设要有规划条件。要获取发改委、规划、国土、住建、环境、能源等相关专业部门的相关批准或批复文件，完成工程建设的相关法定手续，务必实现 PPP 项目建设程序合法化，避免政策法律风险。

（三） PPP 项目应做好地质勘探优化设计方案

PPP 项目中有重大建构筑物工程区域要做好地质勘察，深化、优化建设方案的设计。要对 PPP 项目用地内的总平图布局、功能分区、人流车流物流、供水供电供气、信息化智能化管理、节能环保、安全卫生、绿色建筑、资源保护、水土保持、污水与垃圾处理等方案进行全面审查，要通过专家论证评审、民主决策，以确保项目的建设能最大限度地维护社会公共利益，实现社会公共利益最大化。

（四） PPP 项目要明确功能定位，合理确定建设内容与投资规模

2018 年 10 月 11 日，《国务院办公厅关于保持基础设施领域补短板力度的指导意见》（国办发〔2018〕101 号）要求 "加强政府和社会资本合作（PPP）项目可行性论证，合理确定项目主要内容和投资规模"。2019 年 6 月 21 日，国家发展改革委发布《关于依法依规加强 PPP 项目投资和建设管理的通知》（发改投资规〔2019〕1098号），更加明确地要求，"PPP 项目可行性论证既要从经济社会发展需要、规划要求、技术和经济可行性、环境影响、投融资方案、资源综合利用以及是否有利于提升人民生活质量等方面，对项目可行性进行充分分析和论证，也要从政府投资必要性、政府投资方式比选、项目全生命周期成本、运营效率、风险管理以及是否有利于吸引社会资本参与等方面，对项目是否适宜采用 PPP 模式进行分析和论证"。要通过这些论证，确定 PPP 项目建设内容、建设规模是否合适、是否实用，技术方案是否可行、是否先进，以确保项目建设满足国家经济建设与民生需求，充分显示其建设的必要性、可行性与合理性。

（五） PPP 项目要高度重视可行性研究报告的编制

建设项目的可行性研究报告全面体现了上述国务院、发改委文件精神，收集、集中了 PPP 项目建设的主要基础资料，拥有项目建设内容、建设规模、建设方案、质

量要求、投资估算、效益分析、财务评价等完整的基础数据链。它们是《PPP 项目合同》、采购文件、产出说明、绩效考核以及物有所值评价报告、财政承受能力评价报告和项目实施方案、中期评估等系列文件或工作的重要基础资料来源，也是社会资本方进行自我能力判断、决定是否参与竞争的依据。政府部门应为咨询单位进行 PPP 项目建设的可行性研究提供必要的规划文件、地质勘探和设计图纸等技术文件的支持，协助与配合咨询机构进行科学论证。

如果 PPP 项目已经做过可行性研究报告，但不完善，还要再次"回炉重铸"。如果项目的内容或可行性研究报告的内容有很大实质性的变动，例如，建设地址变更或用地边界超越原定红线，建设内容超过原定范围，建设规模超过原定数量，建设方案超过原定设计，投资估算超出原已批准额度的 10％以上等情况，都需要重做论证、重做设计、重做可研报告、重新获取政府批复。这在 2019 年 7 月 1 日起施行的《政府投资条例》（国务院令第 712 号）中有着明确的规定："经投资主管部门或者其他有关部门核定的投资概算是控制政府投资项目总投资的依据。初步设计提出的投资概算超过经批准的可行性研究报告提出的投资估算 10％的，项目单位应当向投资主管部门或者其他有关部门报告，投资主管部门或者其他有关部门可以要求项目单位重新报送可行性研究报告"。其他地方政府也发文要求，例如《长沙市政府投资建设项目管理办法》第三十条（二）规定："项目初步设计概算超过可行性研究报告批复估算 10％的（不含征地拆迁补偿费和管线迁改费），或建设地点发生变化以及建设规模、方案设计等发生重大变更的，投资主管部门可以要求项目建设单位重新编制和报批可行性研究报告；或要求项目建设单位严格按照可行性研究报告批复修改初步设计及概算，重新报批"。

（六）要做好"一案两报告"，并经专家评审、政府批准

要认真负责地做好 PPP 项目的《物有所值评价报告》《财政承受能力论证报告》和《实施方案》，简称"一案两报告"。《物有所值评价报告》解决拟建项目"可不可以"采用 PPP 模式建设的问题，《财政承受能力论证报告》解决地方政府"有没有钱"为 PPP 项目承担必要财政支付责任的问题，《实施方案》解决 PPP 项目"如何实际操作"的问题。"一案两报告"是 PPP 项目的基本文件，一定要按要求编制好。要在《物有所值评价报告》和《财政承受能力论证报告》中准确测算相关财务数据，为政府提供相对真实的支出责任；要在《实施方案》中明确项目建设内容与规模、产出内容与标准、风险分配、项目运作方式、收益来源、投资回报与绩效考核、项目退出与

移交，以及在合同体系中明确合作双方或多方的权利与义务等边界条件。其中，最重要的是增强底线思维，政府不得违规举债和固化政府支付责任，要杜绝一切形式的担保、承诺、兜底等，确保不为地方政府增加隐形债务。

同时，务必聘请相关专业专家对"一案两报告"进行评审，给出评审结论并经政府主管部门批准，获取批复文件。

（七）要在政策底线上创新

PPP 项目通过大规模清理整治后，如何继续进行项目建设？很多人开始寻求新的"创新"的方式。但无论什么创新，终要落实到具体工程项目上来，落实到项目是否符合区域社会经济发展规划、项目建设内容与建设规模是否必要、建设方案是否可行、怎样获得国土资源的使用权、需要多少投资上来。特别是资金从哪里来，用什么收益归还本息。应该明白：无论是从金融机构融资还是民间借贷，无论是通过发行专项债筹集还其他方式筹集，借债都是要还的。因此，务必认真研究项目是什么产业、有怎样的产出效益、投资怎么回收和债务如何归还，制订好融资项目的资金平衡方案。而这些，都涉及国家方方面面的法律法规与政策，是绕不开的"话题"。国家法律法规与政策是国家意志的体现，也是全民步调一致的行动号令。同时，国家法律法规与政策还会根据政治经济形势的发展而不断与时俱进地进行调整与改变，执行者也要敏锐地跟进，令行禁止。既然绕不开，就只能认认真真地研究、理解并坚决贯彻与执行，在国家法律法规政策底线以上去创新。否则，不但想办的事必定半途而废，还要承担相关责任。

四、结束语

PPP 模式雷厉风行应用四年，对我国经济发展有着极大的促进作用，但也因应用的泛化滥化而导致了种种严重问题。依据国发〔2014〕43 号文和财办金〔2017〕92 号文的要求，对全国 PPP 项目进行强力清理整治，十分及时、十分必要。但 PPP 模式在我国尚属新生事物，出现于我国特定的经济发展时期，有起伏并不为怪。这恰恰证明，党中央有着全面掌控国家机器的能力。财政部《关于推进政府和社会资本合作规范发展的实施意见》（财金〔2019〕10 号）提出的 PPP 模式应用若干规范要求，必须严格执行。国家经济建设永不停步，全国新型城镇化建设正在积极推进。PPP 模式在我国没有何去何从的疑问，而是必将继续实施，但必须规范发展。如此，才能行稳致远。

[注1]

一、属于三类十种情形的 PPP 项目不得入库：

一类（4 种情形）. 不宜采用 PPP 模式实施的项目，包括：

1. 不属于公共服务领域，政府不负有提供义务的项目。

2. 涉及国家安全或重大公共利益的项目，不适宜由社会资本承担的项目。

3. 仅有工程建设，无运营内容的项目。

4. 其他不适宜采用 PPP 模式实施的项目。

二类（3 种情形）. 前期准备工作不到位的 PPP 项目，包括：

1. 新建、改扩建项目未按规定履行相关立项审批手续的项目。

2. 涉及国有资产权益转移的存量项目未按规定履行相关国有资产审批、评估手续的项目。

3. 未通过物有所值评价和财政承受能力论证的项目。

三类（3 种情形）. 未建立按绩效付费机制的 PPP 项目，包括：

1. 通过政府付费或可行性缺口补助方式获得回报，但未建立与项目产出绩效相挂钩的付费机制的项目。

2. 政府付费或可行性缺口补助在项目合作期内未连续、平滑支付，导致某一时期内财政支出压力激增的项目。

3. 项目付费不合理的项目：项目建设成本不参与绩效考核，或实际与绩效考核结果挂钩部分占比不足 30%，固化政府支出责任的项目。

二、属于七类二十七种情形的已入库 PPP 项目必须清理出库：

一类（4 种情形）. 不宜采用 PPP 模式实施但已入库的 PPP 项目，包括：

1. 不属于公共服务领域，政府不负有提供义务的项目。

2. 涉及国家安全或重大公共利益的项目，不适宜由社会资本承担的项目。

3. 仅有工程建设，无运营内容的项目。

4. 其他不适宜采用 PPP 模式实施的项目。

二类（3 种情形）. 前期准备工作不到位但已入库的 PPP 项目，包括：

1. 新建、改扩建项目未按规定履行相关立项审批手续的项目。

2. 涉及国有资产权益转移的存量项目未按规定履行相关国有资产审批、评估手续的项目。

3. 未通过物有所值评价和财政承受能力论证的项目。

三类（2 种情形）. 未按规定开展"两个论证"但已入库的 PPP 项目，包括：

1. 已进入采购阶段但未开展物有所值评价或财政承受能力论证的项目（2015 年 4 月 7 日前进入采购阶段但未开展财政承受能力论证以及 2015 年 12 月 18 日前进入采购阶段但未开展物有所值评价的项目除外）。

2. 虽已开展物有所值评价和财政承受能力论证，但评价方法和程序不符合规定的项目。

四类（3 种情形）. 不宜继续采用 PPP 模式实施但已入库的 PPP 项目，包括：

1. 入库之日起一年内无任何实质性进展的项目。

2. 尚未进入采购阶段但所属本级政府当前及以后年度财政承受能力已超过 10% 上限的项目。

3. 项目发起人或实施机构已书面确认不再采用 PPP 模式实施的项目。

五类（5 种情形）. 不符合规范运作要求但已入库的 PPP 项目，包括：

1. 未按规定转型的融资平台公司作为社会资本方的项目。

2. 采用建设—移交（BT）方式实施的项目。

3. 采购文件中设置歧视性条款、影响社会资本平等参与的项目。

4. 未按合同约定落实项目债权融资的项目。

5. 违反相关法律和政策规定，未按时足额缴纳项目资本金、以债务性资金充当资本金或由第三方代持社会资本方股份的项目。

六类（4 种情形）. 违法违规举债担保但已入库的 PPP 项目，包括：

1. 由政府或政府指定机构回购社会资本投资本金或兜底本金损失的项目。

2. 政府向社会资本承诺固定收益回报的项目。

3. 政府及其部门为项目债务提供任何形式担保的项目。

4. 存在其他违法违规举债担保行为的项目。

七类（6 种情形）. 未按规定进行信息公开但已入库的 PPP 项目，包括：

1. 违反国家有关法律法规，所公开信息与党的路线方针政策不一致的项目。

2. 公开信息涉及国家秘密、商业秘密、个人隐私和知识产权的项目。

3. 公开信息可能危及国家安全、公共安全、经济安全和社会稳定的项目。

4. 公开信息可能损害公民、法人或其他组织合法权益的项目。

5. 未准确完整填写项目信息，入库之日起一年内未更新任何信息的项目。

6. 未及时充分披露项目实施方案、物有所值评价、财政承受能力论证、政府采购等关键信息的项目。

[注2]

一、PPP规范发展四项总原则

1. 规范运行。健全制度体系，明确"正负面"清单，明确全生命周期管理要求，严格项目入库，完善"能进能出"动态调整机制，落实项目绩效激励考核。

2. 严格监管。坚持必要、可承受的财政投入原则，审慎科学决策，健全财政支出责任监测和风险预警机制，防止政府支出责任过多、过重加大财政支出压力，切实防控假借PPP名义增加地方政府隐性债务。

3. 公开透明。公平、公正、公开择优采购社会资本方。用好全国PPP综合信息平台，充分披露PPP项目全生命周期信息，保障公众知情权，对参与各方形成有效监督和约束。

4. 诚信履约。加强地方政府诚信建设，增强契约理念，充分体现平等合作原则，保障社会资本合法权益。依法依规将符合条件的PPP项目财政支出责任纳入预算管理，按照合同约定及时履约，增强社会资本长期投资信心。

二、新上政府付费PPP项目三项审慎要求

1. 财政支出责任占比超过5%的地区，不得新上政府付费项目。按照"实质重于形式"原则，污水、垃圾处理等依照收支两条线管理、表现为政府付费形式的PPP项目除外；

2. 采用公开招标、邀请招标、竞争性磋商、竞争性谈判等竞争性方式选择社会资本方；

3. 严格控制项目投资、建设、运营成本，加强跟踪审计。

三、规范运作五项不得

严格按照要求实施规范的PPP项目，不得出现以下五类行为：

1. 存在政府方或政府方出资代表向社会资本回购投资本金、承诺固定回报或保障最低收益的。通过签订阴阳合同，或由政府方或政府方出资代表为项目融资提供各种形式的担保、还款承诺等方式，由政府实际兜底项目投资建设运营风险的。

2. 本级政府所属的各类融资平台公司、融资平台公司参股并能对其经营活动构成实质性影响的国有企业作为社会资本参与本级PPP项目的。社会资本方实际只承担项目建设、不承担项目运营责任，或政府支出事项与项目产出绩效脱钩的。

3. 未经法定程序选择社会资本方的。未按规定通过物有所值评价、财政承受能力论证或规避财政承受能力 10% 红线，自行以 PPP 名义实施的。

4. 以债务性资金充当项目资本金，虚假出资或出资不实的。

5. 未按规定及时充分披露项目信息或披露虚假项目信息，严重影响行使公众知情权和社会监督权的。

四、规范 PPP 项目的六项条件

规范的 PPP 项目应当符合以下条件：

1. 属于公共服务领域的公益性项目，合作期限原则上在 10 年以上，按规定履行物有所值评价、财政承受能力论证程序；

2. 社会资本负责项目投资、建设、运营并承担相应风险，政府承担政策、法律等风险；

3. 建立完全与项目产出绩效相挂钩的付费机制，不得通过降低考核标准等方式，提前锁定、固化政府支出责任；

4. 项目资本金符合国家规定比例，项目公司股东以自有资金按时足额缴纳资本金；

5. 政府方签约主体应为县级及县级以上人民政府或其授权的机关或事业单位；

6. 按规定纳入全国 PPP 综合信息平台项目库，及时充分披露项目信息，主动接受社会监督。

对于规避上述限制条件，将新上政府付费项目打捆、包装为少量使用者付费项目，项目内容无实质关联、使用者付费比例低于 10% 的，不予入库。

五、四项风险提示

1. 确保每一年度本级全部 PPP 项目从一般公共预算列支的财政支出责任，不超过当年本级一般公共预算支出的 10%。

2. 新签约项目不得从政府性基金预算、国有资本经营预算安排 PPP 项目运营补贴支出。

3. 建立 PPP 项目支出责任预警机制，对财政支出责任占比超过 7% 的地区进行风险提示。

4. 对超过 10% 的地区严禁新项目入库。

PPP 项目《实施方案》
编制动态模式与解说

解说①：采用 PPP 模式建设的项目必须编制《物有所值评价报告》《财政承受能力论证报告》和《实施方案》三份文件，通俗称之为"一案两报告"。《PPP 项目的物有所值评价报告》解决的是拟建项目"可不可以"采用 PPP 模式建设的问题；《财政承受能力论证报告》解决的是政府财政有没有能力承受本 PPP 项目和以往已做 PPP 项目应当承担的政府支付责任的问题；《实施方案》解决的是 PPP 项目具体"怎么操作"的问题。"一案两报告"是 PPP 项目的三篇姊妹篇文件，认真编制好"一案两报告"并经专家评审和相关部门批准是项目采用 PPP 模式进行建设的前置条件，也是 PPP 项目在项目识别和项目准备阶段必做的主要工作和必经的工作程序。没有经专家论证的"一案两报告"的项目是不会被批准采用 PPP 模式建设的。

财金〔2014〕113 号文规定："对于列入年度开发计划的项目，项目发起方应按财政部门的要求提交相关资料。新建、改建项目应提交可行性研究报告、项目产出说明和初步实施方案；存量项目应提交存量公共资产的历史资料、项目产出说明和初步实施方案"；"通过物有所值评价和财政承受能力论证评价的项目，可进行项目准备"。在项目准备阶段，"项目实施机构应组织编制项目实施方案"。由此，这三份文件的完成本应有先后次序，分步进行。即第一步，确定项目建设"可不可以"采用 PPP 模式建设。确定"可不可以"采用 PPP 模式，应经先后两次评价：第一次评价，从社会价值层面设置评价指标，做物有所值定性评价。按照财金〔2015〕167 号文要求，设置定性评价指标，请专家评判打分。综合评价分值在 60 分以下，"不通过定性评价"；60 分以上，"通过定性评价"。"通过"定性评价的，进行第二次评价，从经济价值层面计算 PSC 值、PPP 值和 VFM 量值，做物有所值定量评价。VFM 量值即 PSC－PPP 之差。如果 PSC－PPP ＜ 0，"不通过定量评价"；PSC－PPP ＞0，"通过定量评价"。"通过"定性、定量评价的，继续往下走。第二步，确定当地政府财政有没有能力承受本 PPP 项目和以往已做 PPP 项目应当承担的政府支付责任（即政府"有没有钱做"PPP 项目）。确定"有没有能力"，要进行政府财政承受能力论证。《政府和社会资本合作项目财政承受能力论证指引》（财金〔2015〕21 号）第二十五条规定：每一年度全部 PPP 项目需要从预算中安排的支出责任占一般公共预算支出比例应当不超过 10%。财承论证不超过 10% 的，再往下走。第三步，确定 PPP 项目"怎么操作"。确定"怎么操作"，要编制 PPP 项目实施方案，收集各种相关基础信息、理清各种相关法律关系、边界条件、操作程序等等。拟建项目"可不可以"采用 PPP 模式建设、政府财政"有没有能力"承受应当支出的支付责任，以及 PPP 项目在今后漫长的合作期内"怎么具体操作"，这三层关系是一种一步一个脚印的递进关系。

然而，在三份文件的编制实践中，各文件里的资料与结论是互相交叉又互相共享，甚至互为前提的。例如，财金〔2014〕113 号文第七条说，对于列入年度开发计划的项目，无论是新建、改建还是存量项目，项目发起方都应按财政部门的要求提交包括初步实施方案在内的相关资料。然后，进行物有所值定性评价、定量评价和财承论证，再由项目实施机构组织编制项目实施方案。可是，"初步实施方案"和"实施方案"没有明确的边界，而物有所值定性评价、定量评价和财承论证的基础资料与实施方案的相关主要基础信息资料又是完全一致的。于是，在实践中，这三份文件是同时组织完成的，这样既可使资料共享，又可使相关表述、相关数据计算保持完全一致。

所有 PPP 项目的"一案两报告"必须遵循国务院及国家各部委发布的相关政策指导性文件，其中财金〔2014〕113 号文、财金〔2015〕21 号文、财金〔2015〕167 号文、财金〔2014〕156 号文及其附件《PPP 项目合同指南（试行）》、发改投资〔2014〕2724 号文及其附件《政府和社会资本合作项目通用合同指南（2014 年版），以及发改投资规〔2019〕1098 号文等均详细地规定了编制 PPP 项目"一案两报告"的基本内容与要求。但这些文件均为指导性文件而不是一个实操模块，于是在实践中，各个 PPP 咨询机构在编制"一案两报告"时均按照各自的理解各行其是，以致使"一案两报告"文本质量良莠不齐、详略不等，有的甚至看不明、读不懂，必将给今后漫长岁月里的项目实施带来重重困难。PPP 项目合作期很长，为了使合作双方能"长治久安"地将合作项目持续健康地运行，编制规范化的能集中 PPP 项目要核的"一案两报告"就显得十分必要。本模式是基于对 PPP 政策文件的理解和 PPP 实际工作经验的一份总结，试图将"一案两报告"梳理出一个较为完整的通畅的脉络与架构，使文件编制者能够讲明白，使文件使用者能够看明白"一案两报告"到底是怎么回事，少留后患，以利于后继者的顺利执行。

但是，每个具体 PPP 项目所在领域不同、建设性质不同、建设内容与规模不同、产出内容与目的不同，"一案两报告"的内容也有较大差别。为此，应根据具体项目因势而为，故本模式称为"动态模式"。"模式"不是"模板"，也不是"公式"，最忌生搬硬套，需要有悟性地理解与应用，通过不断地实践与总结，将"一案两报告"撰写得更符合要求更可操作就好了。

另外，政府与社会资本合作的项目有新建项目和存量资产项目。新建项目主要采取两种运作方式，一是建设—运营—移交（BOT），是指由社会资本或项目公司承担新建项目设计、融资、建造、运营、维护和用户服务职责，合同期满后项目资产及相关权利等移交给政府的项目运作方式。二是建设—拥有—运营（BOO），由 BOT 方式演变而来，二者区别主要是 BOO 方式下社会资本或项目公司拥有项目所有权，但必须在合同中注明保证公益性的约束条款，一般不涉及项目期满移交。这是两种最基本的运作方式，其他都是根据项目特点和具体情况衍生而来的。本文阐述的 PPP 项目"一案两报告"编制动态模式与解说也是以 BOT 运作方式为基础进行的。

对国有存量资产项目，运作方式比较多样，有委托运营（O&M），转让—运营—移交（TOT）、改建—运营—移交（ROT）、转让—拥有—运营（TOO）、租赁—运营—移交（LOT）等等。在编制这些项目的"一案两报告"时，其格式与内容是一样的，却又有其根本不同点：必须阐述清楚政府与社会资本对存量资产如何处理的问题。要依法清产核资，核查存量资产的内容与数量，并进行资产评估，确认存量资产价格。如果需要进行某种形式的转让，一定要依法行事，确保国有资产不流失不贱卖，运营中要保值增值。

（可参看本书下篇《创新 ROT 转让运作方式，加快存量项目重焕新生》及其注释）

解说②：综合财金〔2014〕113 号文及其他相关文件要求《实施方案》应分章阐述以下内容：一、项目基础信息，二、项目建设背景及 PPP 项目建设必要性与可行性论证，三、风险分配基本框架，四、项目运作方式，五、项目交易结构，六、合同体系，七、项目监管架构，八、社会资本采购，九、"两报告"主要内容摘录，另加相关附件。

目录（略）

PPP 项目核心内容摘要表

解说：《PPP 项目核心内容摘要表》的摘要不是"实施方案"的内容摘要，而是整个 PPP 项目的内容摘要。因"实施方案"是"两报告"完成之后的文件，故要摘录"三份文件"最后完成稿的核心内容，以使阅读者、评审专家和审批机构能一目了然地获知本 PPP 项目的主要信息，有利于对本 PPP 项目的全面了解。在实践中，"一案两报告"均会经多次修改调整，"核心内容摘要"也应及时跟进，避免与正文内容不符。

PPP 项目核心内容摘要（参考表式）

序号	核心类别	核心类别	核心内容	备注
1	项目概况	PPP 项目名称		
		项目类型	新建（改扩建）	
		所属行业		
		主要建设内容与规模		
		主要产出说明		
		总投资		
		采用 PPP 模式的必要性论证要点		
		采用 PPP 模式的可行性论证要点		
2	风险分配	风险识别		
		项目风险分配机制		
		风险分配结果		
3	运作模式与移交方式	运作模式		
		移交方式		

续表

序号	核心类别		核心内容	备注
4	交易结构	实施机构		
		政府授权出资代表		
		特许经营期		
		合作范围		
		股权结构		
		资本金		
		其中：政府出资		
		社会资本出资		
4	交易结构	债务资本		
		全投资内部收益率		
		回报机制		
		相关配套安排		
5	合同体系	合同类型		
6	监管架构	绩效考核		
		监管方式		
7	政府采购	社会资本方采购方式要点		
		社会资本方一般资格条件		
		社会资本方特定资格条件		
		采购标的		
		评标办法		
8	物有所值评价	定性评价	专家评价得分	
		定量评价	PSC 值	
			PPP 值	
			物有所值量值	
9	财政承受能力论证	财务测算主要参数		
		本项目运营期政府支出责任		
		全部 PPP 项目支出责任合计		
		全部支出占预算支出最高比％		

编制说明

解说： 一份正规的专业性与应用性很强的《方案》或《报告》类文件，一般都应于正文前设置《编制说明》。《编制说明》主要交代文件编写中的有关背景性信息，以帮助读者对正文进行理解。它主要有三方面的信息：编制背景、编制目的和文件的编制依据。

"编制背景"，该"背景"不是本项目"建设"的背景，而是本《方案》或《报告》是在什么情况下编制的，有什么样的过程，以及有什么"特别问题"需要交代。这些"特别问题"多涉及文件编制中对相关内容的表述、变动因素或者一些有歧义问题的处理方式等，因具体项目不同而不同。

"编制目的"，就是阐述为什么要编制这份《方案》或《报告》文件，其用意或意图何在，这份文件要解决什么问题，文中内容对《方案》或《报告》所涉事物将产生怎样的影响。

"编制依据"，主要罗列在《方案》或《报告》编制时所直接参照、所必须遵循的国家和地方政府颁布的相关法律法规、政策制度等文件以及与本项目建设相关的行业工程技术规范和标准类文件，其中重点突出国家关于 PPP 方面的指导性政策文件。此外，除了罗列参照与遵循的文件外，还要罗列一些对《方案》或《报告》所涉内容有指导与约束作用的相关文件，违反了这些文件的相关规定将导致项目难以实施。

但应注意，这类法律法规、政策制度、标准规范等文件非常非常多，且是在不断更新的"进行时"，应依据《方案》或《报告》所涉具体内容选用当下有效的现行文件。例如，在编制具体 PPP 项目的《实施方案》时，应根据城镇基础设施类项目、环境治理类项目、污水垃圾处理类项目、工业产业园或特色小镇类项目等不同项目性质类型，有针对性地选用现行的不同的相关法律、法规、政策、规范和标准等文件。

一、编制背景（参考）

《政府和社会资本合作模式操作指南》（财金〔2014〕113 号）指出，"通过物有所值评价和财政承受能力论证评价的项目，可进行项目准备"。编制项目实施方案，是实施机构在项目准备阶段中最重要的工作。本 PPP 项目启动后，××市人民政府即授权××（部门）为本 PPP 项目实施机构，具体组织编制本 PPP 项目的《实施方案》。

本 PPP 项目在 2017 年 2 月启动，当时纳入项目的建设内容比较多，总投资额度较大，相关方案还在商定中。2017 年 11 月 10 日财政部《关于规范政府和社会资本合作（PPP）综合信息平台项目库管理的通知》（财办金〔2017〕92 号）、2019 年 3 月 7 日财政部《关于推进政府和社会资本合作规范发展的实施意见》（财金〔2019〕10 号）、2019 年 4 月 14 日《政府投资条例》（国务院令第 712 号）和 2019 年 6 月 21 日《国家发展改革委关于依法依规加强 PPP 项目投资和建设管理的通知》（发改投资规〔2019〕1098 号）等文件发布后，××市人民政府依据上述文件的要求对本 PPP 项目的建设必要性和可行性进行了重新论证，调整确定了合理的建设内容与投资规模。本《实施方案》就是在这个基础上编制的，并经过多轮讨论修改后定稿。《实施方案》中引用的法律法规、政策制度以及相关行业规范标准都是指导本《实施方案》编制时的现行有效文件。

二、编制目的

"实施方案"是为了解决 PPP 项目正式启动后政府和社会资本将如何合作、社会资本或项目公司将如何具体操作与推进本 PPP 项目的建设、运营与期满移交的问题。为此，编制本 PPP 项目实施方案时，收集了建设本项目的相关文件，包括本项目建设的项目建议书、可行性研究报告、土地使用、规划条件、存量资产及其评估报告等文件，以及政府为这些文件所下达的批复、为该项目采用 PPP 模式下达的关于对实施机构和出资代表的授权文件等；并确认了一系列边界条件，包括社会资本方的采购程序与采购条件、项目产出说明、运作方式、股权结构、政府与社会资本合作双方的权利与义务、投融资结构、投资回报机制，调价机制，监管、介入、退出与合作期满后移交机制等等。《实施方案》是本 PPP 项目建设运营 30 年的行动纲领与指南，是政府与社会资本合作建设、共同运营本 PPP 项目的具体办法，也是解决今后实施中所遇纠纷时的法律依据。

三、编制依据

1. 国家相关文件（略）
2. 地方相关文件（略）
3. 主要工程技术规范及标准（略）

第一章　项目基础信息

解说：《实施方案》的第一章"项目基础信息"非常重要，它应概括本项目已经确定的全部相关资料。这些基础信息是物有所值定性评价分析、定量评价分析、财政承受能力论证分析和编制本 PPP 项目实施方案必不可少的信息资源。它主要包括两类，一是表明项目属性特征的定性概念或者定性的表述。二是表明项目数量和质量特征的各类经济技术指标。这些信息来源于本 PPP 项目建设的可行性研究报告、PPP 项目采购文件、工程设计文件、国土与规划文件以及政府对本 PPP 项目的相关决议、批复、授权书等文件。基础信息是"一案""两报告"共享的信息资源，必须保持完全一致。

一、项目概况

1. **项目名称**（略）
2. **项目类型**（略）
3. **项目所在地**（附项目区位图）
4. **项目所属行业**（例如：环境治理）
5. **项目实施机构**（略）
6. **出资代表**（略）
7. **项目公司与股权结构**

根据财政部《关于规范政府和社会资本合作合同管理工作的通知》（财金〔2014〕156 号）精神，本项目由政府和社会资本共同出资设立项目公司。

本项目由政府方指派的出资代表××公司与中标社会资本方按股权比例出资组建项目公司，政府方出资代表拟持股×％；社会资本方拟持股×％。政府的持股比例低于 50％且不具有实际控制力及管理权。

本 PPP 项目公司为有限责任公司，按照《中华人民共和国公司法》和《公司登记管理条例》等规定注册登记。社会资本方在本项目公司中持有公司的多数股权，能确保对项目公司拥有持续的实际控制权。

8. 项目合作期限

解说：按照财政部《关于印发政府和社会资本合作模式操作指南（试行）的通知》（财金〔2014〕113 号）、财政部《关于进一步做好政府和社会资本合作项目示范工作的通知》（财金〔2015〕57 号）、国务院《基础设施和公用事业特许经营管理办法》（2015 年第 25 号令）等相关文件精神，合作期最长不超过 30 年。

本项目为××类项目，参考其他同类 PPP 项目，本项目合作期限设定为×年，其中建设期为×年，运营期为××年。建设期自监理工程师发出的开工令之日起计算，运营期以项目验收合格交付使用之日起计算至项目移交完毕之日止。

9. 股权锁定与退出机制

本项目合作期内，股权锁定期为自项目建设完成，竣工验收合格交付使用并正式商业运营之日起五年，该五年内，非应法律要求或报经政府方书面批准，且受让方须具有与转让方同等资质与对本项目同等运营能力，否则，社会资本不得转让其持有的项目公司股权。但联合体成员内部转让及转让给社会资本方内部的直接关联方除外。在上述所指满五年之后，社会资本方可根据实际情况进行股权转让，转让与上述条件相同。

上述股权锁定与退出机制（包括正常退出和不可抗力导致的项目终止解散等非正常退出）应在《PPP 项目合同》中约定。

解说：为避免社会资本方的短期投机行为，保持项目管理运营的有机连续性，促进项目健康稳定发展，在最终股权转让后，建议原持最大股份的社会资本方仍须持有不低于原持股份的 10% 的股份。

二、建设内容与规模

解说："项目建设内容与规模"是指本项目"建什么"与"建多少"的定性与定量指标，其文字表述与数据应完全依据经批准的可研报告和经批准的施工图设计所记述的全部单项工程名称和工程数量。这是项目最基本的要素，是项目存在与运营的物质基础。在"项目建设内容与规模表"里，应详细列出全部工程名称和工程数量。

1. 建设内容与规模（参考）

根据本项目前期论证的可行性研究报告及本市发展和改革委（局）《关于××项目可行性研究报告的批复》（××文号），本项目主要建设内容包括××环境治理工程、××垃圾焚烧发电工程。

2. 建设内容与规模汇总表

本项目规划范围总用地面积××m²（约××亩），其中建设用地面积×× m²；具体建设内容与规模详见方案 **01** 表。

方案 01 表　　　　　建设内容与规模汇总表（参考表式）

序号	建设内容	单位	指标	备注
1	××工程	…	……	
……	……	…	……	

3. 项目运营内容

解说：项目运营内容是指项目建成后做什么，通过运营项目的什么事项去实现这个项目的价值。例如自来水厂建成后，将为市区生产生活提供符合水质标准的净水。提供达标的净水就是自来水厂项目的运营内容。为了有效地源源不断地输出净水，还有一系列的工作要做，比如厂内设备设施应进行怎样的维护管理，达到什么样的完好标准；某些项目除主营业务内容外，还有广告经营、停车场及其他经营性内容。

实际运营内容主要包括××、××。最终以政府授予特许经营权为准，具体在《PPP 项目合同》中约定。

4. 项目总投资及投资构成

解说：财金〔2016〕92 号文规定，PPP 项目实施方案依据项目可行性研究报告编制。可研报告总投资在计算工程费用时，是根据工程各子项内容和工程量，及政府或行业主管部门公布的或市场调查的当期单位造价标准进行估算的。在计算建设期利息时，是以全部估算总投资为基数、以当期银行正常贷款利率计算的。而 PPP 项目因其竞争性，根据招标条件和投标承诺，投资中的工程费用可能会有所下浮而降低工程费用。建设期利息也只计债务资金利息，但融资利率却会要大大高于当期贷款利率。也有可能还有其他变动因素。这些因素都要求 PPP 项目总投资在可研报告基础上进行调整（参见本书上篇《〈卧龙湖北部园林景观工程可行性研究报告〉评析》[评析] 13.4）。

但在实践中，涉及 PPP 项目投资时，往往加上"最后投资以政府审计为准"。这种规定有违公平公正原则，应以"双方委托的审计机构的审计为准"。

经过专家论证并获市发改委批复的项目可行性研究报告上的项目总投资额为××万元。本项目采用 PPP 模式建设，一是只为资本金以外的债务资金融资，计利基数减少，但融资利率较高。本项目融资利率在"全国银行间同业拆借中心"每月 20 日公布的"市场报价利率"上浮了×％，为×％，需增加建设期利息××万元。二是工程费下浮和子项工程或子项工程量变动。因 PPP 项目是择优选择社会资本方，根据招标文件规定或投标文件承诺，总工程费用已下浮×个百分点。另外，××分项工程需增加费用××万元，××分项工程需减少费用××万元。以上原因已导致总投资发生重大变化。故 PPP 模式下的本项目总投资需在可研报告基础上进行调整。经核算，本 PPP 项目总投资为××万元，并以此为依据计算资本金。××PPP 项目总投资调整汇总详见方案 02 表。

方案 02 表　××PPP 项目总投资及投资构成调整汇总表（参考表式）

项目和费用名称		单位	金额		备注（调整说明）
			可研报告投资	PPP 项目投资	
项目总投资估算（动态）		万元			
第一部分	工程费用	万元			
……	列出分项工程名称	万元			
……	设备购置费	万元			设备清单
第二部分	工程建设其他费用	万元			
第三部分	预备费	万元			
第四部分	建设期利息	万元			
第五部分	土地费	万元			

5. 项目资金来源及筹措

本项目所需资金由项目资本金和债务资金两部分组成。本项目属《固定资产投资项目资本金制度的通知》（国发〔2015〕51 号）中所列的"电力等其他项目"，资本金比例执行"维持 20％不变"的规定。

本项目总投资××万元，资本金占 20％，为××万元。由投资人以自有资金出资，不计利息。

资本金以外的其余××万元为债务资金，占总投资的 80％。以项目公司为融资主体通过银行贷款或其他融资方式筹集。当项目公司融资受阻时，社会资本方应承担融资责任，以保证项目的顺利建成并正常运营。

建设期贷款利率在"全国银行间同业拆借中心"每月 20 日公布的"市场报价利率4.75％"基础上上浮×％，即按×％进行测算。政府方或社会资本方应对项目公司融资提供必要的协调与支持。项目资金筹措到位计划详见方案 03 表。

方案 03 表　　　　　　　项目资金筹措到位计划表（参考表式）

序号	项目	合计	建设期						备注
			第 1 年	％	第 2 年	％	第 3 年	％	
1	项目总投资								100％
1.1	资本金			60		40			总投资的 20％
1.1.1	政府资本金			60		40			资本金的 15％
1.1.2	社会方资本金			60		40			资本金的 85％
1.2	融资资金			30		50		20	总投资的 80％

6. 项目全投资内部收益率×％

解说： 社会资本方的投资回报边界可以设定为项目全投资内部收益率，也可以选择设定投资利润率。这两个指标是投资回报的关键指标，将影响整个项目的运营全程。需要事先进行研究测算并根据行业同类项目，综合确定一个框架幅度，然后，由社会资本方通过投标竞争确定，并列入《ppp 项目合同》条款中。

三、项目产出说明

解说： 财政部《关于印发政府和社会资本合作模式操作指南（试行）的通知》（财金〔2014〕113 号）说：产出说明（output specification），是指项目建成后项目资产所应达到的经济、技术标准，以及公共产品和服务的交付范围、标准和绩效水平等。这段话有两层意思，一是建设期产出的是项目建成后的"资产"，应实现的数量与应达到的经济、技术标准；二是运营期产出的，是"公共产品和服务"的交付范围、标准和绩效水平等。建设期的建设成果为项目的第一次产出。第一次产出是指本项目经审定批准的可研报告和建设施工图纸规定的需要建设的全部工程子项内容，以及根据工艺、工作要求必须配套购置安装的设备与设施。实际就是本项目的"建设内容与建设规模"部分。这是实现项目可用性功能的基础工程，是由货币资金转变而来的项目资产（固定资产）。这些资产应达到规定的数量、经济效果和竣工验收的技术标准。运营阶段的成果为项目的第二次产出。第二次产出是指项目建成后的资产（固定资产）的再产出。即资产投入运营后，就要生产出产品或者实现某些功能、提供某种服务。这些产品与服务有多少数量、多少品种（交付范围），以及执行哪些产品质量检验标准、能产生怎样的效益。

1. 项目产出内容

解说： 项目产出应表述两部分内容。第一部分是第一次产出的内容。例如，污水处理厂应按标准建好安装好并交付能使用的建构筑物、工艺设施与设备以及其他规定的附属工程。第二部分是项目的第二次产出内容。例如，污水处理厂应能按设计能力和工艺要求处理好规定的污水量和污泥量，并使出水水质达到规定的排放标准、产出污泥达到规定的含水标准，以及污水处理厂运营中的效率与效益。

这两部分产出缺一不可。所以，产出内容要在这两部分中阐述与列示。

根据本项目可行性研究报告及市发展和改革委（局）《关于××项目可行性研究报告的批复》（××文号），本项目产出成果包括项目建成后能投入使用的固定资产（工程内容与工程数量）、项目运营维护中产出的各品种产品、效益与效率。具体产出内容如下：

1.1 项目的建设内容与规模

解说：用表列出项目建设产出清单。

1.2 项目运营维护产出的产品、效益与效率

解说：用表列出项目运营维护产出清单。

2. 项目产出的基本标准

解说：项目产出的主要标准就是项目产出成果的质量标准、可用性标准、适应性标准。要分项目列出建设内容的质量标准和项目运营维护成果的质量标准，其中，有的有明确的国家、行业或地方标准，有的是可行性研究报告或设计文件规定或业主要求或社会已达成共识的普适性要求（例如定额）。具体项目要根据具体产出成果规定其质量标准，但均需列出标准名称和量化的指标数值。

2.1 项目建设内容的质量标准（参考）

本项目应符合住房和城乡建设部《建筑工程施工质量验收统一标准》（GB50300—2013）、《城市道路工程施工质量验收规范》（DGJ08—118—2005）、《园林绿化工程施工及验收规》（CJJ82—2012）等相关文件要求。

2.2 项目运营维护成果的质量标准

本项目运营维护成果质量标准以国家、省、市最新颁布的标准及《PPP 项目合同》约定的项目相关技术标准和要求为准。

解说：列出相关指标数值。

第二章 PPP 项目建设背景及必要性与可行性论证

一、项目建设背景与项目建设目标

1. 项目建设背景

解说："项目建设背景"应从"项目为什么建设和为什么在这个时候建设"的疑

问上、从宏观与微观的政治经济形势上导入分析因素，与可研报告中的建设背景是一致的，故可以概括可研报告中的建设背景内容作为本方案中建设背景内容的一部分。另一部分则要从"为什采用 PPP 模式建设"的疑问上分析，即从本地经济发展、民生需求与积极推行 PPP 模式的政策环境等方面做出背景分析。

2. 项目建设目标（参考提纲）

2.1　项目建设的经济目标

通过本项目的建设，实现主要的经济目标是……

解说： 阐述项目建成后能提供一些什么样的产品和服务，实现多少具体的实物量和价值量，或增加多少就业等可量化的目标。

2.2　项目运作的社会目标

2.2.1　打造区域性 PPP 标杆项目，形成公共产品和服务提供的示范效应。

2.2.2　严格遵循国家 PPP 相关规定，降低项目建设运营中市场风险。

2.2.3　社会资本的积极参与，有利于开拓融资渠道，盘活资金，加快项目建设速度，尽快为社会增加有效供给。

2.2.4　充分发挥社会资本方的专业运营能力，增加公共产品和服务的有效供给，提升公共服务水平。

二、本项目采用 PPP 模式意义概述（参考表述）

PPP（public-private partnership）即政府和社会资本合作模式，是公共基础设施建设的一种项目融资模式和市场化的公共产品和服务的供给机制。××市人民政府决定对××项目采用 PPP 模式建设，鼓励社会资本与政府进行合作，参与××市公共基础设施的建设和公共服务的供给。通过这种合作方式，合作各方可以就本项目达到与预期单独行动相比更为有利的结果。PPP 模式有着更低的建设和运营成本，可以优化项目建设运营风险分配，运用激励相容机制，促进合作双方更积极地提升管理和绩效水平、采用更规范的操作流程和更科学的技术手段为社会提供更多更优质的产品和更佳质量的公共服务；通过契约机制和社会公众监管，有效提高国家公共管理能力。

在××市当前财力较紧的情况下，市人民政府决定对本项目采用 PPP 模式建设，通过政府与社会资本合作建设运营，能有效拓宽项目融资渠道，缓解政府财政压力，平滑公共财政支出责任，提高财政资金管理效率，充分利用社会资本的投融资能力、技术优势和运营管理经验，加快本项目建设的进程，提高项目建成后的运营效率。

三、PPP 项目建设必要性与可行性论证

解说：2018 年 10 月 11 日，《国务院办公厅关于保持基础设施领域补短板力度的指导意见》（国办发〔2018〕101 号）要求："加强政府和社会资本合作（PPP）项目可行性论证，合理确定项目主要内容和投资规模。"2019 年 6 月 21 日，《国家发展改革委关于依法依规加强 PPP 项目投资和建设管理的通知》（发改投资规〔2019〕1098 号文）出台。该文指出："PPP 项目涉及公共资源配置和公众利益保障，其建设的必要性、可行性等重大事项应由政府研究认可。所有拟采用 PPP 模式的项目，均要开展可行性论证。PPP 项目可行性论证既要从经济社会发展需要、规划要求、技术和经济可行性、环境影响、投融资方案、资源综合利用以及是否有利于提升人民生活质量等方面，对项目可行性进行充分分析和论证，也要从政府投资必要性、政府投资方式比选、项目全生命周期成本、运营效率、风险管理以及是否有利于吸引社会资本参与等方面，对项目是否适宜采用 PPP 模式进行分析和论证。"

这是国家在总结了十八届三中全会以来，在基础设施领域大力推行 PPP 模式建设的成功与失败经验之后，对今后 PPP 项目建设提出的更严格的要求，是防止 PPP 模式应用泛化、滥化和防止增加政府隐形债务的重要举措。

PPP 项目建设必要性与可行性论证内容，部分可参考《建设项目可行性研究报告》里的项目建设必要性与可行性的内容。但可研报告里的项目建设必要性和可行性论证，主要从项目的建设对地方经济发展与解决当地民生需求层面上分析论证项目的建设有没有必要，从经济技术方案层面上分析论证项目的建设可行不可行，并通过方案比选，来确定最优最可行的方案。

PPP 项目建设的必要性与可行性论证范围更广，既包含了可研报告中微观经济技术方案层面的论证，也包括了社会、国家宏观上的资源综合利用、提升人民生活质量、政府投资、吸引社会资本参与等方面的论证。通过这些论证，来"合理确定项目主要内容和投资规模"。

但由于具体项目千差万别，不同的项目有不同的建设需求与理由，经济技术方案更无以穷尽。所以，论证具体项目的必要性与可行性时，务必针对"本项目"的实际情况，体现"本项目"个性特征，切忌"千篇一律、放之四海而皆准"，无的放矢。

这些论证，要详细可以千言万语长篇大论；要简短也可以言简意赅，说明白就行。

1. 项目采用 PPP 模式建设的必要性论证

解说：项目"采用PPP模式建设的必要性"和《建设项目可行性研究报告》里的"项目建设必要性"部分相同，但侧重不同。《建设项目可行性研究报告》的项目建设必要性，主要回答项目"要不要"建设的问题，项目有"建设必要性"是项目建设的前提，所有建设项目都要进行"项目建设必要性"的分析和论述。

"采用PPP模式的必要性"也包含了《建设项目可行性研究报告》里的项目建设必要性内容，故可以引用其中的相关资料。但PPP项目必要性还要论证本项目要不要"采用PPP模式"来建设，回答项目是采用传统的由政府"一家"建设还是采用政府和社会资本合作的"方式"来建设的问题。只有拟采用PPP模式建设的项目才进行"PPP模式必要性"的分析和论证。

（参考）

（1）采用PPP模式建设是加快地方经济建设、促进社会经济发展、满足地方经济发展规划要求的需要。

（2）采用PPP模式建设是拓宽项目建设融资渠道、减轻政府财政压力、平滑地方政府财政支出的需要。

（3）采用PPP模式建设本项目是降低项目全生命周期成本、提升项目管理水平、提高项目运营效率的需要。

（4）采用PPP模式建设是加强风险管理、降低和分散政府建设风险的需要。

（5）采用PPP模式建设是转变政府职能、强化政府监管能力的需要。

（6）采用PPP模式建设是充分发挥社会资本的融资、技术与管理优势、实现项目更高经济效益的需要。

（7）采用PPP模式建设是打造政府和社会资本利益共同体、促进区域经济长期发展的需要。

（8）采用PPP模式建设本项目是提升人民生活质量的需要。

综上所述，本项目采用PPP模式建设是十分必要的。

2. 项目采用 PPP 模式建设的可行性论证

解说："采用PPP模式的可行性"与《建设项目可行性研究报告》里的"项目建设可行性"部分相同，但侧重不同。《建设项目可行性研究报告》重点是分析项目

"在经济技术方案层面"的建设可行性，而且，一般是要先论证本项目建设的内容与规模是否"合理"。这个"合理"有的是指相关政策要求，例如政府办公用房建设标准、学校医院公安司法用房建设标准等；有的是指相关需求要求，例如，自来水厂的建设内容与规模由市政规划确定的拟建水厂供水半径内，预测人口发展、工商企业增长所需要的生产生活用水需求量确定；污水厂的建设内容与规模由市政规划确定的该厂纳污范围内各类雨污水排放量确定；有的是指相关设计能力要求，例如水利工程、电力工程的建设内容与规模等等。只有在建设内容与规模已经论证并确定相关规模"已合理"的情形下，才去分析论证经济技术方案层面上的其他可行性。

"PPP 项目建设可行性"应以发改投资规〔2019〕1098 号文的要求为分析论证内容。其中部分内容可以引用本项目的《建设项目可行性研究报告》里的"可行性"分析。而本项目采用 PPP 模式的可行性除了经济技术方案层面必须可行以外，还要分析论证本项目"采用 PPP 模式"建设的"这种"建设方式的可行性。

（参考）

（1）符合国家产业政策，符合国家和省市关于大力推广应用 PPP 模式进行基础设施建设的政策导向。

（2）为推进本 PPP 项目的建设，××市人民政府制定大量优惠政策予以支持。

（3）本项目是准经营型项目，有大量使用者付费内容，有很好的收益水平，不需要政府过多可行性缺口补助，不会形成政府的隐形债务。符合《国务院关于加强地方政府性债务管理的意见》（国发〔2014〕43 号）、《关于规范政府和社会资本合作（PPP）综合信息平台项目库管理的通知》（财办金〔2017〕92 号）和《财政部关于进一步加强政府和社会资本合作（PPP）示范项目规范管理的通知》（财金〔2018〕54 号）等文件精神。没有上述各文所列"违规举债""不得入库"与"清退出库"的相关情形。

（4）有利于吸引社会资本参与。

（5）技术和经济可行性、环境影响有利、投融资方案可行、资源综合利用可行。如上所述，本项目采用 PPP 模式建设是可行的。

第三章　风险分配

一、风险识别与风险描述

解说：要进行风险分配并制订风险防范与化解措施，首先应识别风险，即要搞清楚有些什么风险。风险识别就是根据本项目实际，分析、鉴别在项目建设运营中，有哪些可能影响项目正常建设运营、影响可持续健康发展、阻碍项目全过程各项既定目标实现的重大不利因素，以及这些不利因素产生的原因。这些起阻碍、破坏作用的重大不利因素就是"风险"。在识别风险时，可以先将风险分成大类，再在大类风险中设定子项风险。也可以不分大类，把识别出来的风险一项项列出来。搞清楚了有些什么风险就可以为风险分配和制订应对化解措施提供依据。风险描述就是解释或定义这个风险；风险分配就是把风险分配给更合适承担的一方。风险类别应尽量细化，使风险防控措施具有可操作性。同时，识别出来的大类风险应与风险分配与制订风险防范化解措施时保持名称上的一致。如识别出了该项目有政治环境变化风险，就应有该政治环境变化风险的承担人和政治环境变化风险的防范与化解措施。

本 PPP 项目建设运营周期长、投资大、成本高、风险因素多且风险后果损失大，正确识别与合理分配这些风险是成功运用 PPP 模式的关键。

通过对本项目建设、运营情况的分析识别，认为有但不限于以下 15 大类风险可能对本项目的建设进度、质量，对项目运营的效率、效果等产生不同程度的影响，需要进行重点防范与化解，并根据风险分配原则提出风险分配建议。

1. 政治环境变化风险

风险描述：政府机构或决策人员变化、地方政府决策、政策的变化或是政策没有连续性，造成项目重新审查或不可能继续执行等的风险。

2. 公众反对风险

风险描述：公众反对因素主要与利益有关，一是项目建设信息不透明、不公开，不符合国家相关法律、法规、政策的规定，或者相关程序不合法；二是补偿安置政策不明确、安置，偿金额不满意、不到位；三是不利环境影响因素多或其他侵犯公众利益的行为多而引起公众反对的风险。

3. 政府失信风险

风险描述：政府部门存在官僚作风、形式主义、教条主义、决策不当，有可能依靠权利优势不履行或拒绝履行合同约定的责任和义务的风险。

4. 政府审批延误风险

风险描述：政府审批程序复杂，工作效率低下，审批延误，影响相关工作的时限和时效，导致增加项目建设成本，降低项目使用性能和交付时限的风险。

5. 环境破坏风险

风险描述：建设期施工过程中对大气环境、声光环境、水资源环境、土壤环境、社会环境、生态环境等方面造成污染破坏而遭受处罚的风险。

6. 融资风险

风险描述：项目公司融资方案不可行，相关融资条件与要求不为金融机构所接受，导致融资受阻的风险。

7. 融资成本高风险

风险描述：项目公司融资能力不强，融资渠道不畅通，导致融资成本过高的风险。

8. 市场需求不足风险

风险描述：项目运营后市场预测不准，宣传力度不够，或是产品与服务不适合市场要求，导致需求不旺，达不到预期销售收入的风险。

9. 劳动力、材料、设备价格上涨风险

风险描述：项目中的劳动力成本和原材料设备等成本在项目运营成本中占比较大，而价格上涨会直接导致项目运营总成本增加的风险。

10. 设计质量风险

风险描述：工程设计脱离实际，设计质量不能满足项目功能要求，造成设计变更频繁，导致返工或增加额外工程量，增加建造成本，也给未来施工、维护及经营效果带来严重不利的风险。

11. 工期超期风险

风险描述：项目施工组织不力，施工方案不科学，导致推迟完工，机会成本增加、运营期减少而直接影响项目收益的风险。

12. 建设成本超支风险

风险描述：因项目组织领导不力、决策失误、管理不善、制度缺失或执行不力而导致综合建设运营成本超出预算的风险。

13. 工程质量风险

风险描述：因工程实施方案不科学、原材料以次充好、施工粗制滥造、质检敷衍、监理不力等因素而导致工程质量不达标，或造成返工、赔偿等的风险。

14. 不可抗力风险

风险描述：因地震、洪涝、飓风、地质灾害、重大疫情等不可预测的人力不可抗力的自然风险，以及政变、暴动、战争等重大政治风险。

15. 项目移交风险

风险描述：合作期满前未做项目移交预案，没有成立项目移交领导班子，没有专人负责，没有交接清单和程序，临到期满时仓促交接，导致项目移交时项目设备设施性能不达标、隐性缺陷多、资产资料移交缺失等的风险。

二、风险分配原则

按照"风险由最适宜的一方来承担"的总原则和风险最有控制力一方承担原则、风险与收益对等原则、风险分配优化原则，综合考虑政府风险管理能力、项目回报机制和市场风险管理能力等要素，在政府和社会资本间合理分配项目风险。其中，项目设计、建设、财务、运营维护等商业风险原则由社会资本方承担，政策、法律和最低需求风险原则由政府承担。

1. 风险由最有控制力的一方承担原则

将风险分配给最富有经验、最擅长风险管理、风险控制成本最低且有能力承担风险损失的一方来承担。这样，风险的责任主体处于最有利的位置，能减少风险发生的概率和风险发生时的损失，投入风险控制所花费的成本最小。同时风险在控制能力之内，使其更有动力为管控风险而努力。

2. 风险的承担程度与所得回报对等原则

承担的风险越多、承担的风险程度越大，承担方所付出的管控成本就越大，由此所得到的回报更多或回报与付出对等是合情合理的。也只有这样，才能激励风险承担方有更多的信心为管控和化解风险而努力。

3. 风险分配的优化原则

某些风险的出现可能会有双方意料之外的变化或风险带来的损害比预估的损害要大得多。为了不让单独承担方承受太大的风险损失，影响风险承担者对后续风险管控的积极性，应该进行风险分配优化。例如制订风险承担的上限，使承担方的损失在其财力、物力乃至精神的承受能力之内，以不失后继信心。

根据以上原则，本项目的风险分配基本框架为：项目设计、融资、建设、财务、运营维护等商业风险原则上由社会资本方承担；政策、法律和最低需求风险等由政府方承担；不可抗力风险由双方合理分配共同承担。

三、风险分配流程

1. 风险分配流程图

基于上述风险分配原则，为解决风险分配在 PPP 项目生命周期的核心问题，节约政府和社会资本双方风险分配方案的谈判时间，降低交易成本，现制订本项目风险分配流程，如方案 01 图所示。

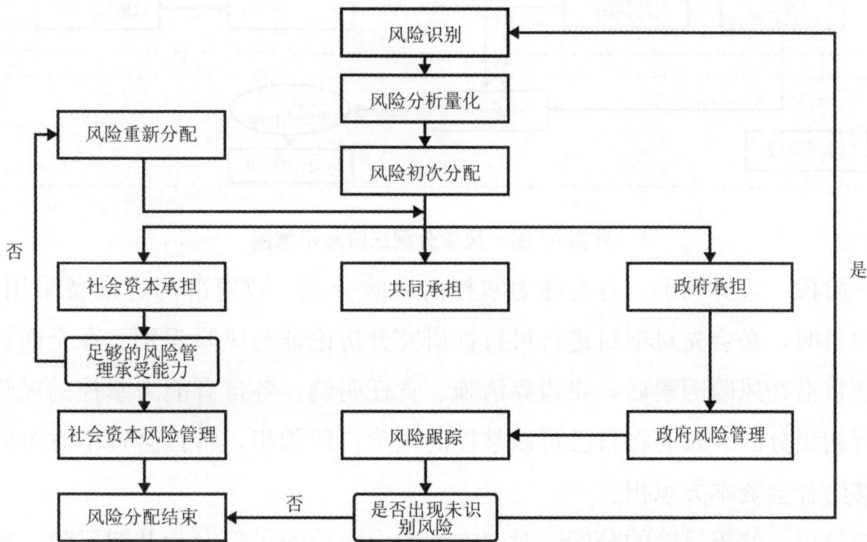

方案 01 图　风险分配的标准化流程示意图

2. 风险分配三阶段

在 PPP 项目的风险分配过程中，由于合作双方对风险的认识不同，对风险的控制能力不同，风险分配可能需要多次谈判协商。为此，拟将风险分配过程划分为三个阶段，如方案 02 图所示。

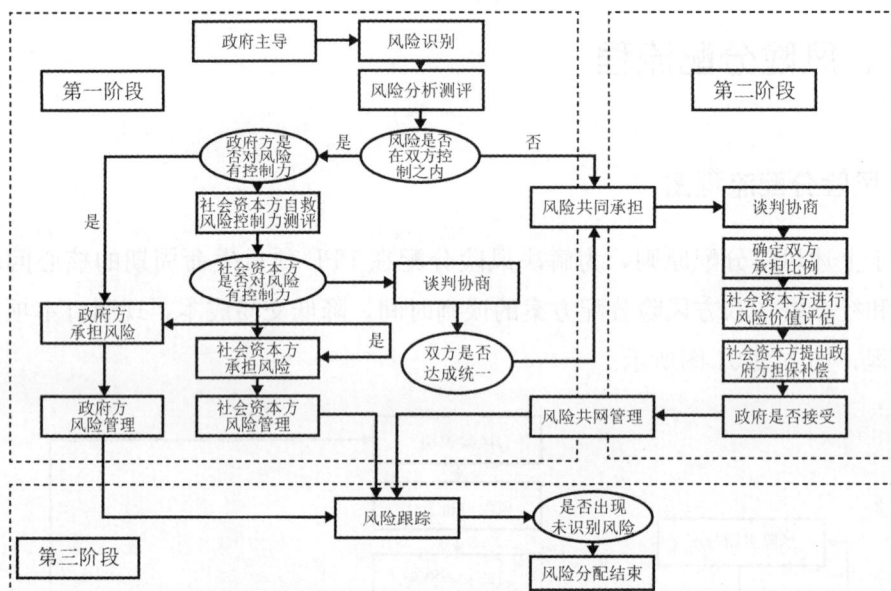

方案 02 图　风险分配三阶段示意图

第一阶段：边界明确、各有能力掌控的风险分配。政府部门在准备采用 PPP 模式建设项目时，必会先对项目进行可行性研究分析论证与风险识别。在全面识别与分析评价项目潜在风险因素后，将边界清晰、责任明确、各自有能力掌控的风险归为一类，进行初级分配。政府将自己可以掌控的风险自留承担，将社会资本方可以掌控的风险转移给社会资本方承担。

第二阶段：共担风险的分配。对双方均无力掌控的风险定为共担风险，留在第二阶段分配。该类风险虽为共担，但仍须通过谈判协商，以确定出共担风险中政府方和社会资本方各自应该分别承担的比例。

第三阶段：风险的跟踪与再分配阶段。因项目的长期性和复杂性，双方要对已识别与分担的风险进行跟踪、监测，并对新出现的风险因素进行重新分配。

四、风险分配基本框架

解说：在"风险识别与描述"中，已识别出了本项目建设与运营中的大类风险，在"风险分配基本框架"中应进一步将大类风险具体细化，以利于风险分配与防控。

按照"风险由最适宜的一方来承担"的总原则和风险可控原则、风险与收益对等原则、风险分配优化原则，综合考虑政府和社会资本方对本项目中已识别风险的管控能力、项目回报机制和社会环境等要素，制订本项目的风险分配基本框架。

原则上，项目设计、建造、财务和运营维护等商业风险由社会资本承担，法律、政策和最低需求等风险由政府承担，不可抗力等风险由政府和社会资本方合理共担。

本项目主要风险因素及分配分配基本框架如方案 04 表所示。

方案 04 表　本项目主要风险因素与风险分配基本框架表（参考表式）

序号		风险因素		风险分配		
		风险类别	风险子项及描述	政府	社会资本	项目公司
1	1.1	政治环境 变化风险	政府机构或决策人员变化	√		
	1.2		……	√		
	…		……	√		
2	…		……		√	√
…	…	……	……	√	√	√

注：都打有"√"的为共同合理分担。

五、风险防范措施建议

解说：风险防范措施由风险承担方根据自己的能力和风险程度去制订相应的防范与化解措施。防范措施一定要针对已识别出来的本项目可能产生的风险来制订，要有针对性。防范措施可在后续中不断补充、优化与增强。本方案中的防范措施为建议。

风险防范措施必须由风险承担方发挥自己的主观能动性，并根据自己的能力、内外环境以及风险的具体情况来制订。以下针对上述风险的防范措施仅为建议，供风险承担方参考，风险防范措施详见方案 05 表。

方案 05 表　　　　　　　风险防范措施建议表（参考）

序号	风险类别	风险防范措施
1	政治环境 变化风险	在 PPP 合同中明确规定，凡与本项目建设运营业务相关的需要政府方执行或协助完成的相关工作不受政府后期机构或决策人员变动影响，也不受地方政府后期自行制定的相关法律法规政策变动影响，国家法律法规政策重大变动造成的影响或损失纳入不可抗力风险中双方视情合理分担

续表

序号	风险类别	风险防范措施
2	公众反对风险	项目建设要遵循国家法律法规政策，履行项目立项、可行性研究、规划等审批程序，公示安置补偿政策与具体方案，对拆迁户摸底调查，了解诉求与建议；制定环境保护措施，包括粉尘与噪音等扰民因素的防治措施
3	政府失信风险	充分利用项目公司管理层中的政府方代表和出资方代表的作用，加强与政府各部门特别是人大、党委、纪委等部门和领导的经常性联系与沟通，取得他们的支持；同时，为搞好本项目的建设与运营，应主动多请示汇报多提建议，消除或削弱政府产生失信行为的机会与条件
4	政府审批延误风险	社会资本方或项目公司要设置专人负责需要政府审批的事项，了解和备足审批时需要的全部资料、审批程序、审批时间、负责签批的具体领导等等，步步紧跟，时时守候，启动其他公共关系，坚定不获及时批复不罢休的决心
5	环境破坏风险	应在施工区域建立围挡封闭施工，及时在显著位置公开公布建设施工信息，涉及影响公众安全与环保的施工或措施召集影响区域人群代表召开听众会或征求意见，针对环境影响因素制定切实可行的防范与保护措施
6	融资风险	事先策划好资金需求量和需求时期、还款措施等与融资相关的方案，评估选择好潜在目标金融机构，然后进行摸底调查，根据摸底调整融资方案，再有目的地一家家商谈融资合作问题，再签订协议，确保规避风险，融资到位
7	融资成本增高风险	多接触金融机构，了解国家金融政策，了解各金融机构自身的规章制度、融资条件、程序和手续，选择合适的金融机构签订融资协议。开辟多种融资渠道，与金融机构建立良好的互信机制，降低融资成本
8	市场需求不足风险	组织强有力的市场营销团队，加强市场调研分析，细分市场，了解市场具体需求与市场容量，运用多种形式加大宣传推广力度，建立畅通的市场信息通道，制定科学的动态的市场营销策略
9	劳动力、原材料、设备价格上涨风险	做好人力资源配置方案，依岗定人；建立原材料消耗定额，加强计量；建立设备维护保养制度，减少空载运行。设备维修管理责任到人，建立检查评比考核制度，加大奖惩力度。以此消化涨价造成成本增加的因素
10	设计质量风险	与设计单位签订设计合同，要求设计单位深入项目现场、深度了解设计对象的功能要求，进行多方案比选择优，使方案设计、初步设计、施工图设计分别达到规定的设计深度。要聘请专家评审，并按专家审查意见修改与优化设计方案，对于因设计失误造成的损失应予赔偿，以转移风险

续表

序号	风险类别	风险防范措施
11	工期超期风险	选好项目现场负责人，搭建好领导班子，制订好施工组织方案并经集体研究后实施。绘制施工网络图，明确工作接点和时间接点，每周召开工作调度会，每天召开班前会，汇报检查工作进度，及时解决影响工程进展问题
12	建设成本超支风险	建立健全管理制度，强化执行力度；厉行节约，加强资产与物资管理，严格支出审批。一支笔批出，防止多头支出；定期复查审核，防止职权滥用；充分利用先进技术和设备，提高产出效率
13	工程质量风险	建立监管制度，明确工程质量标准；聘请知名的业绩好的监理单位，强化监理职权；建设方委派负责任的管理人员加强对施工方和监理方的监管；建立质量事故处罚与赔偿制度，追究重大质量事故的相关责任人
14	不可抗力风险	对项目所在地的地形地貌地质状况地理环境进行透彻了解，研判各种自然灾害发生的可能性，针对可能发生的自然灾害提出人员组织与物资准备的应急预案；关心政治时事，提高政治敏锐度，特殊时期加强相关信息收集，及时研判重大政治事件突发的可能性，努力做好应急防范预案
15	项目移交风险	发挥政府监管部门作用，进行经常性的检查督促，特别是加强合作期满一年前的监管，加派专门监管人员，依法依规依合同做好移交前的准备，成立交接领导班子，拟制交接清单和交接程序，并依合同规定和交接清单进行逐项核实与预检，为正式交接做好充分准备

第四章　项目运作方式

解说：运作方式是指在 PPP 模式框架下，政府根据项目不同性质和引进社会资本的不同目的所采取的一种与社会资本合作的特定实施方式。拟建项目有存量资产项目和新建项目。存量资产项目需要引进的是社会资本的运营与管理。新建项目需要引进的是社会资本投融资与建设，以及建设完成后的运营与管理。于是，政府与社会资本的合作就有了特定条件下的多种实施方式，这就是 PPP 项目的运作方式。根据财金〔2014〕113 文，运作方式主要有如下几种：

委托运营（Operations & Maintenance，O&M），是指政府将存量公共资产的运营维护管理职责委托给社会资本或项目公司，社会资本或项目公司不负责用户服务的政府和社会资本合作项目运作方式。政府保留资产所有权，只向社会资本或项目公司支付委托运营费。合同期限一般不超过 8 年。

管理合同（Management Contract，MC），是指政府将存量公共资产的运营、维护及用户服务职责授权给社会资本或项目公司的项目运作方式。政府保留资产所有权，只向社会资本或项目公司支付管理费。管理合同通常作为转让—运营—移交的过渡方式，合同期限一般不超过 3 年。

建设—运营—移交（Build—Operate—Transfer，BOT），是指由社会资本或项目公司承担新建项目的设计、融资、建造、运营、维护和用户服务职责，合同期满后项目资产及相关权利等均移交给政府的项目运作方式，合同期限一般为 20～30 年。

建设—拥有—运营（Build—Own—Operate，BOO），由 BOT 方式演变而来，二者区别主要是 BOO 方式下社会资本或项目公司拥有项目所有权，但必须在合同中注明保证公益性的约束条款，一般不涉及项目期满移交，因此又有私有化的概念，在我国应用案例并不多见。

转让—运营—移交（Transfer—Operate—Transfer，TOT），是指政府将存量资产所有权有偿转让给社会资本或项目公司，并由其负责运营、维护和用户服务，合同期满后资产及其所有权等移交给政府的项目运作方式，合同期限一般为 20～30 年；

改建—运营—移交（Rehabilitate—Operate—Transfer，ROT），是指政府在 TOT 模式的基础上，增加改扩建内容的项目运作方式，合同期限一般为 20～30 年。

但这些运作方式有时候还会根据项目实现业主方的某一目标或是强调引进社会资本方的某一专项职能而衍生出一种运作方式，例如，为了强调"设计"由社会资本方负责，便衍生出"设计—建造—运营—移交（DBOT）"的运作方式。其实，在财金〔2014〕113 号文的名词解释中，BOT 已包含了社会资本方负责设计的职责。但实践中，"设计"可以由社会资本方负责，也可以由政府方负责。此处加"D"只是为了明确"设计"由社会资本方负责而已。

租赁—运营—移交（Lease—Operate—Transfer，LOT），是指政府将存量资产使用权租赁给社会资本或项目公司，并由其负责运营、维护和用户服务，合同期满后资产及其使用权等移交给政府的项目运作方式租赁期限一般为 20～30 年。

一、PPP 项目运作方式综述

PPP 项目运作方式，是一种为实现建设项目的某种功能而引进社会资本方进行合作的特定实施方式与路径。由于项目的建设性质不同（例如，新建工程、存量资产的改扩建工程），为实现项目功能所采取的实施方法与路径也不一样，形成了 PPP 项目中多种运作方式。《政府和社会资本合作模式操作指南（试行）》（财金〔2014〕113 号文件）列举了 PPP 项目的六种主要运作方式：委托运营（O&M）、管理合同（MC）、建设－运营－移交（BOT）、建设－拥有－运营（BOO）、转让－运营－移交（TOT）、和改建－运营－移交（ROT）。除此之外，国内外 PPP 项目实践中，为实现业主方的某一目标或是强调引进社会资本方的某一专项职能，又在建设－运营－移交（BOT）的基础上衍生出多种运作方式，如：设计－建造－运营－移交（DBOT）、租赁－运营－移交（LOT）等。通过上述各种运作方式，分别引进社会资本方的管理或是建设＋资金＋管理。PPP 项目运作方式如方案 03 图所示。

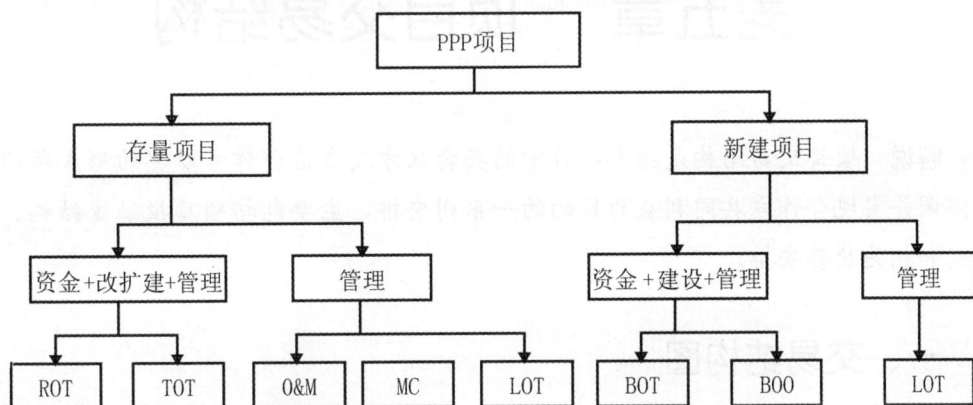

方案 03 图　PPP 项目运作方式结构图

二、本项目运作方式的选择

解说： 从项目性质、引进社会资本的目的，项目资产处置与资产权属等方面进行分析，做出运作方式的选择判断。

本项目为新建项目，需要引进社会资本进行投资、建设与运营，不适宜采用

O&M、MC、TOT、ROT 等存量项目的 PPP 运作方式。LOT 方式是由政府承担公共资产投资建设，保留公共资产所有权，然后将其使用权租赁给社会资本运营管理，该运作方式也不适用于本项目。本项目是新建项目，适用的 PPP 运作方式可在 BOT、BOO 中选择。而 BOT 和 BOO 的主要区别是，BOO 情况下，社会资本或项目公司建设完成后，即拥有项目所有权，一般不涉及项目期满移交。本项目属于基础设施和公有事业工程，社会公共影响大，公益性强，项目资产不宜由社会资本长期持有，不应采取 BOO 方式。本项目资产在建设、运营合作期满之后要无偿移交给政府或其指定机构，故只宜采用建设－运营－移交（BOT）运作方式。BOT 运作方式本已含设计，但本项目强调勘察设计工作交由项目公司完成，故本项目应采用 PPP 模式中建设－运营－移交（BOT）的衍生方式，即设计－建设－运营－移交（DBOT）的运作方式。

第五章　　项目交易结构

解说： 项目交易结构是指本项目中的买卖双方或多边合作方以契约形式所确定的以协调并实现合作方共同利益为目的的一系列安排，主要包括项目投融资结构、回报机制和相关配套安排。

一、交易结构图

在财政部财金〔2014〕113 号文件里，项目交易结构主要阐述项目投融资结构、回报机制和相关配套安排三项内容，以及每一项内容中各自的构成要素。这些要素在一个 PPP 项目里的合作双方或多边合作方之间发生并持续至项目终结。用一张图将这些要素结合在一起，能较完整地反映本 PPP 项目有多少当事方在进行合作，以及各种利益有怎样的交织与走向。这张图称为交易结构图。本 PPP 项目交易结构如方案 04 图所示。

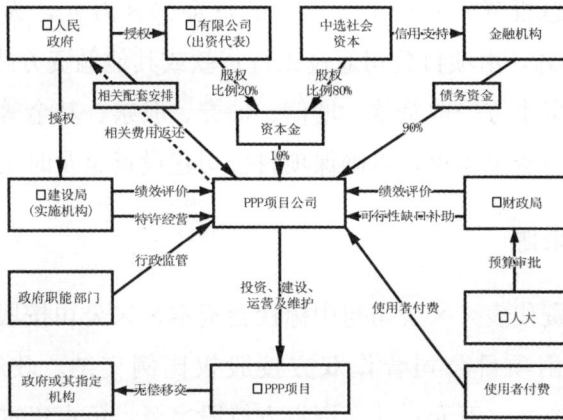

方案 04 图　项目交易结构示意图

二、项目投融资结构

项目投融资结构主要说明项目资本性支出的资金来源、性质和用途，项目资产的形成和转移等。本项目投融资基本结构如方案 05 图所示。

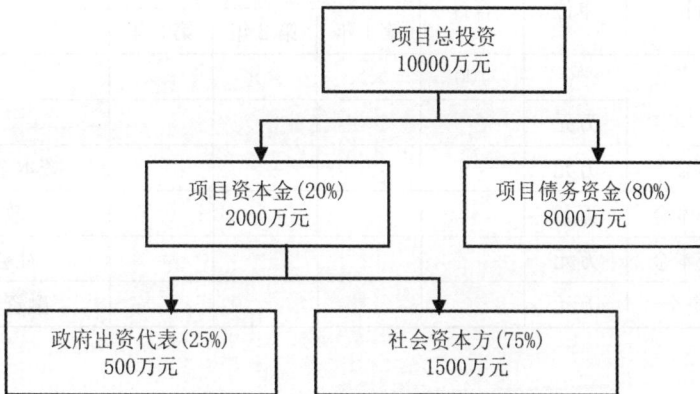

方案 05 图　项目投融资结构示意图

1. 项目总投资构成和资金性质

本项目总投资为××万元，由项目资本金和债务资金构成。

（1）项目资本金：项目资本金为××万元，占投资总额的 20％，由股东自有资金直接投入，不计利息。

（2）债务资金：总投资中除资本金以外的资金××万元，为项目公司的债务资金，占投资总额的 80％，由项目公司通过银行贷款或其他融资方式筹集。在项目公司融资受阻时，由社会资本方采取贷款、增信、债券、股票、基金等合理多样的融资方式解决项目公司的建设资金需求，以确保项目公司建设资金及时足额到位。

2. 项目资本金来源

政府方指派的出资代表××公司与中标社会资本××公司按股权比例出资组建项目公司。项目资本金由项目公司合作双方按股权比例交纳。政府方出资代表持股×％，负责资本金出资××万元；社会资本方持股×％，负责资本金出资××万元。

3. 资金用途与使用计划

本项目全部资金均用于本项目的建设和利息支出。本项目资金使用计划依据可行性研究报告，暂定在建设期第一年投入×％，第二年投入×％，第三年投入×％。

资金来源与使用计划详见方案 06 表。

方案 06 表　　　　　**项目资金来源与使用表（参考表式）**

序号	项目	单位	合计	建设期资金到位比例			备注
				第 1 年	第 2 年	第 3 年	
建设总投资		％	100	××	××	××	
		万元					
1	资本金	万元					资本金占总投×％
1.1	政府资本金	万元					政府方×％
1.2	社会资本金	万元					社会资本×％
2	债务资金	万元					融资占总投×％

4. 资产形成和转移

（1）固定资产形成

为本项目投入使用的建构筑物、设备、设施以及符合固定资产构成要素的其他资产均形成本项目的固定资产。

（2）无形资产形成

无形资产包括本项目的土地使用权、技术档案、文秘档案、图书资料、设计图纸、专利技术成果、《企业会计准则解释第 2 号》所确认的金融资产等。

（3）资产转移

资产转移是指采取赠与、抛弃、恶意低价转让等方式藏匿财产，以达到其非法占有财产的行为。本项目无资产转移。

5. 项目资产权属

本项目建设期内投资建设形成的项目资产，以及本项目运营维护期内因更新重置或升级改造形成的项目资产（包括有形资产和无形资产）的所有权（产权）均归政府或政府指定的机构所有。项目公司在项目合作期内可无偿使用。项目合作期满，项目公司将上述所有资产和权益全部移交给政府或政府指定的机构，项目公司不再享有本项目后续的任何权益。

三、回报机制

解说： 项目回报机制要说明社会资本取得投资回报的资金来源。根据项目能否取得经营收入或取得经营收入的多少来支付社会资本的投资回报。投资回报的资金有三种来源。一是经营性项目，投资回报的资金来源为使用者付费。使用者付费是指最终由消费用户购买公共产品和服务的直接付费。二是准经营性项目，投资回报的资金来源为可行性缺口补助。可行性缺口补助是指使用者付费不足以满足社会资本或项目公司成本回收和合理回报时由政府以财政补贴、股本投入、优惠贷款和其他优惠政策的形式，给予社会资本或项目公司的经济补助。三是非经营性项目，投资回报的资金来源为政府直接付费。依据项目设备设施的可用性、产品和服务的使用量和质量等要素，采用可用性付费、使用量付费和绩效付费方式支付。

使用者付费的价格执行国家和地方价格管理办法。对于政府支付的运营补贴，应设置明确的可量化的绩效考核指标，购买符合验收标准的公共产品和服务，将可用性付费和可用性资产产生的绩效挂钩。可行性缺口补助费用经政府审核后，报人大决议通过，纳入地方财政中长期支付规划和财政年度预算。

本项目投资回报机制包括项目投资回报方式的选择及绩效考核、调价机制、超额利润、付费机制等相关规定。

（一）本项目投资回报方式的选择及相关规定

1. 投资回报方式的选择

本项目属于准经营性项目，运营中能取得部分使用者购买服务的收入，但该项收入不能完全覆盖成本，不能使社会资本方的投资得到合理回报。为此，还需由政府财政支付一定的运营补贴。故本项目的投资回报机制拟采用"可行性缺口补助"方式。

2. 本项目制订"激励相容"机制

鼓励社会资本方在政府授予的特许经营范围内创造商业营利点，努力提升自身的经营收益能力，同时也最大限度地降低政府可行性缺口补助水平，减轻政府财政支出压力。

3. 政府资本性投入的分红规定

项目公司的政府方出资代表对项目公司的资本性投入，可以在项目公司获得利润分红。也可以不直接分红，而是经政府批准后，将分红收益作为政府支付可行缺口补助资金的一部分。本项目政府方不直接分红，具体以 PPP 项目合同的约定为准。

4. 关于项目施工单位与施工利润的规定

本项目拟选择的社会资本方须具有建筑施工总承包资质，根据财政部《关于在公共服务领域深入推进政府和社会资本合作工作的通知》（财金〔2016〕90 号）第九条规定："已经依据政府采购法选定社会资本合作方的，合作方依法能够自行建设、生产或者提供服务的，按照《招标投标法实施条例》第九条规定，合作方可以不再进行招标。"本项目符合上述要求，不再进行施工单位的招标（即通俗的"两标并一标"），即本 PPP 项目中标的社会资本方直接与项目公司签署施工合同，并按规定获得相应的施工利润。

（二）绩效考核评价[注]

解说：什么是 PPP 项目的绩效考核评价？就是考察核实 PPP 项目的产出成果是否达到了预期的要求，评价产出成果的优劣，为未来稳健发展指明方向，制订措施。财金〔2014〕113 号文指出：产出是指项目建成后，项目资产所应达到的经济、技术标准，以及公共产品和服务的交付范围、标准和绩效水平等。所以 PPP 项目绩效考核评价要分建设期考核评价和运营期考核评价。建设期的绩效考核评价是项目建设完成之后"项目资产所应达到的经济、技术标准"，对象是"资产"。运营期的绩效考核评价是"公共产品和服务的交付范围与标准"，对象是产品和服务。这是总的概念与要求，具体应制订一系列考核指标和可操作的细则。

考核指标确定后要按单个考核指标在考核指标体系中的重要程度和可控程度分配权重。将考核原始分乘所属权重得出绩效分。用绩效得分率乘应付绩效金额基数，得出政府实际支付绩效金额。

绩效考核指标及其细则应作为《PPP项目合同》附件经政府批准后实施。

[注] 绩效考核评价参阅本书下篇《PPP项目绩效评价》。

1. 绩效考核

解说：财政部《关于推广运用政府和社会资本合作模式有关问题的通知》（财金〔2014〕76号）指出：对项目收入不能覆盖成本和收益，但社会效益较好的政府和社会资本合作项目，地方各级财政部门可给予适当补贴。财政补贴要以项目运营绩效评价结果为依据。要稳步开展项目绩效评价，根据评价结果，依据合同约定对价格或补贴等进行调整，激励社会资本通过管理创新、技术创新提高公共产品和服务的数量与质量。财政部在《关于规范政府和社会资本合作（PPP）综合信息平台项目库管理的通知》（财办金〔2017〕92号）中强调了要建立按效付费机制，并把通过政府付费或可行性缺口补助方式获取的回报，未与项目产出绩效相挂钩、或项目建设成本不参与绩效考核、或实际与绩效考核结果挂钩部分占比不足30%、或固化政府支出责任的项目均被列为"不得入库"，入了库也要"被清退出库"。到了2019年3月7日，财政部再次发出《关于推进政府和社会资本合作规范发展的实施意见》（财金〔2019〕10号），更是强调要"建立完全与项目产出绩效相挂钩的付费机制，不得通过降低考核标准等方式，提前锁定、固化政府支出责任"，可见绩效考核的重要性。绩效考核是绩效评价的基础。

本项目绩效考核分建设期绩效考核与运营期绩效考核。建设期绩效考核的内容：项目建成后，项目资产所应达到的经济、技术标准，包括建设各子工程内容与规模和它们的可用性功能、安全生产、环境保护、工期、资金管理、投资控制以及社会满意度等。运营期绩效考核的内容是项目产出的公共产品和服务的交付范围、数量、质量和经济效益水平以及社会满意度等。

2. 考核机构

本项目绩效考核以本项目的实施机构××建设局为牵头单位，会同财政、发改、物价、规划、国土、审计、环保、安全等相关职能部门组成绩效考评小组，对本项目的建设和运营进行绩效考核与评价。

3. 建设期绩效考核

（1）考核说明

解说：考核说明是对考核中应做相应解释的事项例如考核期、考核次数等加以说明的文字。

①建设期的绩效考核内容相对运营期内容较少，总体时间较短，可根据需要将不同指标设置不同考核区间期（均称考核期），可以分月度、季度、半年度、年度。其中，具体子项工程可以从建设开始至竣工验收日的区间期为单位做一次性绩效考核评价，或依本项目《实施方案》或《PPP 项目合同》及其《补充协议》的规定。

②考核期中，根据不同指标内容，每项指标至少定期或不定期地检查考核 2～4次，以考核结果的平均数作为考核期的考核结果。

③其余说明见考核表的表下注释。

（2）建设期考核指标体系设置

解说：设置建设期绩效考核指标体系应遵循四项基本原则：一是指标定义明确、指向具体、范围特定、边界清晰、过程可控、结果可测量。二是考核指标分层设计，一级指标将项目建设范围与内容全覆盖，一级指标分解出二级指标，考核到点、重点突出、实操方便。三是考核指标要有可实现性。四是考核指标设置要有依据有来源，公开透明。

本项目建设期绩效考核的是项目资产所应达到的经济、技术标准。绩效考核指标体系包括但不限于工程数量、工程质量、安全生产、环境保护、工程过程进度、资金管理与投资控制、人员配置、总建设期控制、档案资料管理、公众满意度等指标。将这些指标设置成各一级指标并分配权重、在各一级指标中设置二级指标并分配权重。

（3）建设期绩效考核指标量化

解说：建设期绩效考核指标都应按百分制计分量化，定性评价指标以方案 07 表方式得出对应考核原始分，定量指标完成率的分子就是考核原始分。所有指标原始分均应乘该指标在二级指标中的权重，再乘二级指标在一级指标中的权重，求出绩效得分。绩效得分除100乘100%就是绩效得分率。用绩效得分率乘绩效基数，才能得出应得的绩效金额。

方案07表　　　建设期定性绩效考核量化（参考表式）

某定性绩效指标评价等级	对应量化原始分值	绩效考核得分
优秀	90分以上（含90）	
良好	75—90分（不含90）	
及格	60—75分（不含75）	
不及格	60分以下（不含60）	

（4）考核细则

解说：考核细则中指标分类与指标名称可参考但不限于方案08表和方案09表所列。（以医卫项目为例）

考核指标体系与考核细则要通过契约加以固定并经同级人民政府批准。

方案08表　××PPP项目建设期绩效考核细则（年度总表）（参考表式）

考核期：　　年　月　日—　　年　月　日

考核指标		考核得分 0~100	考核依据及标准	考核方式	考核绩效得分	备注
一级指标	二级指标					
一、建设内容与规模 权重：10	1. 建设内容与规模 权重：100		建设内容和规模应符合可研报告和图纸要求。每一处不符合扣5分，扣完为止		第1次　　分 第2次　　分 第3次　　分 第4次　　分 年平均　　分	
二、质量控制 权重：25	2. 隐蔽工程、变更签证、验收报告 权重：15		隐蔽工程按规定流程进行验收、变更流程按规定申报、现场签证按要求签字确认，隐蔽工程、变更签证按规定格式要求提供资料，一次性竣工验收合格。不能一次性竣工验收合格，每返修一处扣2分；每推倒重做一处子项扣5分，扣完为止	现场检查、资料查阅、数据核实、外部调查	第1次　　分 第2次　　分 第3次　　分 第4次　　分 年平均　　分	
	3. 疾病防控、卫生监督、残疾服务等建筑物 权重：30		质量应符合但不限于《综合医院建设标准》《综合医院建筑设计规范》《洁净室施工及验收规范》《建筑工程施工质量验收统一标准》《建筑地面工程施工质量验收规范》《建筑装饰装修工程质量验收规范》《给水排水构筑物工程施工及验收规范》《建筑内部装修设计防火规范》等及其他专业专项的标准规范要求，一次性竣工验收合格。不能做到一次性竣工验收合格，每返修一处扣2分；每返工重做一项扣5分，经返修或返工后重新验收仍不合格的，扣10分，扣完为止		第1次　　分 第2次　　分 第3次　　分 第4次　　分 年平均　　分	

续表

	4. 室内外给排水管线、设备、设施安装工程 权重：20	本项目主要包括室内外的给排水管线、设备、设施工程：雨污水收集与排出沟管、沟盖板、留泥井、检查井、落水管、消防栓、喷淋头、水龙头、洗浴等设备设施的安装，应符合国家或行业的相关标准。不符合要求的每一处扣 2 分，扣完为止		第1次　　分 第2次　　分 第3次　　分 第4次　　分 年平均　　分	
	5. 室内外电力管线、电气设备安装 权重：20	包括电力线和弱电线的布局、架空与地埋、照明、变压器、电动机、不间断电源、电缆、接地、防雷、插座、开关等的安装、试验、试运行等应符合《电气装置安装工程电气设备交接试验标准》，应符合设计文件的要求。这些设备设施可用且使用方便。每不合格一处扣 5 分，扣完为止		第1次　　分 第2次　　分 第3次　　分 第4次　　分 年平均　　分	
	6. 自控及监视系统 权重：10	应符合但不限于设计文件的要求和现行国家标准，如《电气装置安装工程、接地装置施工及验收规范》等有关规定。按图纸配置相关弱电设备设施，这些设备设施可用且使用方便。中心控制系统有不间断电源供电、仪表设备和监控设备、调节阀线路连接牢固正确。每不达标一项扣 2 分		第1次　　分 第2次　　分 第3次　　分 第4次　　分 年平均　　分	
	7. 室外配套工程 权重：5	本项目室外配套工程主要包括车行道、人行道、停车场、消防车道、人车出入口、集散广场、景观绿化工程、相关室外生活设施全部按标准完成，未完工一项扣 10 分，扣完为止		第1次　　分 第2次　　分 第3次　　分 第4次　　分 年平均　　分	
三、安全生产与环境保护 权重：10	8. 安全生产责任制、环境保护措施 权重：100	应按《建筑施工安全检查标准》等相关标准进行检查。如建立安全生产责任制、危险性较大的分项工程编制安全专项施工措施、制定生产安全事故处理制度、安全应急制度、悬挂安全标语标识、封闭施工、门禁门卫、高空作业、安全预防、人行通道预防、防护栏杆、安全帽、灭火器等防护设备应符合标准要求；保护文物古迹古树木，不破坏生态、"三废"按要求处理。不符合一处扣 2 分；被责令停工整顿的，一次扣 10 分；发生一般事故，每一起扣 20 分；发生较大事故的，不得分；发生重大事故或特别重大事故，达到《PPP 项目合同》政府介入、或终止合同条件的，按《PPP 项目合同》处理	现场检查、资料核查	第1次　　分 第2次　　分 第3次　　分 第4次　　分 年平均　　分	
四、过程进度控制 权重：5	9. 进度控制 权重：100	完成进度 ≥ 90%，得 91～100 分， 90%＞进度 ≥ 80%，得 81～90 分， 80%＞进度 ≥ 70%，得 71～80 分， 进度＜70%，不得分	根据施工进度横道图、网络图及现场评价	第1次　　分 第2次　　分 第3次　　分 第4次　　分 年平均　　分	无《PPP 项目合同》约定原因低于 80%，政府有权责令整改，并按违约处理

续表

				第1次　分	
五、资金管理与投资控制 权重：20	10. 资金管理 权重：60	资金必须及时、足额到位，以确保工程建设正常运转为基本原则。资金及时足额得100分；100%＞按时到位资金≥80%，得90分；80%＞按时到位资金≥60%，得80分；资金按时到位＜60%，不得分，按《PPP项目合同》处理	资料核查	第1次　分 第2次　分 第3次　分 第4次　分 年平均　分	
	11. 投资控制 权重：40	经审计的项目竣工决算总投资与经批复的初步设计概算总投资比≤5%，得100分；5%＜投资比≤7%，得90分；7%＜投资比≤10%，得80分；投资比＞10%，不得分		第1次　分 第2次　分 第3次　分 第4次　分 年平均　分	投资超10%政府有权进行严格审计
六、人员配置与到岗 权重：10	12. 人员配置 权重：100	按招标文件规定配齐施工管理人员并持证上岗。对未经监理工程师同意，项目负责人、技术负责人没有按时进场或进场后又离岗的，每人次扣5分；施工员、安全员、质检员、材料员未按时进场或进场后又离岗的，每人次扣2分，最低得分50分（注：未持证视为缺岗）	现场检查	第1次　分 第2次　分 第3次　分 第4次　分 年平均　分	
七、总建设期控制 权重：10	13. 总建设期控制 权重：100	由于各单项工程建设期并不一致，某单项工程建设期开工日以监理工程师的开工令为准，竣工验收日以《PPP项目合同》的约定为准。符合协议约定、准时实现工程竣工验收合格的，得100分；延期竣工验收合格的（非项目公司原因造成的延期除外），延迟10天内扣15分，延迟10~19天，扣25分，延迟20~30天，扣35分，延期超过30日，则政府方有权依据《PPP项目合同》作违约处理，但不可抗力因素造成的延误除外	现场检查、资料核查、外部调查	第1次　分 第2次　分 第3次　分 第4次　分 年平均　分	如多次检查，项目负责人、技术负责人不在岗的，另按违约处罚。
八、档案资料管理 权重：5	14. 档案资料管理 权重：100	有专职管理人员、专门档案资料室；符合《建设工程文件归档规范》《建筑工程资料管理规程》等相关规定并对照检查。各类合同、会议纪要、政府针对本项目的相关文件；勘察、设计、产品质量合格证书、性能检测报告、机电设备安装使用说明书、运行和保养手册等各类图文技术资料等齐全，得100分；无专职管理人员，扣10分，无专门档案资料室资料缺1件扣5分	现场考察及资料核查	第1次　分 第2次　分 第3次　分 第4次　分 年平均　分	限时增补到位
九、公众满意度 权重：5	15. 公众满意度 权重：100	公众评价无明显不满，得85~100分。评价欠佳，得65~84分。投诉多、评价差并造成恶劣影响，经核实的，不得分	信息收集记录、外部走访调查	第1次　分 第2次　分 第3次　分 第4次　分 年平均　分	限时增补到位
合计		——	—	年平均 总得　　分	得分率 %

方案 09 表　　　**考核附表（第 1 次）**　　　**考核期：年 月 日 －年 月 日（参考表式）**

考核指标		考核得分 0～100	考核不扣分或扣分的理由	考核方式实情记录	考核次位与绩效得分	备注
一级指标	二级指标					
一、建设内容 权重：10	1. 建设内容与规模（应细化）；权重：100				第1次　分	
二、质量控制 权重：25	2. 隐蔽工程、变更签证、验收报告；权重：15				第1次　分	
	3. 疾病防控、卫生监督、残疾服务等建筑物；权重：30				第1次　分	
	4. 室内外给排水管线、设备、设施安装工程；权重：20				第1次　分	
	5. 室内外电力管线、电气设备安装；权重：20				第1次　分	
	6. 自控及监视系统；权重：10				第1次　分	
	7. 室外配套工程；权重：5				第1次　分	
三、安全生产与环境保护 权重：10	8. 安全生产责任制、环境保护措施 权重：100				第1次　分	
四、过程进度控制 权重：5	9. 进度控制 权重：100				第1次　分	
五、资金管理与投资控制 权重：20	10. 资金管理 权重：60				第1次　分	
	11. 投资控制 权重：40				第1次　分	
六、人员配置与到岗 权重：8	12. 人员配置 权重：100				第1次　分	
七、总建设期控制 权重：12	13. 总建设期控制 权重：100				第1次　分	
八、档案资料管理 权重：5	14. 档案资料管理 权重：100				第1次　分	
九、公众满意度 权重：5	15. 公众满意度 权重：100				第1次　分	
合计			—		总得　分	得分率 ％

注：1. 本表"考核期"是指当次考核的区间；将考核结果汇入方案 08 表。

2. 本表一级指标仅为例示，除第二、第五两个一级指标分别有 6 个、2 个二级指标外，其余一级指标未详列二级指标。参照时，应根据项目具体情况设置一级指标，每个一级指标至少应有 2～5 个二级指标，但可多设。全部一级指标权重合计为 100%，每个一级指标里的二级指标权重合计为 100%。

3. 每个指标的绩效得分＝考核得分×二级权重×一级权重。

4. 得分率＝总得分/100×100%

政府方人员签名：　　　　项目公司方人员签名：　　　　考核时间：　年　月　日

（5）建设期绩效考核结果应用

根据建设周期的时长和工程规模，实施机构将设定考核期，考核内容和考核次数。建设期结束后，汇总绩效考核数据，得出考核结果。

①政府根据建设期绩效考核综合绩效得分率乘绩效付费基数得出实际付费额，按约定时间向项目公司支付建设期绩效费用。

②建设期绩效考核不及格，实施机构有权提出整改要求。

③在建设期里连续两次绩效考核不及格，实施机构可视情况按相关工程管理法规、制度加重处罚或进行临时接管。

4. 运营期运营维护绩效考核

（1）考核说明

解说：考核说明是对考核中应做相应解释的事项例如考核期、考核次数等加以说明的文字。

①运营期的绩效考核内容相对建设期层次多、时间长，可根据需要将不同指标设置不同考核区间期（均称考核期），可以分月度、季度、半年度、年度。或依本项目《实施方案》或《项目合同》及其《补充协议》的规定。

②考核期中，根据不同指标内容，每项指标至少定期或不定期地检查考核 2～4 次，以考核结果的平均数作为考核期的考核结果。

③其余说明见考核表的表下注释。

（2）运营期考核指标体系设置

解说：设置运营期绩效考核指标体系应遵循四项基本原则：一是指标定义明确、指向具体、范围特定、边界清晰、过程可控、结果可测量。二是考核指标分层设计，一级指标将项目运营范围与内容全覆盖，一级指标分解出二级指标，考核到点、重点突出、实操方便。三是考核指标要有可实现性。四是考核指标设置要有依据有来源，公开透明。

在项目运营期，绩效考核的是项目产出的产品和提供的服务应交付的范围、数量、质量和经济效益水平。从产出产品（服务）的品种、数量、质量、工艺执行、能源消耗、运营维护管理团队、专业技术力量、制度建设、设备维护保养、故障处理、安全文明、环境保护、资料档案、财务管理、成本控制、经营收入、经济效益、社会效益、接受监督、公众评价等方面制订具体的考核指标与标准。将这些指标设置成一级指标并分配权重、在各一级指标中设置二级指标并分配权重。

（3）运营期绩效考核指标量化

解说：运营期绩效考核指标都应按百分制计分量化，定性评价指标以方案10表方式得出对应考核原始分，定量指标完成率的分子就是考核原始分。所有指标原始分均应乘该指标在二级指标中的权重，再乘二级指标在一级指标中的权重，求出绩效得分。绩效得分除100乘100%就是绩效得分率。用绩效得分率乘绩效基数，才能得出应得的绩效金额。

方案 10 表   **建设期定性绩效考核量化（参考表式）**

某定性绩效指标评价等级	对应量化原始分值	绩效考核得分
优秀	90 分以上（含 90）	
良好	75～90 分（不含 90）	
及格	60～75 分（不含 75）	
不及格	60 分以下（不含 60）	

（4）考核细则

解说：运营期绩效考核指标体系确定好以后，就应详细制订考核细则，表式可参照方案 08 表和方案 09 表设计。

考核指标体系与考核细则要通过契约加以固定并经同级人民政府批准。

（5）运营期绩效考核结果应用

运营中考核期结束后，汇总绩效考核数据，得出考核结果。

①政府根据运营期绩效考核综合绩效得分率乘绩效付费基数得出实际付费额，按约定时间向项目公司支付运营期绩效费用。

②项目公司运营期绩效考核不及格，实施机构有权提出限期整改要求。

③项目公司连续两年绩效考核不及格，实施机构可按《PPP 项目合同》约定，且视情况临时接管或者收回本项目的特许经营权。

（三）调价机制

解说： 在 PPP 项目合作期长达 20～30 年的时间跨度内，市场上的所有商品（包括物资与服务）必然会有升级或替代，其价格也必然会有大幅变动。为防范和规避项目购入原材料价格上涨，使本项目产出的产品或提供的服务的成本增加，而导致影响以本项目产品或服务的价格为基础计算的社会资本方的投资收益，特对本项目产品或服务的价格设定进行调整的调价机制，即调整计算影响项目投资效益的产品或服务的价格。调整方法一般包括公式调价法、谈判调价法、基准比价调价法、市场测试调价法等。

1. 公式调价法。表达式为：$P_n = P_{n-2} \times K$。式中 P_n 为调价年调整后的价格，P_{n-2} 为调价年的前两年价格（价格基数），K 为调价系数。当特定的调价系数变动导致依调价公式测算的结果达到约定的调价条件时，即触发调价程序，按约定的幅度自动调整定价。常见的调价系数包括消费物价指数、劳动力价格指数、能源及原材料价格指数、利率变动、汇率变动、税率变动等因素。由于公式中的上述 K（调价系数）的各因素都是社会政治经济形势大环境下形成的，是一种平均发展趋势。国家统计部门公布的相关价格也是市场上社会平均价格，所以该调价公式被称为"社会平均价格调价公式"。

但在实践中，这一系列"调价系数"各因素的数据几乎不可能取得或不可能及时取得，选取的计算价格指数的社会零售商品与企业生产所消耗的物资（商品）完全不匹配，统计调整的主观性太过强烈，使其很难实际操作应用。为此，必须对该调价公式进行实事求是的修正。可以参考本书下篇中的《PPP 项目如何制定调价机制》以污水处理厂为例设计的"企业成本调价公式"，即由企业内部该类产品或服务实际支出的成本因素建立的调价公式。

2. 谈判调价法。参照约定的收益水平，在《PPP 项目合同》中约定谈判周期，通过谈判调整相关价格。

3. 基准比价调价法。定期将项目公司生产的产品或提供的服务的价格与市场上同类价格进行对比，如发现差异达到调整幅度，则项目公司与政府可以协商对 PPP 项目公司生产的产品或提供的服务的价格进行调价。

4. 市场测试调价法。通过市场调研、测试与综合分析，调整本项目的产品或服务的价格，使政府的支付责任和社会资本的投资回报都处于合理的水平。

市场物价的涨落对企业效益影响的风险是商业风险，原则上本应由社会资本方承担，但也应考虑风险分配优化原则，不应将严重影响一方利益的重大风险完全由该方承担。为此，设定调价机制是必须的，并经协商同时制定触发机制。触发机制是指在某一时期、约定的相关物资（商品）的购入价格的涨幅达到某一约定的标准时，即启动调价程序的办法。

1. 调价机制类型

为防范与规避 PPP 项目长期合作中，项目的原材物料、动力、人力的价格上涨会直接导致本项目产出产品或服务的成本增加，给社会资本方的投资收益带来重大风险。为降低社会资本的投资收益风险，根据风险优化原则，《PPP 项目合同》一般都规定了调价机制及调价触发机制。市场物价波动达到调价触发点时，即调整计算项目投资效益的产出产品与服务的价格。调整方法一般包括公式调价法、谈判调价法、基准比价调价法、市场测试调价法。

2. 调价机制选择

根据本项目产出的产品较为单一的特点，拟采用"公式调价法"。

（3）具体调价公式：

解说：根据具体项目制订调价的公式。

（4）触发机制：根据上述公式要求，本项目价格每三年调整一次；通过计算，过去三年，本项目产品的单位成本因购入的原材料燃料动力及劳动力价格综合上涨了×％，高于合同规定的 $K > ×％$，调价机制启动。

（四）超额利润及其分配

解说：为保障社会资本投资的合理回报，本项目设定全投资回报率为×％（或投资利润率×％）。在运营期启动调价机制的同时，应按同口径认真测算全投资实际回报率。如果按同口径计算的全投资实际回报率高于原设定的全投资回报率，高出部分的效益视为超额利润。超额利润的处置办法，一是可以约定分成办法，二是适当减少当年的政府可行性缺口补助。具体办法在《PPP 项目合同》中约定。

本项目设定全投资回报率为 6.5％，在运营中启动调价机制的同时，将按原测算全投资回报率的相同口径测算全投资实际回报率。如果按同口径计算的全投资实际回报率高于原设定的全投资回报率 6.5％，高出部分的效益（绝对额）视为超额利润。超额利润的处置办法为约定分成，约定分成为累进制，即政府和社会资本比例为：

500 万元以内为 $a:b$；

500 万～1000 万元以内为 $c:d$；

1000 万～1500 万元以内为 $e:f$；

1500 万元以上为 $m:n$。

具体办法在《PPP 项目合同》中约定。

解说： a＋b＝100％、c＋d＝100％、e＋f＝100％、m＋n＝100％。

（五）付费机制

1. 可行性缺口补助

（1）可行性缺口补助数额（详见物值 15、18 表：政府各年运营补贴支出计算表）

解说： "可行性缺口补助"即为可行性缺口补助模式下的运营补贴支出。应采用《物有所值评价报告》中"PPP 值"的计算方式，并与其保持完全一致。

（2）运维服务费如采用包干制计费，以最终磋商谈判后的《PPP 项目合同》确定的费用为准。

（3）政府运营补贴额最终支出数应与绩效考核挂钩。

2. 政府付费安排

财政部门将本项目的政府付费金额报本级人民代表大会审议批准，纳入本级政府财政中长期支付规划和当年财政年度预算中。

具体付费周期、付费时间由《PPP 项目合同》确定。

（1）付费周期

建设期利息：××年。

可用性服务费：××年。

运营维护服务费：××年。

（2）付费时间

①建设期利息：在建设期实际发生的建设期利息，由项目公司向实施机构提出付费书面申请，实施机构核定当期应付费额度，财政部门、审计部门完成复核后，在×月×日前支付。

②可用性服务费：自工程竣工验收合格日的次日起进入项目的运营期，由项目公司向实施机构提出付费书面申请，实施机构核定当期应付费用额度，按绩效考核结果

支付实际支付数额,财政部门、审计部门完成复核后,在×月×日前支付。

③运营维护服务费:自工程竣工验收合格日的次日起进入项目的运营期。约定的付费期与绩效考核期一致,在绩效考核期末,由项目公司向实施机构提出付费书面申请,实施机构核定当期应付费额度,按绩效考核结果支付实际支付数额,财政部门、审计部门完成复核后,在×月×日前支付。

具体付款流程执行财政部门相关要求。

(3)相关费用确定

①工程计价依据

解说: 我国工程费用计算有很多的标准,国家及每个省市甚至区县都有不同定额与政策规定,而且是动态的,不断随时间的变动而调整,有的甚至每月都有新的规定出台。所以,项目的工程计价取费时,一定要以最近的相关版本为准。

如:市政工程计价办法执行建设行政主管部门发布的《建设工程工程量清单计价规范》(GB50500—2013)、建筑材料预算价格执行××市住房和城乡建设局政务网发布的同期材料预算价、建设单位管理费用执行财政部《基本建设项目建设成本管理规定》(财建〔2016〕504号)等等。

②工程投资总额与可用性服务费确定

项目竣工验收后,由政府和社会资本共同委托具有相应资质的第三方机构审定建设投资总额,结合建设期绩效考核,确定当期应支付的可用性服务费。

③运营维护服务费确定

本项目日常运维费用主要包括××项目、××项目日常维护更新等所支出的费用。

④大修费用确定

解说: 执行不同项目的大修理规定,例如:道路工程,按照住房和城乡建设部颁布的《城镇道路养护技术规范》(CJJ36—2016),道路大修是指"对道路的较大损坏进行的全面综合维修、加固,以恢复到原设计标准或进行局部改善以提高道路通行能力的工程,其工程数量宜大于8000m² 或含基础施工的工程宜大于5000 m²"。本项目道路大修将按相关标准计费。

如:……

上述大修,届时由项目公司提出,实施机构批准后,可由项目公司自己实施,也可委托有相应资质的第三方机构进行实施,相关费用经审计后支付。

四、相关配套安排

解说：相关配套安排主要是指政府为本项目建设所作的前期工作，包括但不限于：

1. 政府方负责项目征地拆迁安置工作，征地拆迁补偿安置费用由政府方承担，费用不计入本项目的总投资。

2. 政府方在项目用地外修建的进入场地的道路、给排水管道、强弱电源设施、天然气管道等。

第六章　　合同体系

解说：本章应对《PPP 项目合同》的核心条款及边界条件加以明确。

根据《PPP 项目合同指南》（财金〔2014〕156 号文）的规定，本项目合同体系主要包括《PPP 项目合同》、股东协议、融资合同、保险合同、履约合同（包括《工程施工总承包合同》《运营维护合同》《设备、原料、燃料采购供应合同》等）、其他合同（包括《监理合同》《咨询服务合同》等）。《PPP 项目合同》是其中最核心的法律文件。

一、合同体系与合同架构

解说：合同体系是指与本项目相关的一系列合同的总称；合同架构是指在合同体系中，各合同的构建关系和各合同主体间的关系。

根据财政部《关于规范政府和社会资本合作合同管理工作的通知》（财金〔2014〕96 号）以及《PPP 项目合同指南（试行）》等相关文件的规定，本 PPP 项目合同体系的主体为本项目的各参与方，包括但不限于××政府、××建设局（实施机构）、××投资有限公司（政府出资代表）、××有限公司（社会资本方）、金融机构方、地质勘察方、工程设计方、建筑施工方、运营维护方、保险方、广告承租方以及设备、原料、燃料供应方等等。上述各参与主体通过签署各项合同、协议、章程等明确各自权责关系，共同合作促进本项目的最终建成、顺利运营终结。

本项目的合同体系架构如方案 06 图所示。

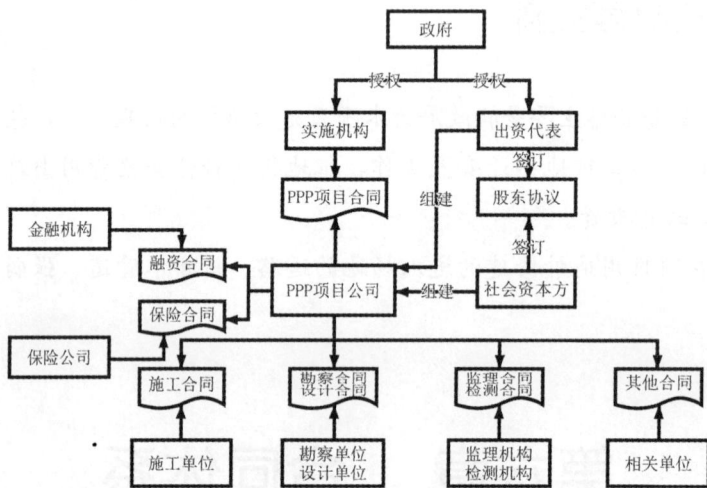

```
                          ┌────────┐
                          │  政府  │
                          └────┬───┘
                  授权    ┌────┴────┐  授权
              ┌───────────┘         └───────────┐
         ┌────┴─────┐                      ┌─────┴────┐
         │ 实施机构 │                      │ 出资代表 │
         └────┬─────┘                      └─────┬────┘
              │                           签订   │
         ┌────┴─────┐      组建           ┌─────┴────┐
         │PPP项目合同│─────────           │ 股东协议 │
         └────┬─────┘                     └─────┬────┘
              │                           签订   │
  ┌───────┐   │                                 │
  │金融机构│   │                          ┌──────┴─────┐
  └───┬───┘   │                           │            │
  ┌───┴────┐  │         组建        ┌──────┴─────┐
  │融资合同│──┤    ┌──────────────  │ 社会资本方  │
  └────────┘  │    │                └────────────┘
  ┌────────┐  ┌────┴─────┐   组建
  │保险合同│──│PPP项目公司│──────
  └───┬────┘  └────┬─────┘
 ┌───────┐        │
 │保险公司│        │
 └───────┘  ┌──────┼─────────────┬──────────────┐
       ┌────┴───┐ ┌────┴─────┐ ┌────┴─────┐ ┌────┴───┐
       │施工合同│ │勘察合同  │ │监理合同  │ │其他合同│
       │        │ │设计合同  │ │检测合同  │ │        │
       └────┬───┘ └────┬─────┘ └────┬─────┘ └────┬───┘
       ┌────┴───┐ ┌────┴─────┐ ┌────┴─────┐ ┌────┴───┐
       │施工单位│ │勘察单位  │ │监理机构  │ │相关单位│
       │        │ │设计单位  │ │检测机构  │ │        │
       └────────┘ └──────────┘ └──────────┘ └────────┘
```

方案 06 图　项目合同体系架构示意图

二、主要合同及其核心内容（供参考）

（一）股东协议

《股东协议》是项目公司组建前，由拟组建项目公司的股东签订，以建立股东之间长期的、有约束力的合约关系。本项目由政府出资代表××投资有限公司与中标社会资本方××有限公司共同签订。

本项目《股东协议》的核心内容：（1）项目公司设立、公司名称、组织形式、项目合作期限、公司经营范围；（2）项目总投资额、股权比例及股东出资方式；（3）项目公司融资与资产转让；（4）股东大会及议事机制；（5）股东权利与义务、股东权益分配机制；（6）董事会的构成及议事机制；（7）监事会的构成及议事机制；（8）经营管理团队与管理制度；（9）违约、争议解决、适用法律、终止及终止后处理机制和退出机制等。

在本项目中，政府享有项目公司在建设、运营维护与管理过程中的议事和监管权力，参与项目的重大决策、掌握项目实施运营情况。在董事会的议事规则中，约定政府方董事在涉及重大社会公共利益事项的决议时，享有一票否决权。

《股东协议》的内容将会完整反映在《公司章程》中。

《股东协议》签订后成立项目公司，政府方与项目公司签订《PPP 项目合同》。

（二）《PPP 项目合同》

解说：《PPP 项目合同》是政府方和项目公司依法就 PPP 项目合作所订立的合同，以建立政府方和项目公司之间长期的、有约束力的合约关系。本项目由政府实施机构××（单位或部门）与××项目公司共同签订，是《股东协议》之后的重大法律文件。其目的是在政府方与项目公司之间明确双方权利义务关系、保障双方能够依据合同约定合理主张权利、妥善履行义务、合理分担项目风险，确保项目全生命周期内的约定事项顺利实施。《PPP 项目合同》是 PPP 项目在全生命周期内顺利实施的法律保障，是整个 PPP 项目合同体系的核心，也是其他合同产生的基础。

在项目初期阶段，项目公司尚未成立时，甚至早于《股东协议》签订前，政府方会先行与中标社会资本方（即项目投资人）签订意向书、备忘录或者框架协议等文件，以明确双方的合作意向，约定双方关于项目开发的关键权利与义务。如果有这类的意向书、备忘录或者框架协议，应在项目公司成立后，由政府与项目公司重新签署正式《PPP 项目合同》并加入这些文件中的关键内容，或者签署关于承继上述文件的补充合同，或在正式《PPP 项目合同》中就是否承继或承续相关已生效协议进行约定。

《PPP 项目合同》包括但不限于以下条款：合作期、特许经营内容、股权设定、排他性规定、双方的权利与义务、绩效考核及费用支付、违约处理与介入条款、退出条款与诉讼管辖等。

1. 《PPP 项目合同》的核心内容

核心内容包括术语定义、项目合作的范围、期限、合同生效的前提条件，对政府与社会资本方为本项目在前期所签署的已生效相关意向书、备忘录或者框架协议是否承继或承续进行约定，以及对项目设计、项目建设内容、规模及标准、项目运营维护、风险分担、项目运作方式与交易结构、项目融资、土地使用权取得、双方的权利与义务、特殊约定、项目移交、违约赔偿、项目变更转让终止、争议解决等进行约定。

绩效考核指标及考核细则由《绩效考核补充协议》另行专项约定，并作为《PPP 项目合同》附件经政府批准后执行。

2. PPP 项目的主要边界条件

解说： PPP 项目边界条件是《PPP 项目合同》的核心内容，主要包括权利与义务、交易条件、履约保障和调整衔接等四大边界条件。这一系列边界条件的表述与界定要细致明确，不存歧义。一旦双方认定，即成为今后涉及本项目是非判定的法律依据，也由此保障了项目公司的建设运营有章可循、有法可依。这些边界条件在正式签署的《PPP 项目合同》中应完全体现，并将进一步规范表述、完善内容、细化条款。为此，《PPP 项目合同》应先由 PPP 项目咨询机构根据项目具体情况草拟。其中凡相关文件列有"××内容在《PPP 项目合同》中约定"一语的，《PPP 项目合同》或其补充协议均应予以落实。否则，"相关文件"不应列出此语。草拟的《PPP 项目合同》必须经专业法律顾问修改审定，合作双方签字认可并经政府批准后方成正式执行的《PPP 项目合同》。本《实施方案》模式对此不做详细阐述。

（1）权利义务边界

解说： 权利义务边界重点要明确项目资产权属、社会资本承担的公共责任、政府支付方式和风险分担结果等。

（2）交易条件边界

解说： 交易条件边界要明确项目合作期限、项目回报机制、收费定价、调价与触发机制和产出说明等。《实施方案》等已详列，此处可摘要表述。

（3）履约保障边界

解说： 履约保障边界主要明确强制保险方案以及投资竞争保函、建设履约保函、运营维护保函和移交维修保函等履约保函体系，具体保函金额在不高于相关规定前提下以经磋商最终确定的结果为准。

①强制保险方案

解说： 强制保险，又称为法定保险，是由法律规定必须参加的保险。对少数危险范围较广、影响人民利益较大的保险标的，应实行强制保险。由于强制保险在某种意义上表现为国家对个人意愿的干预，所以强制保险的范围是受严格限制的。我国保险法规定，除法律、行政法规规定必须保险的外，保险合同自愿订立。强制保险，法律、行政法规另有规定的，适用其规定。本项目是否采用强制保险，应慎重研究后提出。

②投标保证金

投标保证金是一种投标责任担保，是投标人投标后不得撤销投标文件、中标后不得无故不签订实施合同、签订实施合同时不得提出附加条件、不得不按招标文件要求提交建设履约保证金的经济质押。投标保证金收益人为招标人，于招标人与中标人签订合同后五日内退还。

③建设期履约保函

自《工程建设承包合同》签订之日起至项目工程建设竣工验收日止（部分保函金额需延至工程保质期满），项目公司或社会资本应向政府方提交以政府为受益人的建设期履约保函，保函有效期应覆盖项目的全部建设期，以保证项目公司或社会资本方按照本合同的约定履行项目投资、建设的各项义务。建设期履约保函待项目竣工验收合格、项目公司提交运营维护保函后 5 个工作日内退还。

④运营维护保函

项目竣工验收后进入运营期起至项目合作期满日之前 12 个月，项目公司或社会资本方应向政府方提交以政府为受益人的运营维护保函。运营维护保函有效期应覆盖项目合作期起至移交维修保函提交后 5 个工作日。运营维护保函于项目公司或社会资本方提交移交维修保函后五个工作日内退还。

⑤移交维修保函

项目公司或社会资本方应于合作期限届满日 12 个月之前，向政府方提交移交维修保函，作为其履行项目移交维修及维修质量保证义务的担保。移交维修保函的有效期为项目合作期限届满日前 12 个月之日起至项目全部移交后的 3 个月期间。

⑥各类保证金数额

解说：根据财库〔2014〕215 号文规定，参加采购活动的投标保证金数额不得超过项目预算金额的 2％。社会资本应当以支票、汇票、本票或者金融机构、担保机构出具的保函等非现金形式交纳保证金。另据 2003 年 3 月 8 日国家发展计划委等七部委 30 号令《工程建设项目施工招标投标办法》第 37 条规定，投标保证金不得超过项目估算价的 2％，但最高不得超过八十万元人民币。履约保证为银行出具的不可撤销的见索即付保函，保函数额不得超过 PPP 项目初始投资总额或者资产评估值的 10％。无固定资产投资或者投资额不大的服务型 PPP 项目，履约保证金的数额不得超过平均 6 个月服务收入额。

本项目履约担保体系及保证金比例详见方案 11 表。

方案 11 表　　　项目履约担保体系及保证金比例表（参考表式）

保函类别		投标保证金	建设履约保函	运营维护保函	移交维护保函
提交主体		社会资本	项目公司或社会资本	项目公司或社会资本	项目公司或社会资本
提交时间		递交投标文件之前	项目开工之前	建设履约保函退还前 30 日	项目合作期结束前 12 个月
保函	规定比例	不超过预算金额的×2%	不超过初始投资总额的×10%	按测算的正常年度月均经营费用的 6 倍预交	不超过初始投资总额的×10%
	实际金额	××万元	××万元	××万元	××万元
退还时间		项目公司或社会资本递交建设履约保函后	项目公司或社会资本递交运营保函后	项目公司或社会资本递交移交维修保函后	项目合作期结束 3 个月后的 10 日内
担保事项		投标文件承诺的全部义务以及建设期履约保函提交等	资金及时到位、按时间节点建设与竣工验收、质量与安全达标，运维保函提交等	设备维护质量、安全、产出效益、政府与社会监管反馈、移交维修保函提交等	项目合同规定的移交事项符合要求、移交后的项目质量承诺
受益人		政府或指定机构			

（4）调整衔接边界

调整衔接边界主要明确政府介入、应急处置、临时接管和提前终止、合同变更、合同展期、项目新增改扩建需求、项目移交等应对措施。

①政府介入

解说："介入"，在财金〔2014〕113 号文中表述的是"债权人介入"，即当项目出现重大经营或财务风险，威胁或侵害债权人利益时，债权人可依据与政府、社会资本或项目公司签订的直接介入协议或条款，要求社会资本或项目公司改善管理等。在直接介入协议或条款约定期限内，重大风险已解除的，债权人应停止介入。但在 PPP 项目操作实践中，这类"介入"应在相关《介入协议》中约定并经政府批准。

介入要审慎，以防止介入可能带来新的社会稳定风险，故凡介入事项均由政府掌控。

A. 建设期政府介入条件

建设期介入：本项目的项目公司有下列行为之一的，政府有权指定第三方取代项目公司承担本项目建设，以便不误工期，实现按期建设完工计划。

a. 未能在规定的开工日后××日内仍不开建设。

b. 未能在不可抗力事件结束并在双方商定的复工日××日后仍不能复工。

c. 在建设期内经常因故停工，停工期限累计超过××日且无力整改。

d. 项目公司书面通知政府方已自行终止项目建设，且不打算重新开工。

建设期介入处置：

a. 政府介入项目建设后，项目公司应与政府方及其指定第三方合作，向其提供所有合理协助，协调融资方继续履行融资承诺，以确保项目按期建设、运营。

b. 政府介入项目，不应视同承接了项目公司的义务。政府方及其指定第三方介入项目建设所产生的一切费用和风险损失费用均由项目公司承担。政府有权将经审核的费用从项目公司或社会资本方提交的建设期履约保函中扣回。

c. 如果项目公司已采取切实可行的措施和提供有效担保，政府应撤出项目的介入，项目公司恢复其合同约定的全部权利和义务。

B. 运营维护期政府介入条件

项目公司领导力不强、决策失误、管理不善，不能按照《PPP 项目合同》的约定运营维护好本项目，且不能按政府整改通知整改到位或不能在规定期限内予以补救，具有不能完成合作目标的重大风险，则政府方有权自行或委托第三方介入项目运营和维护，运营维护费用和风险损失费用均由项目公司承担。

政府有权将经审核的费用从项目公司或社会资本方提交的运营维护履约保函中扣回，或从政府应该支付的可行性缺口补助等相关费用中扣回。

②应急处置

项目公司应针对自然灾害、重大意外事故、环境公害、人为破坏等事件及其他危险源建立及时处置的应急机制，定期进行应急预案演练，保障生产和服务的安全稳定，当相关事件发时，防止损失的扩大与蔓延。项目公司制定的应急预案应征求项目股东意见并报政府部门批准。

③临时接管

项目公司发生《PPP 项目合同》规定的适用临时接管情形的事件时，地方人民政府或其指定机构有权对本项目实施临时接管。

解说：社会资本或项目公司违反《PPP 项目合同》约定，威胁公共产品和服务持续稳定安全供给，或危及国家安全和重大公共利益的，政府有权临时接管项目。临时接管项目所产生的一切费用，根据项目合同约定，由违约方单独承担或由各责任方分担。社会资本或项目公司应承担的临时接管费用，可以从其应获终止补偿中扣减。以上应列入《PPP 项目合同》中。

④提前终止项目合作

当上述接管原因严重到靠接管已不能解决时，根据《PPP 项目合同》启动提前终止程序。因项目提前终止所造成的损失，由责任方承担赔偿责任。

解说：但提前终止不仅有社会资本方原因，也可能有政府方原因，故《PPP 项目合同》与实施方案应分别列出各方导致项目终止的边界条件。

⑤合同变更、合同展期、项目新增改扩建需求等应对措施

合同变更、合同展期、项目新增改扩建需求等的应对措施应在《PPP 项目合同》中明确，但实际需要时，应经股东会、董事会和项目合作双方层层协商研究，统一认识后报政府批准后执行。

⑥项目移交

解说：项目移交从时态上分有 PPP 项目合作期满的移交和 PPP 项目合作提前终止的提前移交。以移交方式分有无偿移交和有偿移交。无偿移交是项目公司或社会资本方将项目全部资产和权益无偿移交给政府或其指定机构；采用有偿移交的，应明确约定补偿方案；没有约定或约定不明的，实施机构应按照"恢复相同经济地位"原则拟定补偿方案，报政府审核同意后实施。PPP 项目的提前移交除了遵循 PPP 项目合作期满移交、无偿移交和有偿移交的相关程序与规定外，还应列示关于项目合作提前终止的赔偿约定。

《PPP 项目合同》应明确规定合作期满移交、合作期未满提前移交、无偿移交和有偿移交的相关规定、补偿或赔偿方案。以下是合作期满移交的主要程序与内容。

A. 移交形式。本项目《PPP 项目合同》已约定移交形式为无偿移交。

B. 移交时间。项目合作期届满后 10 日内，项目公司或社会资本方将项目设施和相关权益移交给政府或其指定的机构。

C. 移交委员会。合作期满日 6 个月前，成立移交委员会，由实施机构代表（包括拟接受单位的至少一名代表）和社会资本方代表组成。移交委员会应制订详尽移交清单和移交程序，确定具体移交日期和移交仪式。

D. 资产移交内容

解说：资产移交应详列清单。

E. 移交程序

a. 实施机构、指定接受人、社会资本方代表到场。

b. 按事先确认的移交清单、验收标准，共同到现场查验核实，按项签字确认。

c. 对未能达到移交标准的项目或内容，经社会资本方在规定期限内修复至达标要求并经接收方初步认可后再予验收。

d. 社会资本方不能在限定期限内修复达标项，政府方有权从运营维护保函中提取费用将不达标项修复至达标要求。

e. 举行正式交接仪式。

F. 责任清除

政府和社会资本方代表双方在移交清单上签字认可后，社会资本方除履行移交保函中在约定期限内的义务外，所有责任清零。

（三）融资合同与融资安全保障

融资合同主要是项目公司与金融机构签订的项目《贷款合同》或其他类似以资金借贷为内容的合同。融资安全保障主要是担保人就项目贷款与贷款方签订的《担保合同》以及政府与贷款方和项目公司签订的直接《介入协议》等。其中，项目《贷款合同》是最主要的融资合同。同时，出于贷款安全性考虑，放款的金融机构往往要求项目公司以其财产或其他权益作为抵押或质押，或由其母公司提供某种形式的担保。这些贷款安全保障措施通常会在《担保合同》《介入协议》以及《PPP 项目合同》中具体约定。

（四）其他主要合同

其他主要合同还有但不限于《工程施工总承包合同》《监理合同》《运营维护合同》《设备、原料、燃料采购供应合同》《专业咨询服务合同》等等。

第七章　项目监管架构

解说： 监管架构主要包括授权关系和监管方式。授权关系有政府对项目实施机构的授权，以及政府直接或通过项目实施机构对政府出资代表的授权或对项目公司或社会资本方的特许经营权的授权；监管形式主要包括履约监管、行政监管和公众监管等。

一、授权关系

××人民政府授权××建设局为本项目的实施机构，并作为招标人依法组织项目招标工作，公开选定社会资本方；政府指定（或授权）××投资有限公司为政府出资代表，并与社会资本方组建项目公司；政府授权实施机构（××建设局）与项目公司签订《PPP 项目合同》；向项目公司授予特许经营权，特许经营期×年。

二、监管形式

（一）履约监管

履约监管是通过具有法律效力的契约形式对签约双方或多方的监管。如实施机构以《PPP 项目合同》为依据对项目公司进行履约监管，政府出资代表以《股东协议》为依据在股东权利落实上进行履约监管等。

（二）行政监管

行政监管是政府职能部门从自己的职责与权限出发，以相关政策、制度为依据对相应事项进行监管，行政监管是政府监管的主要形式。政府对项目的前期准入、项目投融资、项目建设运营维护及其绩效考核、项目中期评估、项目移交等全过程全环节均负有监管职责。

（1）监管部门

①主管部门：根据《PPP 项目合同》，××建设局作为项目实施机构对项目公司的建设、运营、维护进行直接监督管理。

②政府职能部门：发改、财政、建设、市政、国土、规划、审计、能源、环保、物价、安全等部门在各自职权范围内，通过相关政策、制度对相应事项进行监管。

（2）监管内容

主要包括项目建设运营工作的合法合规性、工程建设进度与质量、项目经营状况、运维效率与成本、资产安全、绩效考核以及相关信息披露等。

（三）公众监管

公众监管主要通过公众满意度评价指标实现监管作用。公众及传媒作为外部监管方，对项目公司提供的公共服务质量进行满意度评价，积极参与政府对项目公司的绩效评价工作。项目公司应定期公开披露绩效监测报告、中期评估报告和项目重大变更或终止情况等，保障公众特别是使用者的知情权，接受社会监督。针对政府披露的公开监管信息，积极协助政府对监管工作的优化。政府可以定期对项目进行报道，切实掌握项目的实施情况及产品或服务的数量与质量情况，通过在政府官方网站开辟专栏，接受来自公众的监督。

三、监管阶段

本项目监管将针对具体监管考核内容或事项进行事前准备阶段的监管、事中执行阶段的监管和事后的评价监管。

第八章　　社会资本采购

解说： PPP 项目采购应根据《中华人民共和国政府采购法》、财政部《关于印发〈政府和社会资本合作项目政府采购管理办法〉的通知》（财库〔2014〕215 号）及其他相关法律法规规章制度执行。PPP 项目实施机构应根据项目需求特点，依法选择适当采购方式。

一、政策依据

解说： 选录国家及地方政府颁发的关于招投标和政府采购方面的法律法规及相关制度。

二、采购方式选择

PPP 项目采购方式包括公开招标、竞争性谈判、邀请招标、竞争性磋商和单一来源采购。依据本项目特点，经过××政府、××实施机构、××政府招标采购部门协商和沟通，本项目拟采用公开招标的方式选定社会资本。

三、社会资本的资格条件

（一）社会资本的一般资格条件

解说：符合《中华人民共和国政府采购法》第二十二条规定的一般资格条件。

（二）社会资本的特定资格条件

解说：本项目社会资本的特定资格条件主要从主体资格、类似业绩、社会信誉等核心方面拟制出相应条款，以确保选定优秀的社会资本方。依据财政部〔2017〕第87号令，不得以不合理的条件限制或者排斥潜在投标人，不得对潜在投标人实行歧视待遇；不得将投标人的注册资本、资产总额、营业收入、从业人员、利润、纳税额等规模条件作为资格要求或者评审因素，也不得通过将除进口货物以外的生产厂家授权、承诺、证明、背书等作为资格要求。

（列示社会资本的特定资格条件）

具体招标条件以采购招标代理公司就本项目发布的"投标人资格预审文件"为准。

四、招标标底的设置

解说：招标标底或标的是招标人为选择最佳投标人所设置的一个最低目标值，投标人投标时，只能等于或优于这个目标值。例如：本项目主要招标标的有建安工程造价下浮率不低于几个百分点，融资利率上浮不超过×％，项目全投资回报率不超过×％等的规定。

五、社会资本采购主要程序

解说：社会资本采购主要程序在财政部《关于印发的〈政府和社会资本合作项目政府采购管理办法〉通知》（财库〔2014〕215 号）中有详细要求，本模式仅简要摘录。

（一）发布资格预审公告

解说：向社会发布 PPP 项目潜在投标人的资格预审公告、对响应资格预审的投标人先行资格审查，是 PPP 项目进行采购招标与其他项目采购方式不同的特殊方式。

资格预审公告在政府财政部门指定的媒体上发布。资格预审公告内容包括项目授权主体、项目实施机构和项目名称、采购需求、对社会资本的资格要求、是否允许联合体参与采购活动以及社会资本提交资格预审申请文件的时间和地点。

（二）专家评审

对有意参与资格预审的社会资本投送的"资格预审响应文件"进行专家评审。有三家及以上社会资本通过资格预审的，项目实施机构可继续开展招标文件发布的准备工作；不足三家的，调整实施方案后重新组织资格预审，多次资格预审的合格社会资本不足三家的，将依法申请其他采购方式。

（三）编制招标采购文件

有三家及以上合格社会资本后即可正式招标，编制招标采购文件。采购文件应符合招投标法律法规的规定，应设置投标人答疑和澄清的具体程序。规定的投标保证金数额应根据《中华人民共和国招标投标法实施条例》《中华人民共和国政府采购法实施条例》及财库〔2014〕215 号文的规定。

（四）采购文件发布

在指定媒体上发布采购文件。

（五）采购评审

有三家以上投标人投标后，即组织专家评审。评标办法采用综合评分法。评标专家确定候选社会资本的排序名单。

（六）成立磋商谈判工作组

实施机构组织政府相关部门负责人、法律专家、招标代理公司等成立磋商谈判工作组，依序与候选社会资本，以及与其合作的金融机构就合同中可变细节问题进行合同签署前的确认谈判，率先达成一致的即为预中标社会资本，并及时公示。

（七）公示后无异议者为中标社会资本

第九章 "两报告"主要内容摘录

解说： 有的地方"一案两报告"是分开评审的。其中，《实施方案》由发改部门组织政府职能部门并邀请专家进行联审。而《物有所值评价报告》和《财政承受能力论证报告》由财政部门组织专家并邀请政府职能部门进行评审。在这种情况下，本章需要单列财务测算一章，详列《财政承受能力论证报告》中各类数据的计算过程、各类报表与结论，同时摘录《物有所值评价报告》中定性评价的专家最终打分分值及评价结论，定量评价的 PSC 值和 PPP 值的各种计算表与结论。

但如果"一案两报告"是合在一起评审并同时上报审批的，本章可简要摘录《物有所值评价报告》和《财政承受能力论证报告》中的主要财务数据 PSC 值、PPP 值及 VFM 量值数据与相关结论。另应注明：两报告相关数据的详细计算过程与结论可分别参见《物有所值评价报告》和《财政承受能力论证报告》。

第十章 附件

解说： 该章主要集中附录地方政府关于本项目建设及采用 PPP 模式建设所发出的一系列正式批文。例如，项目立项批复、可行性研究报告及其批复、规划条件、用地预审、政府关于本项目采用 PPP 模式建设的会议决议、会议纪要以及对实施机构和政府出资代表的授权书等能证明本项目合规合法的所有文件。

PPP 项目《物有所值评价报告》编制动态模式与解说

解说： PPP 项目中的"物有所值（VFM）评价"是国际上普遍应用的一种评价公共产品和服务"传统上由政府提供"的模式是否可以用"政府和社会资本合作提供"的模式（即 PPP 模式）的一种评估体系，旨在实现公共资源配置利用效率最大化与最优化。VFM 评价包括定性评价和定量评价两部分。

VFM 定性评价是对 PPP 项目社会价值的评介，重点关注项目采用政府和社会资本合作模式与采用政府传统采购模式相比能否增加供给、优化风险分配、提高运营效率、促进创新和公平竞争等。财政部《PPP 物有所值评价指引（试行）》（财金〔2015〕167 号）为定性评价设置了六项基本评价指标和六项补充评价指标。这些定性评价实际是对 PPP 项目的社会价值的评价和外延价值的评价[注]。评价方法是专家评价法，操作简单易行，是目前物有所值评价的主要方法。但因其全凭专家经验与能力判定，不可避免地存有人为主观因素。

VFM 定量评价是对 PPP 项目的经济价值的评价，主要通过对 PPP 项目全生命周期内政府支出成本现值（PPP 值）与公共部门比较值（PSC 值）进行比较，计算项目的物有所值（VFM）量值，判断采用政府和社会资本合作模式建设是否降低了拟建项目全生命周期成本。因此，定量评价是对同一项工程采用不同方式运作所耗用的价值量（即成本）的比较。但计算 PSC 值采用的是一个与 PPP 项目产出相同的虚拟项目，各取值因素有很多假设因素和不确定因素，目前还缺乏充足的数据积累，难以形成成熟的计量模型。定量评价尚处于探索阶段，故 VFM 量值也仅作参考。

［注］参阅本书上篇《如何看待 PPP 的"值"与"不值"》。

编制说明

解说：参看《实施方案》编制说明解说。

一、编制背景

物有所值评价是当前国际上评估采用 PPP 模式代替传统政府投资建设模式提供公共产品与服务是否更优的一种评价办法，是供政府在公共产品与服务采购决策中使用的分析工具，其主要目的在于实现公共资源配置利用效率最优化。《PPP 物有所值评价指引（试行）》（财金〔2015〕167 号）也指出，"物有所值评价是判断是否采用 PPP 模式代替政府传统投资运营方式提供公共服务项目的一种评价方法"，"我国境内拟采用 PPP 模式实施的项目，应在项目识别或准备阶段开展物有所值评价"。《政府和社会资本合作模式操作指南》（财金〔2014〕113 号）指出，"通过物有所值评价和财政承受能力论证的项目，可进行项目准备"。××项目（以下简称"本项目"）拟采用 PPP 模式建设，并对本项目开展物有所值定性和定量评价，以评价本项目采用 PPP 模式建设与采用政府传统模式建设相比，在增加公共产品或服务的供给、优化风险分配机制、提高运营效率、鼓励创新和创建公平竞争环境以及降低项目全生命周期成本等方面的表现是否更加优秀。

根据财政部财金〔2015〕167 号文的相关要求和 PPP 项目实践，物有所值评价报告主要包括三部分内容：一是项目基础信息，二是定性评价与定量评价过程，三是对定性评价与定量评价结果做出综合评价结论。

二、编制目的

编制《物有所值评价报告》，全面详细记录与阐述物有所值评价的定性评价与定量评价的过程与方法。根据专家打出的定性评价分值和项目定量分析计算的物有所值量值，得出本项目是否可以采用 PPP 模式建设的结论。物有所值定性评价主要着眼于难以用货币衡量的项目社会价值因素和外延价值因素，依靠专家的专业知识和经验，用符合性分值来理性地公正地评价项目是否适合采用 PPP 模式。定量评价是对同样一个建设项目，采用政府和社会资本合作模式建设，在项目全生命周期内支出的成本现值与采用传统建设模式支出的成本现值进行比较，以判断政府和社会资本合作模式是否降低项目全生命周期的成本，是一种量化的经济性评价。

本项目物有所值评价报告正是从定性与定量两方面进行严谨的分析论证，统筹定性评价和定量评价结果，做出"通过"或"不通过"物有所值评价的结论。

三、编制依据

解说：选择国家和地方政府关于推广应用 PPP 模式的相关法律法规政策文件。

第一章　项目基础信息

解说：参看《实施方案》"第一章项目基础信息"解说。

本 PPP 项目《实施方案》"第一章项目基础信息"已有详细记述，《物有所值评价报告》的"基础信息"可根据需要从《实施方案》中择要摘录。但重点是满足定性评价指标的基础信息和计算 PSC 值和 PPP 值的基础信息。

一、项目概况

解说：包括项目名称、项目类型、项目所在地、项目所属行业、项目实施机构、出资代表等。

二、主要经济技术指标

解说：包括项目建设内容与规模、项目产出内容与产出的主要标准、项目运营内容、项目总投资、投资构成、全投资内部收益率等。

三、项目公司（SPV）、项目合作期、股东的持股比例

解说： 照录《实施方案》中的相关内容。

四、项目运作方式、交易结构、回报机制

解说： 列出本项目的运作方式，其中有的项目因子项工程或资产类型不同，有可能采用多种运作方式。要在交易结构里列出资本金占总投资的比例、金额，以及政府方和社会资本方各方的资本金比例、金额、出资方式，债务资金占总投资的比例、金额，债务资金融资利率。要在回报机制里，列出投资回报方式、投资回报的资金来源。

第二章　　物有所值定性评价

解说： 财金〔2015〕167 号文的物有所值定性性价评价是对拟建 PPP 项目的社会价值评价和外延价值评价，该文设置的六项基本评价指标和六项补充评价指标体现了这一内涵，对评价项目"可不可以"采用 PPP 模式建设具有重要意义。但是这些评价指标还有继续完善的空间，以便更充分反映出本项目的社会价值和外延价值。例如可以从本项目是否符合地区经济发展规划、是否带动产业结构调整、是否优化产业布局、是否有利创业和就业等方面完善，期望在该文件修改时有所补充。现仍以这十二项评价指标为依据进行评价，其指标说明仅作提示与参考。

一、定性评价指标的确定

财金〔2015〕167 号文对物有所值定性评价提出了六项基本指标和六项补充指标。六项基本指标是全生命周期整合程度、风险识别与分配、绩效导向与鼓励创新、潜在

竞争程度、政府机构能力、可融资性。六项补充指标是项目规模大小、预期使用寿命长短、主要固定资产种类、全生命周期成本测算准确性、运营收入增长潜力、行业示范性。

本项目物有所值定性评价采用全部六项基本指标进行评价，在六项补充指标中，选用项目规模大小、预期使用寿命长短、主要固定资产种类三项指标进行评价。

二、评价指标说明

（一）基本指标

1. 全生命周期整合程度

解说：全生命周期是指项目从规划设计开始，至建造、运营、项目使命完成被拆除的全生命过程。在 PPP 项目里，全生命周期通常仅指项目自施工建造起至合作期满移交给政府的这一段时期，因此，它只是项目全生命周期的一段时期。全生命周期整合程度是指在项目全生命周期内，项目设计、投融资、建造、运营和维护等环节能否实现长期、充分整合及其长期一体化集成的程度。

本项目主要采取以下措施进行全生命周期整合。

（1）在 PPP 模式下，与本项目有关的政府职能部门如财政局、审计局、发改局等对本项目生命周期中各阶段的管理把控、协调，并通过政府委托的政府出资代表与社会投资人共同组建的项目公司，使项目设计、投融资、建造、运营和维护等环节得以有序、高效地衔接与推进，也借助社会投资人在项目投融资、建设、运营维护等方面的丰富经验提高项目的建设进度、建设运营质量与运营效率。

（2）根据相关法律法规政策，对项目交易结构进行合理设计和优化，将项目的规划设计、融资、建造、运营、维护、移交等全部工作都进行通盘的规划，整合于项目的统筹运作和合同体系中，通过 PPP 合同体系将项目交由社会资本方实施，依托社会资本方雄厚的资金实力、科学的管理和先进的技术，有利于提高项目融资可行性，保障项目建设资金供应，加强管理、缩短工期，降低全生命周期成本；有利于社会资本在激励相容机制下，热情引入先进技术和先进设备，合理利用资源，加强风险掌控，实现合作双赢。

（3）在本项目合作期内，政府通过出资代表参股项目公司，有利于提升政府对本项目的监管、协调效能，使合作期结束后将项目设备设施完好、完整地移交给政府或其指定机构。

2. 风险识别与风险分配

解说：风险识别与分配指标是指在项目全生命周期内，各风险因素是否得到充分识别并在政府和社会资本之间是否进行了合理分配。

经识别，本项目涉及建设风险、运营风险、成本超支风险、法律变更风险、经营环境变化风险、不可抗力风险等六大类风险及细化若干子项风险。具体风险类别与分配如下表所列。

解说：复制《实施方案》中"方案 04 表：本项目主要风险因素与风险分配基本框架表（参考表式)"。

3. 绩效导向与鼓励创新

解说：绩效导向与鼓励创新是指项目是否建立了以绩效考核评价为导向的绩效付费机制，以促进项目提供优质产出，以及是否强化考核评价标准和监管机制、落实节能环保、支持本国产业，能否通过激励相容机制，鼓励社会资本创新。

（1）绩效导向

解说：绩效导向就是以项目产出的成绩与成效的结果作为衡量项目公司建设运营工作的优劣，并通过具体绩效指标考核为主要依据向社会资本方支付可行性缺口补助费用、实现其投资回报，重点关注绩效产出结果与原定绩效目标的实现程度。

本项目在实施方案中制订了绩效考核评价指标体系。项目绩效评价指标体系包括了用于建设期绩效考核评价的指标体系和用于运营维护期绩效考核评价的指标体系。建设期绩效考核和运营维护期绩效考核与当年全部可行性缺口补助挂钩。绩效考核评价指标体系包括投资进度、建设与运营产出成果的数量与质量、产出效率与效益、环境保护、安全生产、设备设施的运营维护、公众满意度等相关指标。绩效考核评价按不同层级的指标进行，全面、合理、清晰、明确，绩效导向程度高。

（2）鼓励创新

解说：鼓励创新是通过激励相容机制鼓励社会资本在不低于原设计标准的前提下，对本项目的开发、规划、建设、运营等环节进行方案优化。鼓励管理创新，采用新的管理理念、管理制度和管理手段，提高人力、技术、资源的综合管理水平，提高劳动生产率；鼓励技术创新，一方面自己进行技术革新革命，发明创造获取技术专利，另一方面引进高精尖节能环保新技术、新工艺、新设备，努力保护环境，节约能源，降低单位产品的物耗、能耗与成本，提高项目产出的品种、数量与质量，增加附加值；鼓励材料创新，鼓励社会资本支持本国产业发展，执行国家产业政策，积极采用新材料、新能源，提高项目整体效益水平。

通过激励相容机制，使社会资本在项目建设运营中会不断地创新管理方法、采用新技术、降低项目成本，使资本效益最大化。本项目制订了激励相容机制，迎合并鼓励社会资本方的利益需求。从项目整体角度综合考虑设计、投融资、建设、运营维护等多方面的先进性与收益水平，通过各种政策措施落实，奖励措施落实和项目公司特许经营权和经营自主权的落实，以促进创新成果的推广应用，从而使社会资本方的投资获得更多回报。

4. 潜在竞争程度

解说：潜在竞争程度是指项目的建设内容、付费方式、投资收益等是否会引发社会资本方积极参与本项目投资的意愿，以及会有多少有意愿投资的社会资本方真正参加投标竞争。

本项目拥有较好的竞争优势。

①本项目是以产业为驱动的社会投资热点项目，符合当地社会经济发展趋势和国家政策要求。

②本项目有明确的产品与服务产出，产品与服务符合产业发展与市场需求，预测市场前景好，有稳定的使用者付费收入。

③本项目开发建设内容多、投资大，社会资本能将自己的人、财、物、技术与管理进行综合利用，发挥规模效益。

④本项目通过全透明的公开招标方式选择社会资本，在指定媒体上公开发布项目信息，阻断了利益寻租；通过打破地区和行业间的垄断，保证了竞争的公开、公正与公平，从而充分调动社会资本的积极性，能吸引较多的社会资本参与竞争。

5. 政府机构能力

解说：本项目政府机构能力是指项目实施中，是否能促使政府转变职能、优化服务、依法履约、行政监管和项目执行与管理等能力的提升。

本项目政府机构能力提升表现在以下几方面：

①角色的转换。政府从过去的基础设施公共服务的提供者转变成规划、监管者，避免了政府既当运动员又当裁判员的局面。

②优化服务。采用 PPP 模式，政府和社会资本按照各自优势分工，政府提供的服务从过去投资、融资、建设、运营等一揽子工作，转变为重在项目运行规则的制定、对社会资本服务的监管、绩效考评和公共利益的保障。

③管理模式的转变。采用 PPP 模式，将传统模式下的制度管理上升为契约管理，并通过签订《PPP 项目合同》等核心法律文件，从法律上为双方依法履约实施本项目提供了保障。

④行政监管多元化。PPP 模式的行政监管将传统投资和采购模式的单一监管走向了政府各职能部门按各自不同职责，共同参与的多维度监管，使监管职能得以深化和强化。

⑤监管过程从建设阶段监管走向全过程监管。政府各职能部门充分发挥各自管理优势，协调配合，在项目识别、准备、采购、执行阶段全过程参与，在项目全生命周期各阶段充分发挥监管的积极作用。

⑥提高了政府组织协调能力。政府成立了专门的 PPP 领导小组，又授权成立项目实施机构，统筹安排项目各个阶段的工作；厘清了部门与部门之间的责任边界，澄清了底子，算出了经济账，下达了任务单，制定了时间表，明确了奖惩办法，既强化分工又强化协作，形成了一个齐抓共管的良好氛围。

6. 可融资性

解说：可融资性是指本项目的市场融资能力。PPP 项目建设投资大，充足稳定的资金支持是项目顺利建设的关键。项目公司需要向金融机构融入资金，但能否融到资金，主动权多在金融机构。金融机构需对项目前景、社会资本方的综合实力以及金融政策和金融机构自身能力等进行多方面评估。

本项目具有较好的可融资性：

①本项目现在所处政策环境优越。本项目是在财金办〔2017〕92 号文指导下对 PPP 项目进行整顿后开展的规范化项目，是有运营收益的项目，为融资创造了有利条件。此外，《国家发展改革委、中国证监会关于推进传统基础设施领域政府和社会资本合作（PPP）项目资产证券化相关工作的通知》（发改投资〔2016〕2698 号）和《应收账款质押登记办法》（中国人民银行令〔2017〕第 3 号）、财政部 2015 年 4 月 2 日关于印发《地方政府专项债券发行管理暂行办法》（财库〔2015〕83 号）等政策文件为 PPP 项目资产证券化、收益权质押、发行专项债等明确了实施路径，有利于项目多元化融资，也会得到金融机构的大力支持。

②本项目是以产业为驱动的社会投资热点项目，符合国家鼓励政策要求，符合当

地社会经济发展规划和社会经济实际情况。

③本项目有明确的产品与服务产出，产品与服务符合市场需求，有稳定的销售收入，预测市场前景好。

④本项目开发建设内容多投资大，竞争本项目的社会资本综合实力强，有利于将自己的人、财、物、技术与管理进行综合利用，发挥规模效益。

⑤社会资本有很好的信誉。

（二）补充指标

1. 项目规模

解说：项目规模为客观指标，是指项目建设投资额的大小或设计产能的大小，体现了项目提供公共产品和服务的规模、范围和能力。本项目的总投资规模为××亿元人民币，投资规模处于中上水平。

2. 预期使用寿命长短

解说：项目预期使命寿命是指项目为社会提供公共产品和服务的综合有效使用年限。项目使用年限的长短取决于三个因素，一是设施的施工建造质量和设备工具本身的制造质量。项目由具有特定功能的建构筑物、设施设备组成。建构筑物、设施设备质量低劣会加速其有形的自然磨损而缩短使用寿命。二是技术的飞速发展，技术发展快会加速设施设备的无形磨损甚至淘汰而缩短使用寿命。三是产品与服务的市场萎缩，产品与服务没有市场必然会加速设施设备的停用或废弃而缩短使用寿命。在PPP模式下，社会资本方总是期望在运营期内提供更多更优质的产品和服务，以获得稳定的持久的投资回报。建构筑物、设施设备等资产的使用寿命越长对社会资本越有好处。使用寿命期长，也会使社会资本避免短视行为，有动力从长远考虑项目整体设计、建设、运营维护以及市场开拓所带来的效益，也更有意愿去追加资本性投入、加强管理创新、技术创新以及运营维护方法的创新。同时，政府方也需要以项目的预期使用寿命长短来考量与社会资本的合作期，项用预期使用寿命越长，项目移交给政府后还有继续为社会提供公共产品与服务的时间与能力。

本项目投资建设的主要内容为××、××、××、××等工程，其中，主体工程建设质量优异，设备设施先进，本项目建成后产出的产品和服务是××、××、××，生产技术成熟，工艺先进，市场前景好，故综合使用寿命应在50年左右，综合反映了项目的建造质量优良与技术超前。

3. 主要固定资产种类

解说：主要固定资产种类是指项目有多少类别的固定资产，属于哪几种类别的固定资产。若按照《固定资产分类与代码》（GB/T14885—1994）的要求，分类会很复杂。作为一个"项目"的固定资产，本项目大致分为土地、建筑物与构筑物、通用设备等大类即可。

本项目属于××项目，建设内容包括大量基础设施及公共设施等。项目建成后，资产种类包括科研、医疗、教学、后勤保障等所需要的建构筑物、交通设施、供水设施、供电设施、供气设施、通信设施等基础设施以及配套的其他通用设备等。

解说：在具体项目的物有所值定性评价指标体系中，以上三项补充指标和以下三项补充指标可以同时列入，也可以不同时列入，或者在这六项指标中选用适合这个项目的某几个指标，但各指标权重之和为 20%。

4. 全生命周期成本测算准确性

解说：全生命周期成本测算准确性主要通过考察项目对采用 PPP 模式的全生命周期成本的理解和认识程度以及全生命周期成本将被准确预估的可能性来评分。建设 PPP 项目需要对全生命周期的成本进行测算，但 PPP 项目建设期长，影响成本的因素很多，需要采取经验套用、合理预测、适当假设等手段进行全生命周期的成本测算。设置该指标以评估本项目成本测算的准确程度。

5. 运营收入增长潜力

解说：运营收入增长潜力是指分析项目在运营期内，项目所提供的产品与服务是否满足市场需求，是否稳定地、可持续地为市场提供优质产品与服务，以评估项目运营收入的增长潜力。

6. 行业示范性

解说：行业示范性就是项目采用 PPP 模式建设以后，能否为行业内的其他类似项目提供可参考、可借鉴、可复制的经验，发挥项目的示范作用，从而促进全社会整体效益的提高。

三、指标的权重分配

解说：遵照财政部《PPP 物有所值评价指引（试行）》（财金〔2015〕167 号）的要求，在各项评价指标中，六项基本评价指标权重共为 80%，其中任一指标权重一般不超过 20%；补充评价指标权重共为 20%，其中任一指标权重一般不超过 10%。

本项目评价指标具体权重分配详见物值 01 表。

物值 01 表　物有所值定性评价评价指标及权重分配表（参考表式）

指标		权重%	
基本指标	指标 1：全生命周期整合	15	80
	指标 2：风险识别与分配	15	
	指标 3：绩效导向与鼓励创新	15	
	指标 4：潜在竞争程度	15	
	指标 5：政府机构能力	10	
	指标 6：可融资性	10	
补充指标	指标 7：项目规模	5	20
	指标 8：预期使用寿命长短	10	
	指标 9：主要固定资产种类	5	
合计		100	

四、定性评价指标的评价要求与分档计分标准

物值 02 表　××项目定性指标的评价要求及分档计分标准表（参考表式）

编号	指标	评分参考标准
1	全生命周期整合程度	评价要求：评价在项目全生命周期内，项目设计、投融资、建造、运营和维护等环节能否有利实现长期、充分整合。 有利=81~100；较有利=61~80；一般=41~60；较不利= 20~40；不利=0~20。
2	风险识别与分配	评价要求：评价在项目全生命周期内，各风险因素是否得到充分识别并在政府和社会资本之间进行合理分配。 合理=81~100；较合理=61~80；一般=41~60；欠缺= 20~40；不合理=0~20。

编号	指标	评分参考标准
3	绩效导向与鼓励创新	评价要求：评价是否建立以基础设施及公共服务供给数量、质量和效率为导向的绩效标准和监管机制，能否有利鼓励社会资本创新。 有利＝81～100；较有利＝61～80；一般＝41～60；较不利＝20～40；不利＝0～20
4	潜在竞争程度	评价要求：评价项目内容是否有利吸引社会资本参与竞争。 有利＝81～100；较有利＝61～80；一般＝41～60；较不利＝20～40；不利＝0～20
5	政府机构能力	评价要求：评价是否有利提升政府机构职能、优化服务、依法履约、行政监管和项目执行管理等能力。 有利＝81～100；较有利＝61～80；一般＝41～60；较不利＝20～40；不利＝0～20
6	可融资性	评价要求：评价是否有利提升项目的市场融资能力。 有利＝81～100；较有利＝61～80；一般＝41～60；较不利＝20～40；不利＝0～20
7	项目规模	评价要求：评价项目规模是否有利项目发挥规模经济效能的可行性。 有利＝81～100；较有利＝61～80；一般＝41～60；较不利＝20～40；不利＝0～20
8	预期使用寿命长短	评价要求：评价项目使用寿命是否有利可持续性发展、提供更多更优质的产品和服务。为政府确定项目移交给政府后是否还有利继续为社会提供公共产品与服务。 有利＝81～100；较有利＝61～80；一般＝41～60；较不利＝20～40；不利＝0～20
9	主要固定资产种类	评价要求：评价项目固定资产种类是否有利提供公共产品与服务的承载能力以及项目产生效益的物质基础，是否有利选择有管理、经营大规模固定资产能力的社会资本。 有利＝81～100；较有利＝61～80；一般＝41～60；较不利＝20～40；不利＝0～20

五、物有所值定性评价程序

（一）专家抽取

本项目物有所值定性评价采用专家打分法，专家组由财政、资产评估、会计、金融、工程技术、项目管理和法律等七位或其中的五位专家组成。政府财政、发改等职能部门参加评审会议。

（二）专家、政府部门签到

物值 03 表　物有所值定性评价专家签到表（参考表式）　年　月　日

项目名称：				
专家姓名	职称	专业领域	工作单位	联系方式
……	……	……	……	……

物值 04 表　　**物有所值定性评价政府参会人员签到表（参考表式）**　　年　月　日

项目名称：			
所在政府部门	参会人员姓名	职务	联系方式
……	……	……	……

（三）发放评价资料

物有所值评价资料，主要包括实施方案、存量公共资产的评估资料、新建或改扩建项目的可行性研究报告摘要以及专家评审打分表等文件。

（四）质疑、答疑

专家和政府部门参会人员就文件内容质疑、问题涉及单位进行解答。

（五）专家打分

专家按照物有所值定性评价分项指标逐项打分，并将分值填入物有所值定性评价专家评分表。

（1）专家打分表

打分说明：专家打分为 100 分制，每一指标分以下四档，在"专家打分"栏记入原始分值，在"加权分"栏记入原始分乘权数的得分值。四档分值：

有利＝81～100；较有利＝61～80；一般＝41～60；较不利＝20～40；不利＝0～20。

物值 05 表　　**物有所值定性评价专家打分与权重分配表（参考表式）**　　年　月　日

标名称		指标简要说明	专家打分	权重%	加权分
1		2	3	4	5＝3×4
基本指标	1. 全生命周期整合程度	评价在项目全生命周期内，项目设计、投融资、建造、运营和维护等环节能否有利实现长期、充分整合		15	
	2. 风险识别与分配	评价在项目全生命周期内，各风险因素是否得到充分识别并在政府和社会资本之间进行合理分配		15	
	3. 绩效导向与鼓励创新	评价是否建立以基础设施及公共服务供给数量、质量和效率为导向的绩效标准和监管机制，能否有利鼓励社会资本创新		15	

	标名称	指标简要说明	专家打分	权重%	加权分
基本指标	4. 潜在竞争程度	评价项目内容是否有利吸引社会资本参与竞争		10	
	5. 政府机构能力	评价是否有利提升政府机构职能、优化服务、依法履约、行政监管和项目执行管理等能力		15	
	6. 可融资性	评价是否有利提升项目的市场融资能力		10	
	小计			80	
补充指标	7. 项目规模	评价项目规模是否有利项目发挥规模经济效能的可行性。本项目的总投资规模为××亿元人民币，投资规模处于中上水平		5	
	8. 预期使用寿命长短	评价项目使用寿命是否有利可持续性发展、提供更多更优质的产品和服务。为政府确定项目移交给政府后是否还有利继续为社会提供公共产品与服务		10	
	9. 主要固定资产种类	评价项目固定资产种类是否有利提供公共产品与服务的承载能力以及项目产生效益的物质基础，是否有利选择有管理、经营大规模固定资产能力的社会资本。固定资产种类主要指土地、房屋及构筑物、通用设备等大类		5	
	小计			20	
	合计			100	
	专家签字			年 月 日	

（2）专家打分结果汇总表

解说：专家打分结果汇总有两种情况：1. 全数汇总平均法，即七位专家打分总数作七项平均；2. 去掉最高分和最低分后平均法，即五项平均。物值表06使用去掉最高分和最低分后作算术平均的计分办法。

物值06表　物有所值定性评价专家打分结果汇总表（参考表式）　年　月　日

指标名称		A　七位专家加权分							最低分	最高分	平均分
		1	2	3	4	5	6	7	B	C	D=(A−B−C)/(7−2)
基本指标	全生命周期整合程度										
	风险识别与分配										
	绩效导向与鼓励创新										
	潜在竞争程度										
	政府机构能力										
	可融资性										
	基本指标小计										
补充指标	项目规模										
	预期使用寿命长短										
	主要固定资产种类										
	附加值指标小计										
评分结果											

注：本表"七位专家加权分A"的分值取自"物值表05"的第5栏。只有五位专家，则不去掉最低分与最高分。

（3）填写物有所值专家评审意见表

物值07表　物有所值定性评价专家评审意见表（参考表式）　年　月　日

项目名称		××PPP项目			
项目实施机构		××			
专家评审综合得分		是否满足评价通过分数	是		
			否		
专家小组意见					
专家组成员签名		专业领域	所在单位	联系电话	备注
组长					
成员					
	……				

六、物有所值定性评价结论

根据财金〔2015〕167号文要求，评分结果在60分（含）以上的，通过定性评价；否则，不通过定性评价。本项目经过专家对各评价指标打分后进行加权统计，综合评分结果为××分，表明本项目通过物有所值定性评价，适合采用PPP模式实施。

第三章　物有所值定量评价

解说：物有所值定量评价是对拟建PPP项目的经济价值的评价。财金〔2015〕167号文规定，定量评价是在假定采用PPP模式与政府传统投资方式产出的绩效相同的前提下，通过对PPP项目全生命周期内政府方支出的净成本的现值（PPP值）与公共部门比较值（PSC值）进行比较，判断PPP模式能否降低项目全生命周期成本。

公共部门比较值（PSC），是指一个与拟建PPP项目完全相同的"虚拟项目"在全生命周期内，政府采用传统采购模式提供公共产品和服务的全部成本的现值，主要包括建设运营净成本、可转移风险承担成本、自留风险承担成本和竞争性中立调整成本等成本的现值。

一、物有所值定量评价财务测算主要参数

（一）项目合作期

本项目财务测算的建设期为××年，运营维护期为××年。

（二）项目总投资的来源、到位与使用计划

解说：采用与实施方案相一致的项目总投资。

项目总投资××万元。资金来源、到位与使用计划见物值08表。

物值 08 表　　　　项目总投资的资金来源及使用计划表（万元）（参考表式）

1	总投资		2	资金来源（占比）	3	建设期资金到位与使用（占比）	
固定资产投资	铺底流动资金	建设期利息	资本金（×％）	债务资金（×％）	第 1 年（×％）	第 2 年（×％）	第 3 年（×％）
			政府方	社资方	项目公司	20	50	30

（三）折现率

根据财政部《政府和社会资本合作项目财政承受能力论证指引》（财金〔2015〕21 号）第十七条，年度折现率应考虑财政补贴支出发生年份，并参照同期地方政府债券收益率合理确定。结合本项目实际，折现率参考同期地方政府债券收益率，按 5.80％计算。

（四）融资和税金

本项目银行贷款××万元，贷款利率按"全国银行间同业拆借中心"每月 20 号公布的"市场报价利率"为基数上浮 15％～30％计算。还款期××年。还款方式为……

解说：还本付息有"等额本息"还款法和"等本实息"还款法两种方法。"等额本息"是每年偿还的"本金＋利息"之和相等。"等本实息"是每年偿还的本金相等，利息按当年实际发生的利息偿付。"等额本息"还款法和"等本实息"还款法各有优劣，可据项目实际情况选用。

物值 09 表：借款还本付息表。

物值 09 表　　　　　　　　借款还本付息表（参考表式）

序号	还款年份	期初借款余额	当期还本付息	其中		期末借款余额
				还本	付息	
		1	2	2.1	2.2	3
1	2015（第 n 年）					
……	……	……	……	……	……	……
合计			——			0

解说：表中的"期初借款余额"为项目总投资中除资本金以外的债务资金。

（五）投资收益水平

按照全投资内部收益率为×‰测算。

（六）投资回报方式

本项目投资回报方式为可行性缺口补助，由××政府财政按绩效考核结果约定时间向项目公司支付。

（七）政府为本项目的全部财政支付责任

解说： 财政支付责任不一定是实实在在的支出，因为在"财政支付责任"中，理论上存在"或有支出"。"或有支出"是指依未来某种事项出现而发生的支出。未来事项的出现具有不确定性，即这种支出有可能发生也有可能不发生，但却必须将支出数额"预留"出来。例如，"财政支付责任"中的"自留风险支出"。这种风险就有可能发生也有可能不发生。而只有风险出现了才能发生支出，风险没出现就没有支出。

在本项目经营期内，政府全部财政支出责任（现值）总额（不含增值税）为××万元（现值），（含增值税）为××万元。

物值 10—1 表　　**×市政府全部财政支出责任(现值)表(不含增值税)(参考表式)**

序号	年份	单位	财政支出责任（不含增值税）				
			股本支出	运营补贴支出	自留风险支出	配套工程支出	合计
1	2016	万元					
...	......	万元					
合计	18	年					

物值 10—2 表　　**×市政府全部财政支出责任(现值)表(含增值税)(参考表式)**

序号	年份	单位	财政支出责任（含增值税）				
			股本支出	运营补贴支出	自留风险支出	配套工程支出	合计
1	2016	万元					
...	......	万元					
合计	18	年					

二、物有所值定量评价方法

定量评价是在假定采用 PPP 模式与政府传统投资方式两者产出绩效相同的前提下，通过对 PPP 项目全生命周期内政府方支出的净成本的现值（PPP 值）与公共部门比较值（PSC）现值进行比较，判断 PPP 模式能否降低项目全生命周期成本，即如以下公式所示。

VFM 量值 = PSC－ PPP

解说： 只有当 VFM 量值 ＞0 时才通过物有所值定量评价。

三、指标说明

（一）PSC 值

PSC 值是依据一个与拟建 PPP 项目完全相同的"虚拟项目"的相同内容计算的用以进行比较的标杆值。这个"标杆值"就是假设一个由政府进行投融资与建设运营的项目，在实施时所付出的一切必要成本之和，它包含四个关键属性：一是基于假设。即假设本项目不采用 PPP 模式而采用传统采购模式，政府将提供满足同样产出要求的基础设施和服务。二是基于全生命周期成本。三是考虑资金时间价值，用净成本的现值表示。四是政府部门采用传统模式建设时需要承担的全部风险和竞争性中立调整值。竞争性中立调整值是指采用政府传统投资方式建设比采用 PPP 模式建设要少支出的相关费用，通常包括少支出的土地费用、行政审批费用、有关税费等。

PSC = 初始 PSC 值＋竞争性中立调整值＋项目全部风险成本值

（1）初始 PSC 值

初始 PSC 值是指政府在实施参照的虚拟项目时，所承担的建设成本和运营维护成本之和。这个虚拟项目与拟采取 PPP 模式建设的实际项目建设内容建设规模建设方案等都相同，且采用相同的工程技术标准、折现率、建设与经营期限。但在上述成本中，均需要减去相关资产的处置收入和经营中使用者付费收入，计算建设净成本和运营维护净成本，并折算成现值。

初始 PSC 值 = 建设成本＋运营维护成本

①建设成本是指将项目建成具有特定生产运营功能的构建物及设备设施综合体所投入的现金、其他固定资产投入、土地使用权（无形资产）等价值之和。

建设净成本是建设成本减去虚拟项目在全生命周期内转让、租赁和对资产进行其他处置所获得的总收益后的价值。

运营维护成本是指运营期用于项目"运营维护"的成本，主要包括虚拟项目全生命周期内因运营维护所消耗的原材料、低值易耗品、燃料、电力、备品配件、人工、管理费用、销售费用、运营期财务费用等。

解说： 关于运营维护成本，很多市县都制订了相关定额，如长沙市就有"市政设施维修养护年度费用估算指标"，具体编制时可以参照。

运营维护净成本是减去虚拟项目与 PPP 项目付费机制相同情况下能够获得的使用者付费收入后的价值。

计算公式：

建设、运营维护净成本

＝ 建设成本－资产处置收益 ＋ 运营维护成本－使用者付费

（2）竞争性中立调整值

竞争性中立调整值是指采用政府传统投资方式比采用 PPP 模式实施项目少支出的相关费用，通常包括少支出的土地费用、行政审批费用、有关税费等。

解说： 计算该值的目的是消除政府传统采购模式下因公共部门的公有体制使其相对于社会资本所具有的竞争优势和劣势，以便在进行物有所值定量评价时，政府和社会资本有一个相对公平、相似基础的比较。

（3）项目全部风险成本

项目全部风险成本是指项目建设运营中经风险识别可能发生的政治、经济、市场、技术以及自然等方面可能存在影响项目建设运营的所有风险。

项目的风险概率和风险后果值实际是难以预测的，根据《政府和社会资本合作项目财政承受能力论证指引》（财金〔2015〕21 号），可采用比例法、情境分析法及概率法进行测算。

解说： ①比例法。在各类风险支出数额和概率难以进行准确测算的情况下，可以按照项目的全部建设成本和一定时期内的经营成本的一定比例确定风险承担支出。

②情景分析法。是指在各种环境因素影响下或某种未来情景下，对某一事物发生的

概率进行预测的方法。本项目已识别出的风险，在各种环境因素影响下或某种未来情景下出现的概率难以确定时，可将各类环境因素、各类情景对风险的影响做"基本影响""一般影响"及"最坏影响"的假设，以测算各类风险发生带来的风险承担支出。

计算公式：风险承担支出数额＝基本情景下财政支出数额×基本情景出现的概率＋一般情景下财政支出数额×一般情景出现的概率＋最坏情景下财政支出数额×最坏情景出现的概率

③概率法。在各类风险支出数额和发生概率均可进行测算的情况下，可将所有可变风险参数作为变量，根据概率分布函数，计算各种风险发生带来的风险承担支出。

项目全部风险成本包括可转移给社会资本承担的风险成本和政府自留承担的风险成本。

全部风险成本＝转移给社会资本方承担的风险成本＋政府自留风险成本

当政府部门自行投资建设该项目时，全部由政府部门承担，也就是 PSC 值中的项目全部风险成本。

（二）PPP 值

PPP 值可等同于 PPP 项目全生命周期内股权投资、运营补贴、全部风险中政府应承担的部分，以及配套投入等各项财政支出责任，以现值计算。

PPP 值 ＝ 股本支出＋运营补贴支出＋政府承担风险支出＋配套投入支出

（1）股本支出

股本支出是政府按在项目公司所占股权比例计算应当承担的资本金支出。

（2）运营补贴支出

运营补贴支出是指在项目运营期间，政府承担的付费责任。本项目为可行性缺口补助模式，政府承担部分运营补贴支出责任，即可行性缺口补助。可行性缺口补助由政府财政逐年依据绩效考核结果向项目公司支付。

（3）政府承担风险支出

PPP 项目建设运营的全部风险成本支出通过"风险分担"的分配，可分为两部分：政府分得的风险，对政府而言称为"自留风险成本支出"；分摊给社会资本方的风险称为"转移风险成本支出"。

（4）配套投入支出

配套投入支出是指政府提供的项目配套工程等其他投入责任，通常包括土地征收、整理、项目外道路、水电气管线设备设施建设等配套措施以及与现有相关基础设施和公用事业对接的投资补助以及贷款贴息等。

（三）项目选择采用 PPP 模式建设的条件

所谓"PPP 项目全生命周期内政府方支出的净成本的现值（PPP 值）与公共部门比较值（PSC）现值进行比较，判断 PPP 模式能否降低项目全生命周期成本"，即在理论上，只有当 PPP 模式下的成本低于传统采购模式的（PSC）成本，即：

物有所值的量值 VFM = PSC－PPP ＞ 0 时，政府才会选择采用 PPP 模式建设。

四、测算分析过程及结果

（一）PSC 值的计算

解说：PSC 值是以下三项成本的全生命周期现值之和：（一）参照项目的建设和运营维护净成本；（二）竞争性中立调整值；（三）项目全部风险成本。

PSC 值＝初始 PSC 值＋竞争性中立调整值＋全部风险成本值

（1）初始 PSC 值计算

物值 11 表　　初始 PSC 值计算表（单位：万元）（参考表式）

序号	项目名称	合计	第 1 年	第 2 年	……	第 n 年	备注
1	建设和运营维护总成本费用						
1.1	建设（投资）成本						
1.2	运营维护成本						
1.2.1	生产成本						
1.2.2	财务费用						
2	资产处置收入						
3	使用者付费收入						
4	净成本支出						
5	复利现值系数		0.9524	0.9070	……	……	
6	净现值						

注：① 1＝1.1＋1.2；1.2＝1.2.1＋1.2.2；4＝1－2－3；6＝4×5。5 栏无合计。②本项目折现率 i 为 5%。③复利现值系数＝ $(1+0.05)^{-n}$。　n＝1、2、3、… ④初始 PSC＝净现值合计＝各年净现金流量现值和。

解说： 该折现率一般以当地省级政府发行的债券的票面利率为基础，同时考虑项目实际因素设定。

（2）竞争性中立调整值计算

在计算项目的竞争性中立调整值时，是有假设前提的，即政府在审批过程、人力资源服务、办公场所以及税收等方面比社会资本方具有明显的竞争优势，且能节省一定费用。但竞争因素是多方面的，很多方面政府自己建设也有不如社会资本方的劣势，例如在机制的灵活性方面或其他方面又具有明显的竞争劣势，这些劣势也是需要支出费用的。现假设政府方其他方面的优势劣势相等相抵，仅考虑流转税、所得税等主要竞争优势。结合本项目财务分析中关于增值税及附加、所得税的计算结果，并充分考虑项目投产时间及经营期限。经测算，本项目的竞争性中立调整值折算成现值为××万元。

物值 12 表　　竞争性中立调整值计算表（单位：万元）（参考表式）

序号	项目名称	合计	第 1 年	第 2 年	第 3 年	……	第 n 年	备注
1	增值税							
2	附加税							
3	所得税							
4	合计							
5	复利现值系数		0.9524	0.9070	0.8639	……	……	
6	现值							

注：折现率和复利现值系数同前表。

（3）全部风险成本计算

本项目的风险概率和风险后果值难以预测，风险承担成本拟采用比例法计算。按照本项目的全部建设成本和一定时期内的运营维护成本之和的一定比例确定风险承担支出。

在我国 PPP 项目实施以来的实践中，常用的是采用全部风险承担成本在项目全部建设成本和一定时期内经营成本的一定比例计算。即：

全部风险承担总成本＝建设成本×风险承担比例＋运营维护成本×风险承担比例

该比例通常设为项目建设、运营维护成本的 10% 左右。

在"政府部门自行投资建设"模式下，项目全部风险成本由政府部门承担，也就是 PSC 值中的项目全部风险成本。

在"PPP"模式下，PPP 项目风险由社会资本和政府进行"风险分担"，即项目全部风险成本包括可转移给社会资本承担的风险成本和政府自己承担的自留风险的成本。

但如何"分担"也没有明确的比例，实践中一般有两种方式，一是股权比例分摊法，二是概算比例分摊法。

根据以往 PPP 模式实践，全部风险承担成本大致为项目建设、经营成本的 10%～15%，其中可转移风险承担成本一般为全部风险承担成本的 80%～90%，自留风险承担成本为全部风险承担成本的 20%～10%。

根据本项目实际情况及风险分配框架，设定本项目全部风险承担总成本为项目建设、经营成本的 10%，其中政府自留风险承担总成本占 10%，社会资本承担的可转移风险总成本占 90%。经测算，全部风险承担总成本现值为××万元，其中，自留风险总成本现值为××万元，可转移风险总成本现值为××万元；各年度的风险成本按建设期和经营期分别计算。

物值 13 表　　　　　全部风险计算表（万元）（参考表式）

序号	风险名称	合计	第1年	第2年	第3年	第 n 年	备注
1	自留风险承担成本原值						
2	可转移风险承担成本原值						
3	复利现值系数		0.9524	0.9070	0.8639	⋯⋯	⋯⋯
4	自留风险承担成本现值						
5	可转移风险承担成本现值						
6	全部风险成本现值合计						

注：折现率和复利现值系数同前表

（4）PSC 值

PSC 值＝初始 PSC 值××万元＋竞争性中立调整值××万元＋全部风险成本值××万元＝××万元

（二）PPP 值的计算

PPP 值是指政府在 PPP 项目建设运营中应该支付的按现值计算的各类费用之和，包括股权投资、运营补贴（可行性缺口补偿助）、自留风险承担、配套投入四项支出。

它们也构成了政府为本项目所承担的全部支付责任。

解说： 股权投资、自留风险、配套投入和运营补贴支出在物值 14 表、物值 15 表中为原值，要在物值 18 表××PPP 项目 PPP 值计算表中换算成现值。

（1）股权投资、自留风险、配套投入三项支出（原值）计算

物值 14 表　股权支出、自留风险支出、配套投入支出（原值）计算表（参考表式）

序号	项目	单位	合计	第 1 年	第 2 年	第…年	第 n 年
1	股权投资支出（原值）	万元					
2	自留风险承担支出（原值）	万元					
3	配套投入（原值）	万元					

（2）运营补贴支出计算

计算运营补贴支出，首先应计算使用者付费收入。然后再计算一个能满足已约定的全投资内部收益率的收入（称"运营收入"），以这个运营收入减去使用者付费收入，求出运营补贴支出来。

现以"满足全投资内部收益率的收入差额法"计算运营补贴支出。

解说： 满足全投资内部收益率的收入差额法。

这个差额是指预期的能"满足全投资内部收益率"的"那个收入"减去已知的"使用者付费收入"的差额。计算过程如下：

第一步，计算"使用者付费收入"（原值）。

为简便表述，假设某厂只有一个产品，一个单价（实际销售价格），全部产品为消费者所购买，所得"销售收入"在这里就称为"使用者付费收入"（原值）。

①使用者付费收入计算。计算如物值 15 表。

物值 15 表　　使用者付费收入（原值）计算表（参考表式）

序号	项目	单位	合计	运营期			
				第 1 年	第 2 年	第…年	第 n 年
1	年生产设计能力	吨					
2	生产负荷	％					
3	实际产量	吨					
4	实际销售价格	元/吨					
5	销售收入（使用者付费收入）	万元					

注：$3=1×2$；$5=3×4$。

解说：第二步，计算"满足全投资内部收益率"的收入。

在一般的项目投资中，都是通过计算投资内部收益率来考察这个项目的报酬情况和抗风险能力。投资内部收益率就是项目资金流入的现值总额与资金流出的现值总额相等，即计算期内净现值累计流量等于零时的那个折现率。投资内部收益率也被普遍认为是项目投资的盈利率，反映了投资的使用效率。因此，它不是事先外生给定的，而是内生决定的，即是由项目现金流计算出来的。通过计算投资内部收益率来评价项目投资的可行性以及选择投资方向。

投资内部收益率（IRR）的表达式为：

$$\sum_{t=1}^{n} (CI-CO)_t \ (1+IRR)^{-t} = 0$$

式中，CI ＝现金流入量；CO ＝现金流出量；$CI-CO$ ＝净现金流量；n ＝计算期；t ＝当年年份的序号；IRR ＝全投资内部收益率。

上述现金流入量和现金流出量是已知的或被事先设定的，只有 IRR 需要测算。测算出的 IRR 数据大于或等于行业基准收益率时，该项目建设是可行的，并以这个指标为评价标准，在多个投资项目中选择投资方向。

但在已确定的 PPP 项目中，政府和社会资本双方为了使投资达到一定的营利水平，实现一个"渴望"的报酬率，一般会"事先商定"一个双方都能接受的全投资内部收益率（IRR）指标，比如 6.50%。这样，公式中的全投资内部收益率（IRR）就成了已知数。再分析项目的现金流入量"CI"和现金流出量"CO"。现金流出量"CO"比较简单，为简便表述，它的主要内容，可视为本项目的投入总成本，这也是已知的。现金流入量"CI"是未知的，但它的实质内容就是项目总收入（销售收入＋其他收入）。为简便表述，并与使用者付费的"销售收入"相区别，在这里将它称为本项目的"运营收入"。"运营收入"也理解为该项目单一的产品数量乘该产品的单价所形成的销售收入。其中，产品数量就是计算使用者付费的那个实际产品数量，是已知的，只有单价（将其称为"运营价格"）是未知的。这个"运营收入"就是未知的现金流入量"CI"，也是"预期的能'满足全投资内部收益率'的'那个收入'"。

这样，在 IRR 已知、现金流出量已知、产品数量已知的情况下，只有产品的单价"运营价格"是未知的了，但它可以通过上述已知条件推算出来。所以，"运营价格"是推算出来的价格。于是就有了这样的结论：用"运营价格"乘当年（t 年）产品产量得出当年（t 年）的运营收入（现金流入量 CIt），减去当年（t 年）生产出这些产品所必须付出的全部总成本（现金流出量 COt）的差额（t 年净现金流量），再乘以

IRR 为折现率的当年（t 年）的复利现值系数得出当年（t 年）的净现值。在计算期（n 年）里，净现值累计流量等于 0。或者说，以这个"运营价格"计算出来的"运营收入"能满足实现设定的 IRR 要求。或者说，要满足设定的 IRR 要求，在当年产量已知的情况下，必须有这样的"运营价格"。

②运营收入计算

$$\sum_{t=1}^{n}(CI-CO)_{t}(1+IRR)^{-t}=0$$

通过上述公式计算，本项目运营价格为××元。将数据录入物值 16 表。

物值 16 表　　　　运营收入（原值）计算表（参考表式）

序号	项目	单位	合计	运营期			
				第 1 年	第 2 年	第…年	第 n 年
1	年生产设计能力	吨					
2	生产负荷	%					
3	实际产量	吨					
4	运营价格	元/吨					
5	运营收入	万元					

注：3=1×2；3×4。

解说： 第三步，计算运营补贴（可行性缺口补助）支出。

物值 15 表所列使用者付费收入"不足以满足社会资本或项目公司成本回收和合理回报"，因而需要补助。"需要补助"的数额就是"满足全投资内部收益率"的那个"运营收入"减去"使用者付费收入"的差额，即运营补贴支出（可行性缺口补助）。该运营补贴支出符合财金〔2014〕113 号文关于"可行性缺口补助"的定义要求。假若市场上原材物料动力人力的价格不断上涨导致成本增加，使初始设计的那个"运营价格"不能满足成本覆盖和投资回报，并达到调价触发点，就要启动调价机制，调整"这个"运营价格（上述解说只是为说明运营补贴而提出的简单思路，实践中，PPP 项目产品及价格因素很复杂，需要依据这个思路去具体问题具体解决）。

③运营补贴支出计算

用"运营收入"减去"使用者付费收入"，即为政府应支付给社会资本方的运营补贴（可行性缺口补助）支出数额，计算如物值 17 表。

物值 17 表　（收入差额法）政府各年运营补贴支出（原值）计算表（参考表式）

序号	项目	单位	合计	运营期			
				第 1 年	第 2 年	第…年	第 n 年
1	运营收入	万元					
2	使用者付费收入	万元					
3	运营补贴支出（可行性缺口补助）	万元					

注：3＝1－2。

（3）PPP 值计算表

物值 18 表　××PPP 项目 PPP 值（现值）计算表（万元）（参考表式）

序号	项目名称	合计	第 1 年	第 2 年	第 3 年	第 n 年	
1	股权投资支出（原值）						
2	自留风险承担支出（原值）						
3	配套投入支出（原值）						
4	运营补贴支出（原值）						
5	全部支出合计（原值）						
6	复利现值系数		0.9524	0.9070	0.8639	……	
7	PPP 值（现值）						

注：①折现率和复利现值系数同前表。②股权投资。政府方按持股比例支付。③运营补贴支出。从运营维护期第一年开始，政府方向项目公司按绩效考核结果支付。④自留风险承担。计算 PPP 值时，只计算政府自留风险支出。⑤配套投入。本项目政府无配套投入。

（三）物有所值量值的计算

根据以上数据，本项目物有所值量值的计算如下：

$$VFM = PSC - PPP = ×× 万元 - ×× 万元 = ×× 万元 > 0$$

（四）物有所值定量评价结论

通过上述计算分析，本项目的 VFM 为××万元，大于 0，即 PSC 值大于 PPP 值，物有所值量值为正值。也就是建一个同样的项目，采用 PPP 模式建设的总成本要小于用传统模式建设的总成本。故本项目通过 PPP 物有所值定量评价。

（五）物有所值量值指数计算

物值 19 表　　　　　**物有所值量值指数计算表（参考表式）**

序号	指标	单位	数值	备注
1	PSC 净现值	万元		
2	PPP 净现值	万元		
3	物有所值量值	万元		3＝1－2
4	物有所值指数	％		4＝3/1

第四章　物有所值评价结论

根据财政部《关于印发〈PPP 物有所值评价指引（试行）〉的通知》（财金〔2015〕167 号）的规定，对本 PPP 项目物有所值进行了定性评价和定量评价。

1. 本项目物有所值定性评价经专家打分，平均得分总分为××分，××分＞60分，通过物有所值定性分析评价。

2. 经过测算，本项目物有所值的量值

VFM ＝ PSC－PPP　＝ ××万元－××万元＝ ××万元＞0

通过物有所值定量分析评价。

物有所值定性评价和定量评价均为通过，本项目可以采用 PPP 模式建设。

PPP 项目《财政承受能力论证报告》编制动态模式与解说

解说： 财政部《关于印发〈政府和社会资本合作项目财政承受能力论证指引〉的通知》（财金〔2015〕21 号）所称的财政承受能力论证指的是从政府角度识别、测算 PPP 项目的各项财政支出责任，科学评估项目实施对当前及今后年度财政支出的影响，为 PPP 项目财政管理提供依据。通过论证，同时能判定财务测算假设条件的合理性、经营收入的稳定性、运维成本的可控性、偿债能力的保障性、投资效益的可持续性和项目的生存能力，回应了融资机构、投资人以及项目公司的深切关注。

《通知》第三十三条规定："财政部门按照权责发生制会计原则，对政府在 PPP 项目中的资产投入，以及与政府相关项目资产进行会计核算，并在政府财务统计、政府财务报告中反映；按照收付实现制会计原则，对 PPP 项目相关的预算收入与支出进行会计核算，并在政府决算报告中反映"。由此，《PPP 项目财政承受能力论证报告》必须测算 PPP 项目的所有财务数据，并以此为依据，阐述两大内容：一是财政承受能力论证，即论证当地政府财政有没有钱进行 PPP 项目建设；二是财政承受能力评估，即评估本 PPP 项目的实施对地方当前和长远的财政影响，以及对相关行业建设的均衡性影响。

本项目《财政承受能力论证报告》重在进行财务数据的分析与计算。编制本报告所需要的"项目基础信息"可参照本项目《物有所值评价报告》里的"项目基础信息"。

编制说明

解说：*参看《实施方案》编制说明解说。*

一、编制背景

财政部《政府和社会资本合作模式操作指南（试行）》（财金〔2014〕113 号）规定："为确保财政中长期可持续性，财政部门应根据项目全生命周期内的财政支出、政府债务等因素，对部分政府付费或政府补贴的项目，开展财政承受能力论证，每年政府付费或政府补贴等财政支出不得超出当年财政收入的一定比例；通过物有所值评价和财政承受能力论证的项目，可进行项目准备"。财政承受能力论证是在通过了拟建 PPP 项目物有所值的定性评价与定量评价，得出了本项目可以采用 PPP 模式建设的结论之后，再论证政府财政有没有为实施本 PPP 项目承受支出责任的能力的一项重要工作，只有政府财政有能力承受支付责任，该 PPP 项目才能建设。

财政承受能力论证采用定量和定性分析方法，坚持合理预测、公开透明、从严把关，统筹处理好当期与长远关系，严格控制 PPP 项目财政支出规模。

本报告利用前期调研的资料和数据，采用基本建设项目投资分析评价的理论和方法，对项目的财务状况进行测算和分析，根据项目在建设运营期内产生的预期现金流量来确定其投资收益水平，评估相关风险，形成分析结论。论证的结论分为"通过论证"和"未通过论证"。本项目已"通过财承论证"，财政部门将在编制年度预算和中期财政规划时，将项目财政支出责任纳入预算统筹安排。

此外，本报告还对当地财政承受能力进行论证，对本 PPP 项目的建设在行业和领域里的平衡性进行评估。

二、编制目的

《财政承受能力论证报告》通过对××PPP 项目进行识别，全面测算 PPP 项目全生命周期的经营收入、经营成本以及政府为该项目承担的财政支出责任，科学评估项目实施对当前及今后年度财政支出的影响，为 PPP 项目财政管理提供依据。财政承受能力论证，是政府履行合同义务的重要保障，有利于规范 PPP 项目财政支出管理，有序推进项目实施，有效防范和控制财政风险，实现 PPP 项目可持续发展。

三、编制依据

解说： 选择国家和地方政府关于推广应用 PPP 模式的相关政策。

第一章　项目基础信息

解说： 参照本项目《物有所值评价报告》里的"项目基础信息"。

第二章　财务测算

解说： 对拟建 PPP 项目进行财务测算，是进行财政承受能力论证的核心内容，是支撑财政承受能力论证分析结论的必须手段。财政部《关于印发〈政府和社会资本合作项目财政承受能力论证指引〉的通知》（财金〔2015〕21 号）第三十三条要求：财政部门按照权责发生制会计原则，对政府在 PPP 项目中的资产投入，以及与政府相关项目资产进行会计核算，并在政府财务统计、政府财务报告中反映；按照收付实现制会计原则，对 PPP 项目相关的预算收入与支出进行会计核算。

财务测算有三步重要工作：一是列出进行财务测算的核心参数。这些参数是后续各财务报表计算、测算的依据。二是资料收集。主要是收集本地政府财政前五年中一般公共预算支出的实际支出数，计算这五年的平均预算支出增长速度，并参照该增长速度预测在本项目运营期的未来若干年内，政府财政一般公共预算支出增长速度和支出额度。同时收集至目前止，本级政府为已经完成财承受能力论证的其他所有PPP项目在今后各年度里的支付责任数据。以上内容由财承01至04表汇集完成，即"财承01表 财务测算核心参数表""财承02表 ××市20××年至20××年一般公共预算实际预算支出情况表""财承03表 ××市20××年至20××年一般公共预算支出增长率及预测预算支出表""财承04表 ××市以往PPP项目自××年起的支付责任一览表"。三是系列财务数据的测算，即编制《财务测算附表》。这些附表由财承05表至财承15表共十一份计算表组成，即财承"05表 项目总投资及资金筹措与使用计划表""财承06表 项目运营收入测算表""财承07表 借款还本付息表""财承08表 税金及附加估算表""财承09表 总成本费用估算表""财承10表 利润与利润分配表""财承11表 全投资现金流量表""财承12表 政府各年运营补贴支出情况一览表""财承13表 ××市政府在本项目全生命周期内全部财政支出责任表""财承14表 全部PPP项目财政支出责任占公共预算支出比例预测表""财承15表 资产负债表"。在本项目全生命周期内，这些计算表及其指标既是PPP项目的财务报表体系和财务指标体系，也是PPP项目的财务数据网和财务数据链。表与表之间、指标与指标之间、数据与数据之间有着严密的组织关系和逻辑关系，很多数据互有依存互成因果，由它们一起共同全面而充分地反映PPP项目的整体经济特征，也为数据的检查提供了方便。因此，在编制这些报表时，必须做到数据有来源，计算有过程，同一个指标在不同表中名称一致、定义范围一致、计算口径一致。

一、财务测算核心参数

财务测算核心参数，详见财承01表。

财承01表　财务测算核心参数表（参考表式与内容）

参数名称	参数	参数名称	参数	参数名称	参数	参数名称	参数
合作期		社资股权		市场利率		合理利润率	
建设期		总投资		浮动比例		全投资内部收益率	
运营期		资本金		计息利率		折现率	
政府股权		债务资金		折旧比例		其他	

解说： 本表中的核心参数只是示例，一个项目包括但不限于这些示例参数。其中，有些是已知的，有些是预测的，也有合理假设的，但无论哪种，均应事先交待数据来源。它们是进行项目财务计算、测算时必需的基础数据，必要的边界条件不可臆造或随意更改，否则，一数错讹，全盘皆错。

二、本市一般公共预算支出实际、未来年预算支出预测和以往项目支出责任

（一）×市前五年一般公共预算支出实际数

由财政部门提供，详见财承 02 表。

财承 02 表　　××市 20××—20××年一般公共预算实际支出情况表（参考表式）

年度	公共预算实际支出（万元）	环比增长率%	平均增长率%
20××年	……	—	公式：$P=\left(\sqrt[n-1]{\dfrac{y_n}{y_0}}-1\right)\times100\%$
20××年	……		
……	……		

解说： "平均增长率"又称平均增长速度。计算平均增长率不能用简单的算术平均法，要用如表中的几何平均法公式计算。公式中，n 为年序号，如 2015，0 为基年序号，如 2010，y 为数值，y_n 为 2015 年数值，y_0 为 2010 数值，n−1＝2015−2010＝5，即五个间隔年，P 为五年的平均增长速度。

（二）×市本级财政一般公共预算支出预测

财承 02 表显示，近五年×市本级财政一般公共预算支出平均增长速度为×%。根据该市近年来经济发展现状和今后若干年内的经济发展趋势，预测在本项目全生命周期 20××年−20××年的 25 年中，该市一般公共预算支出增长速度和数额如财承03 表（参考表式）所列。

财承 03 表　　××市 20××年−20××年一般公共预算支出增长率及预算支出表

年份	一般公共预算支出预计增长率（%）	一般公共预算支出数额（万元）
20××	—	（实际支出数额）
……	……（设定增长率）	……（预算支出数额）

解说：一个地区未来年度的一般公共预算支出增长率可以参照前五年的实际预算支出的平均增长率进行合理预测。一般情况下，一般公共预算支出也会依当地新的经济增长点的开发和社会经济的发展状况而逐年增加，但未来年的环比增长率不可能是一个均匀的稳定的数值，在 PPP 项目长达二三十年的合作期中，一般公共预算支出增长率预测不应太高于被参照的前五年平均增长率，理论上增长率会因基数的加大而逐渐放缓。

（三）×市已完成财承论证的 PPP 项目及每年的支付责任

×市自推广应用 PPP 模式以来，已完成财政承受能力论证的 PPP 项目有××PPP 项目、××PPP 项目 2 个，政府每年的支付责任如财承 04 表所列。

财承 04 表　　×市自××年起已有的 PPP 项目及支付责任一览表（参考表式）

序号	已有 PPP 项目名称	支付责任额度（万元）				
		合计	××年	××年	××年	N 年
1	······		······	······	······	······
2	······		······	······	······	······
合计	—		······	······	······	······

解说：表中资料通过当地财政部门收集整理。

三、财务测算附表

（一）项目总投资的资金来源及使用计划测算

财承 05 表：项目总投资的资金来源及使用计划表

解说：复制物值 08 表《项目总投资的资金来源及使用计划表》。

（二）项目运营收入测算

财承 06 表：项目运营收入测算表。

解说：复制物值 16 表"运营收入（原值）计算表"

（三）借款还本付息测算

财承 07 表：借款还本付息表。

解说：复制物值 09 表《借款还本付息表》。

（四）税金及附加测算

解说：以下财承 08 表至财承 11 表为财务通用表式，内容较多，且需根据不同项目列示，本模式不另列出表式。

财承 08 表：税金及附加估算表。财承 08 表中的"税金与附加"是指在"营改增"以后，需要计算的"销项税额""进项税额""抵扣增值税""应交增值税额"以及应计提的城市维护建设税、教育附加税、房产税和土地使用税等。

（五）总成本费用测算

财承 09 表：总成本费用估算表。

解说：本表中的"总成本费用"是指本项目运营期的总成本费用和分年度的当年成本费用。成本费用要按项目产出的不同产品和服务的品种来核算，要按国家的财务制度和会计制度来厘清产品和服务的成本构成，然后分项计算出产品和服务的单位成本和总成本。

（六）利润与利润分配测算

财承 10 表：利润与利润分配表。

解说：本表中"利润与利润分配"中的利润是体现项目总效益的重要指标。但它还需要进行一系列的分配，如弥补前年度的亏损、交纳所得税、提取法定盈余公积金等，剩下的由投资者按股比分配。这一系列指标都应在本表中体现。

（七）全投资现金流量测算

财承 11 表：全投资现金流量表。

解说：本表是反映本项目在全生命周期里现金流进和现金流出动态状况的报表。通过现金流量表，可以概括反映本项目的投资活动、筹资活动和经营活动对项目现金流进流出的影响，能较全面准确地评价本项目的财务状况和财务治理能力。

表中作为现金流入的"运营收入"应与物值 16 表"运营收入（原值）计算表"

一致。需要计算现值时，再逐年乘以当年的复利现值系数求得。

表尾一般附加以下几个指标：财务净现值（税前）＝××万元；财务净现值（税后）＝××万元；财务内部收益率（税前）＝×％；财务内部收益率（税后）＝×％；项目投资回收期（税前）＝×年；项目投资回收期（税后）＝×年。

（八）政府各年运营补贴支出测算

财承 12 表：政府各年运营补贴支出情况一览表。

财承 12 表　　政府各年运营补贴支出计算表（万元）（参考表式）

序号	项目	合计	第 1 年	第 2 年	第 3 年	……	第 n 年
1	运营补贴支出（原值）原值						
2	复利现值系数		0.9524	0.9070	0.8639	……	……
3	运营补贴支出（现值）						

注：1. 本表中的运营补贴支出（原值）数据复制物值 17 表政府各年运营补贴支出（原值）计算表。
2. 3＝1×2；3. 复利现值系数＝$(1+i)^{-n}$，i＝为折现率＝5％。

（九）×市全部 PPP 项目全部财政支出责任测算

财承 13 表：×市政府在本项目全生命周期内全部 PPP 项目财政支出责任测算。

财承 13 表　　×市全部 PPP 项目全部财政支出责任（参考表式）

序号	年份	本 PPP 项目支出责任					以往 PPP 项目合计支出责任	全部 PPP 项目合计支出责任
		股本支出	运营补贴支出	自留风险支出	配套工程支出	支出合计		
1	2016							
…	……							
合计	×年							

解说：①股本支出、运营补贴支出、自留风险承担支出、配套投入支出的指标说明见 PPP 项目《物有所值评价报告》第三章物有所值定量评价之"三、指标说明"。

②全部 PPP 项目支出责任是指包括本项目和已经经过财承论证的其他 PPP 项目在内的政府应承担的全部支出责任。由于已经完成入库的其他 PPP 项目支出责任的起始时间不一，本表只体现与本项目支出年重叠的当年合计支出数，为政府提供预算支出参考。

（十）×市全部 PPP 财政支出责任占公共预算支出的比例测算

财承 14 表：在本项目全生命周期里，本市全部 PPP 项目的财政支出责任占公共预算支出的比例预测。

财承 14 表　　全部 PPP 项目财政支出占公共预算支出比例预测表（参考表式）

序号	年份	预算支出额	本项目支出责任	占预算支出×%	以往项目支出责任	全部 PPP 项目支出责任	全部支出占预算支出额×%	备注
1	20××年							
...	......							
合计	27 年							

（十一）资产负债表

财承 15 表：资产负债表。（略）

第三章　财政承受论证结论与财政承受能力评估

一、财政承受能力论证结论

解说： 财政承受能力论证的结论分为"通过论证"和"未通过论证"。"通过论证"的项目，各级财政部门应当在编制年度预算和中期财政规划时，将项目财政支出责任纳入预算统筹安排。"未通过论证"的项目则不宜采用 PPP 模式建设。

在本项目的财政承受能力论证过程中，首先分析了本市一般财政预算支出情况，从本项目前五年每年实际预算支出数求得该五年的预算支出平均增长率为×%。以此为参考，综合分析在本项目运营期的未来（27）年里该市的经济增长点的开发和经济发展趋势，合理预测了不同阶段的财政预算支出增长率，分别计算出了各年的一般预算支出额。从预测的预算支出的增长率和数额看，该市的财政状况是好的，为承担本项目及全部 PPP 项目的支出责任提供了良好经济支撑。其次，通过识别本项目的股权支出、运营补贴支出、自留风险承担支出、配套支出等，计算出××政府为本 PPP 项目需要承担的支出责任和对包括本 PPP 项目在内的全部 PPP 项目需要承担的全部支出责任。经计算，政府对本项目及包括本项目在内的本市全部 PPP 项目所承担的全部支出责任均在当年预算支出的×％～×％之间。其中，全部 PPP 项目财政支出责任占比在本项目合作期的第×年，即××年为最大，达到××％。未超出财金〔2015〕21 号文关于"每一年度全部 PPP 项目需要从预算中安排的支出责任，占一般公共预算支出比例应当不超过 10％"的规定，也未达到财金〔2019〕10 号文规定的"对财政支出责任占比超过 7％的地区进行风险提示"的要求。由此，

××市本 PPP 项目财政承受能力论证结论：通过论证。

××市全部 PPP 项目的全部财政支出责任满足财政承受能力要求：通过论证。

二、财政承受能力评估

解说： 财政承受能力评估包括财政支出能力评估以及行业和领域平衡性评估。财政支出能力评估是评估 PPP 项目的实施对××市当前及今后年度财政支出的影响，为 PPP 项目财政管理提供依据；行业和领域均衡性评估是要平衡不同行业和领域的 PPP 项目建设，防止在某一行业和领域建设的 PPP 项目过于集中。

（一）财政支出能力评估

××市在市委市政府的领导下，紧跟以习近平同志为核心的党中央，高举中国特色社会主义伟大旗帜，坚定不移贯彻新发展理念，端正发展观念，转变发展方式，促进质量和效益不断提升，社会经济建设已取得了一系列重大成就。根据近五年来的统计公报，本市 GDP 正保持×％的快速增长，一般公共预算支出的平均增率为×％。本项目和其他 PPP 项目的开发建设，必将促进本地区基础设施建设进一步完善、促进产业进一步发展。产业发展又带动城市发展，实现产城融合，增加新的创业和就业机会，培育新税源，形成本市新的经济增长点，实现本区域经济的可持续发展。而从本市需要承担的包括本项目在内的全部 PPP 项目的支出责任看，经过本项目合作期内预算支出与预计支出责任的逐年对比，全部预计支出责任均未超出当年预算支出的 10％。故本市至目前止，所有 PPP 项目的全部预计支出责任不会对当前和今后未来年度的财政预算支出造成不利影响。

(二) 行业和领域均衡性评估

行业和领域均衡性评估是对适用 PPP 模式的行业和领域进行研究，对经济社会发展的需要和公众对公共产品和服务的需求进行研究，找出是否有可能因对某行业或领域、对某种需求的偏重或偏好而给予过多采用 PPP 模式建设的机会，以防止某一行业或领域内的 PPP 项目过于集中而影响一个地区的经济均衡性发展。本项目属于××行业（领域）的开发项目，本市已经开展的××项目为××（领域）的开发项目，××项目为××（领域）的开发项目，均分属不同行业和领域。此外，本市 PPP 项目库里还有城乡供排水、污水处理、垃圾处理、医卫教育等多领域项目。所以本项目的建设不会造成 PPP 项目在某个别领域里过于集中。

做好 PPP 项目采购
你应该知道这些

内容提要：

PPP 项目采购的招投标程序和招投标文件的内容与传统的工程建设招投标和政府采购招投标相比有其显著的特点，即在遵循《中华人民共和国招标投标法》《中华人民共和国政府采购法》的同时，还要遵循《政府和社会资本合作项目政府采购管理办法》（财政部财库〔2014〕215 号）的要求。根据该文要求，PPP 项目采购招投标分三步走：第一步，发布资格预审公告，验证该项目在社会上的竞争强度；第二步，进行正式采购招投标并确定中标候选人排序名单；第三步，通过"采购结果确认谈判"程序。被确定为预中标（成交）的社会资本在公示无异议后即成为 PPP 项目采购的中标社会资本。也就是投标人（社会资本）须进行一次获准"竞争入围"的资格响应文件的投送、一次为获准参与"正式竞争"的正式投标、一次与"采购结果确认谈判"小组的面对面谈判确认。

编制 PPP 项目采购招标文件要"五清楚"：一是招标范围要清楚；二是设定的招标条件及条件边界要清楚；三是评分标准要清楚；四是加分、扣分或废标条件要清楚；五是"采购结果确认谈判"的底线要清楚。

编制 PPP 项目采购投标文件要履行"五步骤"：一"读"，读懂招标文件；二"研"，研究招标文件的内涵与表达；三"知"，知彼知己知风险；四"要"，要编制好投标文件、要响应招标要求、要备好附件资料、要熟悉文件内容随时备答；五"检查"，检查投标响应是否有未响应招标文件要求的地方，检查复制资料是否挟带有不属于本项目的内容，检查附件资料是否齐备与有效，检查投标文件是否符合形式要求，检查投标文件投送外包装上的要求，检查投标文件外包装是否符合要求。

关键词：项目采购　特点　"五清楚"　"五步骤"

一、PPP 项目采购招投标特点

PPP 项目采购招投标是指 PPP 项目实施机构在公开、公平、公正和诚实信用的原则指导下，按照《中华人民共和国招标投标法》《中华人民共和国政府采购法》《关于印发〈政府和社会资本合作项目政府采购管理办法〉的通知》（财库〔2014〕215号）等相关法律法规要求，依法选择社会资本的过程。它是我国继工程项目建设招投标和政府集中采购货物服务招投标后的第三种招投标类型。

工程项目建设招投标、政府集中采购货物服务招投标和 PPP 项目采购招投标都是依法择优选择合格中标对象：工程项目建设招投标选择的是建筑工程的施工企业，政府集中采购货物服务招投标选择的是能提供货物或服务的供应商，PPP 项目采购招投标选择的是"社会资本"。工程项目建设招投标的投标人中标后，只负责按合同要求完成标的（工程量）的建设；政府集中采购货物服务招投标的投标人中标后，只负责按合同要求保证标的货物或服务按时按量供应到位即可。上述两类招投标的中标人除负责保质期的质保以外，再无后续的工作。

而 PPP 项目采购招投标的投标人是"社会资本"。这里的"社会资本"是个特定的概念，按财金〔2014〕113 号文规定，PPP 模式的社会资本是除"本级政府所属融资平台公司及其他控股国有企业"以外的"已建立现代企业制度的境内外企业法人"。也就是说，PPP 模式的社会资本就是上述概念的企业法人。中标的社会资本需要按 PPP 模式中的运作方式进行项目运作。PPP 模式中的运作方式主要有建设－运营－移交（BOT）、建设－拥有－运营（BOO）、转让－运营－移交（TOT）和改建－运营－移交（ROT）等运作方式。PPP 项目也不是单一的某一类型的建设项目，而是动辄几亿或几十亿的集群性组合工程，往往包含多类型的建设项目；中标人也不是将工程建设完成了事，而是还要继续运营管理这个项目，在运营中获得投资回报。以建设－运营－移交（BOT）运作方式为例，中标的社会资本不仅要如期如质将系列工程内容建设完成好，还要负责项目建成后 20～30 年合作期间的运营、维护，并在满足绩效考核前提下获取投资回报，至合作期满时将一个完好的能继续正常运营的项目移交给政府。这就要求"社会资本"必须拥有能为其所调用的设备资源、技术资源、管理资源、人力资源、信息资源以及包括融资能力在内的财力资源等等强劲的"综合实力"。

所以，PPP 项目的采购，实质就是通过采购招投标方式向社会择优选取具有完成标的任务的"综合实力"强大的企业法人的过程。根据《关于印发〈政府和社会资本合作项目政府采购管理办法〉的通知》（财库〔2014〕215 号）要求，它的招投标程序和招投标文件的内容比传统工程项目建设招投标和政府集中采购货物服务招投标有着显著的特点。

第一，PPP 项目采购招投标程序分三步走。工程项目建设招投标和政府集中采购货物服务招投标的一般程序：招标公告发布后，投标人只需依据招标文件的要求投送一次投标文件，然后评标专家按招标文件确定的评标办法和规则，一项项评审打分。从高分到低分排序，并推荐排名第一的投标人中标。按规定公示评标结果。公示后若发现第一名中标人不合格，或第一名主动放弃，则顺延第二名。而 PPP 项目采购不同，招投标程序要分三步走，投标人也需应对三次程序：第一步，政府实施机构或委托的中介代理机构（政府实施机构指导参与）发布投标人资格预审公告，通过社会资本的响应程度以验证该项目在社会上的竞争强度。社会资本方即投标人要向中介代理机构投送资格响应文件。专家对提出响应的社会资本的资格进行评审，确定可以入围投标的社会资本名单。第二步，中介代理机构制定采购文件进行正式采购招投标，入围投标人根据招标文件要求进行正式投标。评标专家通过对投标人的投标文件的评审，确定中标候选人排序名单。第三步，政府实施机构组织政府相关部门和代理机构组成"采购结果确认谈判"小组，与中标候选人依序进行"采购结果确认谈判"，将率先与谈判条件达成一致的候选社会资本确定为"预"中标（成交）的社会资本。待依法公示无异议后，才正式确定预中标（成交）的社会资本为 PPP 项目采购的正式中标社会资本。为此，投标人（社会资本）须进行一次获准"竞争入围"的资格响应文件的投送、一次为获准参与"正式竞争"的正式投标、一次与"采购结果确认谈判"小组的面对面谈判确认。

第二，PPP 项目采购招投标文件内容的有效期长。工程项目建设招投标和政府集中采购货物服务招投标文件的内容，除了合同中的付款与保质条款外，其他内容将随着中标单位的确定和工程建设及采购任务的完成，原则上就不再有太多作用了，时长一般为一年，最长也不过两三年。但 PPP 项目采购招投标不同，根据财金〔2014〕113 号文规定，适应大型 PPP 项目的运作方式主要是建设－运营－移交（BOT），转让－运营－移交（TOT），改建－运营－移交（ROT）和建设－拥有－运营（BOO）四种。前三种合同期限一般均为 20～30 年，而后者不涉及项目期满移交。因此，PPP 项目采购招投标文件的内容具有很长的时效性。

由于 PPP 项目采购招投标具有上述特点，对招投标文件的编制也有着若干更严格的特殊要求。

二、PPP 项目采购招标文件的"五清楚"

推广运用政府和社会资本合作模式是国家确定的重大经济改革任务。社会资本参与合作的 PPP 项目全过程，虽然要承担一定风险，但国家也给予了极大的政策支持。财金〔2014〕76 号明确指出：对收入不能覆盖成本和收益，但社会效益较好的项目，地方各级财政部门可给予适当补贴。将财政补贴等支出分类纳入同级政府预算，并在中长期财政规划中予以统筹考虑，要"切实考虑社会资本的合理收益"。从已落地的 PPP 项目看，社会资本的投资回报都十分可观，由此，极大地激发了社会资本积极参与 PPP 项目的热情。

PPP 项目一般都是大型项目，投资大、建设期长、子项工程多、涉及领域广、复杂程度高、不同行业的技术标准和管理要求差异大、专业性强、不可预测因素多。为选择合适而综合实力又很强的社会资本合作者，PPP 项目采购均采取了广布天下的公开招标方式。招标程序与招标文件的编制也更加严谨而细致。

PPP 项目采购程序的每一步要求均体现在采购招标文件中。PPP 项目采购招标文件由资格预审文件、采购文件和 PPP 项目协议三大部分组成。它们是投标人编制投标文件的依据，是评审专家现场评议确定投标文件是否符合要求及确定中标候选人的依据，也是评标之后处理投诉纠纷的法律依据。为此，要求采购招标文件必须做到"五清楚"

一是招标范围要清楚。

在采购招标文件中，既要对 PPP 项目的建设内容、建设规模进行总体描述，也要对每项子项工程进行准确的文字表述，让投标人知晓他将要完成怎样的工作任务。

二是设定的招标条件及条件边界要清楚。

招标条件包招投标人为承接本项目所必备的资格要求及其他有针对性的特殊要求。招标条件是投标人入围的"门槛"，《中华人民共和国政府采购法》第二十二条规定："采购人可以根据采购项目的特殊要求，规定供应商的特定条件，但不得以不合理的条件对供应商实行差别待遇或者歧视待遇"。国家发改委等八部委 2019 年 8 月 20 日发布的《关于印发〈工程项目招投标领域营商环境专项整治工作方案〉的通知》

（发改办法规〔2019〕862 号）也详细列示了招投标中的一系列不得违规的行为。但招标文件只要没有违背法律法规的规定，没有上述文件列示的排他性、歧视性、差别性内容等，招标人尽可以根据项目建设的要求来设置。但条件是什么，边界在哪里，技术经济参数是多少，均必须有定性与定量的明确界定。例如某大型高速公路工程招标，对投标人设置的资质条件和业绩条件等要定性与量化的明确表述，它们将成专家评审打分时的客观条件。

三是评分标准要清楚。

中标候选人及排序是评审专家通过对投标文件响应招标条件程度并加以量化，再依据规定的评分法则由高分至低分确定的。"响应招标条件程度的量化标准"指的就是在什么情况下得 10 分，什么情况下得 8 分，界限分明，不容含糊。其中，无选择余地的内容得分分值为"客观分"，设为单个自然数。例如有一级资质为 4 分，有二级资质为 3 分等；有些评分内容没有统一标准，全凭专家能力与经验加以独立判断给分，称为"主观分"。主观分分值一般设有"区间值"。例如某施工方案、技术措施的得分分值设为 15～20 分，以便评审专家发挥独立评审能力，从各自专业、经验角度出发做出判断，给出公正评价。

四是加分、扣分或废标条件要清楚。

这些条件直接关系投标人的投标成败，其中的废标条件更是一票否决。招标文件中的加分、扣分或废标条件设置不当，评审专家因此判定不准，将导致本为理想的投标人落榜，或是招致评审投诉。

五是"采购结果确认谈判"的底线要清楚。

谈判底线一是要清楚"不可谈判"的核心内容，二是要清楚"项目合同中可变细节"的变化区间上下值。这两条底线有的已记于招标文件中，有的则需谈判小组临场研究决定。

上述"五清楚"就是要求评标标准或答案具有唯一性，不为投标人的响应和评标（谈判）人的评定产生歧义。这是招标文件的基准点，是减少流标现象、提高招投标效率、选定优秀中标人的根本保证。

三、PPP 项目采购投标"五步骤"

投标，是投标人对招标文件做出具体响应的全过程，其中，最重要的任务是针对招标文件规定的内容编制投标文件。投标文件是为响应招标文件所准备的投标资料的总称。由此，编制投标文件务必履行一"读"、二"研"、三"知"、四"要"、五"检查"的五个步骤。

一"读"，是要读懂招标文件。

投标人拿到招标文件后，要立即组织一个工作班子，先把招标文件一字不漏地通读一遍，以获得本次招标的总体认识，获知招标文件的主要构成与主要内容。然后再仔细阅读，多读几遍，直至读懂招标文件里讲了什么、要做什么、怎么做。"读"时要对疑点、重点、难点、关键点做出标记或旁批。其中，对疑点务必向投标人质疑清楚并求得澄清，对重点、难点、关键点则要在撰写投标书或资料准备时特别注意。

二"研"，是要研究招标文件的内涵与文件内容的文字表达。

一要"研究"招标文件提出的评审方法、评审标准及相关特殊条件，特别是那些编制水平不太高的招标文件，文字表述不一定集中清晰。为此要理清思路，抓住关键，列出要点。要搞清得分、加分、扣分及废标的各种条件，以备响应时趋利避害。二要"研究"招标文件中相关条件的表述方式。例如，哪些是选择性条件，哪些是兼具性条件。要区分是"和"还是"或"，是"、"还是"；"，是"含"还是"不含"，是"允许"还是"不允许"，是"原件"还是"复印件"，以及其他特定的条件。不弄清这些表述方式，很可能就与中标失之交臂。

三"知"，是知彼知己知风险。

知彼，是要知道政府对项目实施机构的授权、实施方案的批复及其他相关审批文件、相关权利义务、风险分配、回报机制、效益及其测算方法。知己，是要知道自己有什么资质、资信、证书、业绩、奖项、技术及管理团队等能满足招标文件要求的资料，并分门别类地准备就绪。要依据对项目的了解，真实评估自己的承接能力。知风险，是要判断 PPP 项目建设与运营中的风险源，以及应对与化解风险的初步思路。

四"要"，编制好 PPP 项目投标文件。

"要"依据招标文件要求不走样，编制好投标文件，其中要特别关注对招标文件的响应与承诺。针对采购需求，针对评分标准，一条条一项项地加以落实。但相关经济数据既要满足招标文件要求，又要考虑自己的承受能力。文字表述"要"有层次，对招标文件的要求逐一作答响应，不要颠倒序号，不要改动标题。在此标题下的作答内容要契合标题题意与要求，一层一层意思讲清楚。有的可用数字序号表示，以避免交叉重复或遗漏。"要"按招标文件要求提供必要的附件资料。低于或不符合招标文件要求的附件资料不要提供；高于或多于招标文件要求的附件资料要谨慎提供，以防暴露漏洞、制造麻烦。"要"熟悉投标文件的全部内容，以便随时回答评审专家的质疑。在采购结果确认谈判中，既要有灵活度，又要有自己可接受的底线，争取有利于自己的最好结果。

五"检查"，是投标文件送出去的最后步骤。

一查投标内容是否全面完整，有没有未响应招标文件要求的地方。二查复制资料，是否挟带有不属于本项目的人名、地名、单位名、项目名。三查附件资料及其法律效力。附件资料包括资质、资信、证照、业绩、奖项、企业内部专业人员相关证书证明、企业外部专家团队的专业结构等等。法律效力即为相关附件的颁发单位、印鉴、签名、有效期等的合法性。这些附件资料要与招标文件的要求相对应并符合其要求，要列出附件资料清单，以便一目了然。四查投标文件是否符合形式要求。形式要求包括投标文件组成、文内页码、标题、签名、盖章等等。五查投标文件投送份数与外包装上的相关规定，包括项目名称、单位名称、文件清单、投送日期、密封、盖章等。

遵循上述"五步骤"编制的投标文件，尽管中标结果暂尚不知，但已充分体现了投标人的认真负责，及其诚实、诚信与诚意，体现了志在必得的决心，必为评审专家留下深刻而良好的印象，甚至可以成为同等条件下的优先选择。

四、结束语

PPP 项目是政府与社会资本合作完成的项目。政府与社会资本合作不是无原则的"拉郎配"，也不是行政干预的"城下之盟"，而是在《中华人民共和国政府采购法》

及其他相关法规规定框架下，通过招投标方式由双方双向选择而形成的：政府期望选择专业资质、技术能力、管理经验、经济实力等综合实力强，又诚实守信、安全可靠的合作伙伴；社会资本期望选择投资回报机制健全、预期收益高、投资收益长期稳定并能实现投资效益最大化的合作项目。因而，这种互有期望又通过竞争而成功形成的合作便有了坚实的基础与共识，必将在"激励相容"原则下实现合作共赢的目的。

PPP 项目如何制订调价机制

——以污水处理厂污水处理价格的调整为例

内容提要：

构成产品建造成本和服务成本的各类原材料价格的变动，将导致计算社会资本投资回报和政府支付责任的产品或服务价格的变动，从而直接影响社会资本方的投资回报和政府对运营补贴的支付责任。于是调价机制应运而生。常见的调价机制有"公式调价法"，即通过设定价格调整公式建立政府付费价格与某些特定价格指数之间的数学模型，以反映产品或服务成本变动对社会资本投资回报和政府付费责任的影响。PPP 模式应用几年来，很多咨询机构采用如下公式：$P_n = P_{n-2} \times K$。通过数学模型计算的调整价格将作为下一个调价区间里政府补贴的支付依据。式中所取价格是统计部门公布的社会平均价格，故称该类公式为"社会平均价格调价公式"。但该公式有数据庞杂难以获取、人为因素多、不能长久稳定执行等缺点而无法实际应用。为克服"社会平均价格调价公式"的上述种种弊端，探索建立科学、客观、公正又易于实施的调价机制，为政府和社会资本方提供重要决策参考，拟创建"企业成本调价公式"，其表达式为：$P_{n+1} = P_n \times K$。企业成本调价公式完全摆脱了对外部因素与环境的依赖，不因世易时移、物是人非而变化，数据公开透明，可稳定地持续地使用；同时，十分有利于加强企业的财务管理和成本核算，没有任何人为因素，极有利于促进政府和社会资本双方的信任与合作。

关键词： 调价公式　社会平均价格　企业成本　示例

财政部《关于推广运用政府和社会资本合作模式有关问题的通知》（财金〔2014〕76 号）指出：对项目收入不能覆盖成本和收益，但社会效益较好的政府与社会资本合作项目，地方各级财政部门可给予适当补贴……地方各级财政部门要从"补建设"向

"补运营"逐步转变，探索建立动态补贴机制，将财政补贴等支出分类纳入同级政府预算，并在中长期财政规划中予以统筹考虑。

所谓"动态补贴"是指政府的补贴数额不是固定的，而是要"以项目运营绩效评价结果为依据，综合考虑产品或服务价格、建造成本、运营费用、实际收益率、财政中长期承受能力等因素合理确定"。在项目运营中，构成产品建造成本和服务的各类原材料价格的变动将导致计算社会资本方投资回报的产品或服务价格（称为"运营价格"[注]）的变动，而直接影响社会资本方的投资回报和政府的支出责任。为此必须对这个"运营价格"加以调整。财政部《关于印发〈政府和社会资本合作项目财政承受能力论证指引〉的通知》（财金〔2015〕21 号）第二十条 指出："PPP 项目实施方案中的定价和调价机制通常与消费物价指数、劳动力市场指数等因素挂钩，会影响运营补贴支出责任。在可行性缺口补助模式下，运营补贴支出责任受到使用者付费数额的影响，而使用者付费的多少因定价和调价机制而变化"。于是，PPP 项目的"调价机制"就成了《实施方案》中的必要内容。

在 PPP 项目合作期长达 20～30 年的时间跨度内，市场上的所有商品（包括物资与服务）的价格必然会有大幅涨落，商品（产品）也会更新换代。为防范和规避项目购入原材料价格大幅上涨，使本项目产出的产品与服务的成本增加，从而严重影响以本项目产出产品与服务的价格为基础计算的社会资本方的投资回报与政府的支付责任，特设定对本项目产出产品与服务的价格进行调整的调价机制，即调整计算本 PPP 项目产出的产品与服务的价格。

设置科学合理的价格调整机制，不因原材价格上涨、成本增加造成社会资本方投资回报减少，可以保障社会资本有合理的投资收益；也不因原材价格下降、成本降低造成政府的支付过高而损害政府、消费者利益和社会公共利益的现象发生，保障政府的补助付费金额维持在合理范围。调价机制是 PPP 项目采购文件和《PPP 项目合同》中不可缺少的重要内容。科学的调价机制能促进项目公司（社会资本）努力加强企业管理，积极采用新技术、新材料，降低成本，提高效益，实现激励相容。PPP 项目咨询机构须认真制订，政府实施机构和社会资本方均须认真研判。

一、社会平均价格调价公式

（一）基本概念

常见的调价机制有"公式调价法"。即通过设定价格调整公式来建立政府付费价格与某些特定价格指数之间的数学模型，以反映项目产品成本变动对政府付费价格的影响，并通过不同成本因素变动指数的计算来确定调整价格的方法。通过数学模型计算的调整价格将作为下一个调价区间里政府补贴的支付依据。

表达式为：$P_n = P_{n-2} \times K$。

目前，该公式已被一些 PPP 项目咨询机构采用，由于公式中的上述因素所取价格均是统计部门公布的社会平均价格，故称该调价公式为"社会平均价格调价公式"。

"社会平均价格调价公式"的表达有多种版本，但大同小异。公式的基本定义：调价年的调整价格等于基年该产品的"运营价格"乘以调价系数，其中"基年"年序有的取调价当年，有的取调价前一年或前两年。

以污水处理厂污水处理价格的调整为例，解读相关因素。调价公式为：

$$P_n = P_{n-2} \times K$$

式中：n 为决定调价的区间年数，$n \geqslant 4$，即调价区间为四年或四年以上；基年 n 的年序取调价当年，P_n 为调价年的调整后污水处理价格；P_{n-2} 为调价年前两年（基年）的污水处理价格；K 为调价系数。

K 值的表达式为：

$$K = a\,(E_n/E_{n-2}) + b\,(L_n/L_{n-2}) + c\,(Ch_n/Ch_{n-2}) + d\,(Sl_n/Sl_{n-2}) + e\,(CPI_n/CPI_{n-2})$$

式中：

K 是若干材料的实际价格指数乘该指数所占权重之后相加之和。

小写字母 a、b、c、d 分别为电费、人工成本、化学药剂费、污泥处理和污泥运输费用等在价格构成中所占比例（权重）；e 为价格构成中电费、人工成本、化学药剂费、污泥处理和污泥运输费等费用以外的其他因素在价格构成中所占比例。

$a + b + c + d + e = 100\%$。

E_n 和 E_{n-2} 分别为调价年和调价年前两年省电网销售电价中 $1kV-10kV$ 大型工业企业用电的电价及基金附加合计；L_n 和 L_{n-2} 分别为调价年和调价年前两年"电力、

煤气及水"的生产和供应行业在岗职工平均工资（以所在县市统计局官方统计数据为准，下同）；Ch_n 和 Ch_{n-2} 分别为调价年和调价年前两年化工原料类的"原料、材料、燃料、动力购进价格指数"所对应的化工原料平均价格（取绝对值）；Sl_n 和 Sl_{n-2} 分别为调价年和调价年前两年同类污水处理厂的污泥处理及污泥运输费用单价；CPI_n 和 CPI_{n-2} 分别为调价年和调价年前两年所在县市居民消费价格指数。

（二）调价方法

（1）a、b、c、d、e 取值在合同中约定，项目运营中由项目公司根据污水处理服务费构成的变动和项目公司的财务分析进行修订。

（2）如果上述任何指标值不能从当地县市统计部门公布的资料中得到，则采用省市统计部门公布的该指标值替代。替代后，如果当地县市统计部门又能提供所要求的数据，则从能提供之日起，改为采用当地县市统计部门数据。

（3）如果在开始商业运营日和移交日之间，上述指标值被当地县市或省市统计部门修改或者不再可以得到，则项目实施机构与项目公司可以商定替代指标值；如果不能商定一致，则按照本项目争议解决办法进行处理。

（4）如果 E_n、L_n、Ch_n、CPI_n 指标值的基点在任何时候有变化，所公布的 En、L_n、Ch_n、CPI_n 值应相应调整。

（5）签署日各调价因素的权重如表01所示。

表01 　　　　　　　　　　　　调价因素权重约定表

基本水量为万吨 3/d 时的调价因素权重	$a=$ %	$b=$ %	$c=$ %	$d=$ %	$e=$ %	$\Sigma=100\%$
基本水量为万吨 3/d 时的调价因素权重	$a=$ %	$b=$ %	$c=$ %	$d=$ %	$e=$ %	$\Sigma=100\%$

（三）主要问题

从以上"调价公式"看，价格怎么调整完全取决于"调价系数 K"的确定。而"调价系数 K"又完全取决于一系列商品的社会平均价格和消费物价指数、劳动力市场指数等因素的确定。该公式出发点很好，设计很周到，但过于理想化，其实际操作几乎是完全不可能的，理由如下：

第一，涉及因素太庞杂，无法获得完整有效的数据。公式中的数据分别在第 n 年

和第 $n-2$ 年中获取，数据有省电网（特指 1kV－10kV 大型工业企业用电）电价及基金附加；有电力、煤气、自来水等行业的在岗生产人员、供应人员的工资，而这个工资是指这些人员在各自行业的工资水平及其平均工资；有污水处理厂消耗的液氯、絮凝剂等主要化工原料，以及生产液氯、絮凝剂等原料时所消耗的"原料、材料、燃料、动力的购进价格指数及其所确定的平均价格"，而价格指数又是以报告期价格与基期价格相对比的相对数值；有同类污水处理厂污泥处置及污泥运输费用单价；有一个地区的居民综合消费价格指数；等等。此外，还涉及各种数值的变动与替代。由此，这些不同时期、不同因素的价格数据已成了几何级数累计，有的还互为前提。省、市（地）、县统计部门根本不可能提供包括上述原料、材料、燃料、动力、人力等在内的千千万万种商品在各个不同时期的价格，以及如此庞杂细末的统计数据链。

第二，宏观统计数据不能成为微观应用的直接依据。省、市（地）、县统计部门公布的一定时期的消费物价指数、劳动力市场指数等数据，是根据统计学原理，用定向、分类、随机方式抽取若干有代表性的个体价格后，运用多种统计修正方法进行计算得出的一个被抽象化了的综合价格指标。这种综合价格指标完全抹杀了行业与产品的个性价格差异，反映的是一定时期的社会宏观价格现象或趋势，为国家制定宏观经济政策提供参考，而不能作为具体企业与具体产品的调价依据。

第三，过多的人为因素使调价机制为主观操控留下大量空间。调价系数中各类数据的取得与替代，调价方法中的若干"如果"情况下的处置办法，以及不同水量下的调价因素权重约定，都掺进了极大的人为主观因素，从而使调价机制完全失去了严谨的科学性、客观性和公正性。

第四，不可能长久稳定执行。PPP 项目合同期很长，财金〔2014〕113 号文规定，BOT（建设－运营－移交）项目、TOT（转让－运营－移交）项目、ROT（改建－运营－移交）项目的合同期均为 20～30 年。这三种方式是 PPP 项目的主要运作方式。BOO（建设－拥有－运营）项目不涉期满移交。在这么长的时期内，世易时移，物是人非，新技术、新材料、新工艺飞速发展，无论是企业外部社会经济环境还是企业内部各生产要素，无论是一项工程还是一个产品，都会发生一系列重大变化。这些变化也必将导致 PPP 项目合同签署时约定的计算"K"值的若干因素的改变，例如工艺配方改变会导致用药原料与消耗数量的连锁改变，从而使整个调价机制不可能延续执行。

第五，P_n 与 E_n、L_n、Ch_n、CPI_n 等因素资料不可能同在第 n 年取得。调价系数中的某一商品价格指数是该商品现时的价格与某一基年的价格之比。可商品价格在一年中的变化是很大的，故调价年某商品的年均价格需要收集一个年度的全部资料经统计处理后得出。而统计部门在年度统计报告中公布的资料不仅十分有限而且非常滞后，少则于年后四五月，多则年后八九月还不一定能公布。滞后的统计数据使调价机制根本无法及时发挥作用。

二、企业成本调价公式

（一）基本概念

为克服"社会平均价格调价公式"的上述种种弊端，探索建立科学、客观、公正且能可靠操作的调价机制，以便为政府和社会资本方提供重要决策参考，拟创建"企业成本调价公式"。公式的定义：调价年的调整价格等于上年度（基年）该产品的"运营价格"乘以调价系数。该定义与社会平均调价公式的定义虽然基本一样，但作为基数（基年）的价格是取自上年度的"运营价格"，公式的其他内涵也与前者有着本质的区别。其调价公式为：

$$P_{n+1} = P_n \times K$$
$$K = a\,(E_n/E_{n-3}) + b\,(F_n/F_{n-3}) + c\,(G_n/G_{n-3}) + d\,(L_n/L_{n-3}) + e\,(M_n/M_{n-3}) + \cdots$$

式中，n 是项目公司通过《PPP 项目合同》约定的调价区间的间隔年数，称为调价区间年，一般不宜大于 4 或小于 3，没有"＞4"的无边界概念。以 $n=4$ 为例，是指每隔 4 年调整一次，时间段为从第 1 年初到第 4 年末的四个整年度。而大写字母下的小写字母 "n"，即作为脚码的字母 n 是区间末年年份的序列数，也是调价的基年。$n+1$ 则是决定调价的年份。如 $n=4$（四年区间），n 为第四年，决定调价的年 $n+1$ 为第五年。如果以第四年的年份（2015 年）作为基年，决定调价的第五年的年份 $n+1$ 就是 2016 年，$n-3$ 则为 2012 年。后退 3 年即是价格的执行初始年或是上一次的调价年，反映了自初始年或上次调价以来四年间的物价变动。P_{n+1} 是调价年份 2016 年的调整价格。该价格是用基年价格乘以调价年前 4 年（基年年份的前 3 年）以来实际耗用原材料价格变动系数计算出来的，以用于 $n+1$ 年份（2016 年）至 $n+4$ 年份（2019 年）四年间，计算政府运营补贴支出责任的价格依据。

（二）主要优势

仍以污水处理为例，解读上式的主要优势。

第一，本公式的原材料、动力、人工均为实时的购进价或支付价，而且是各个时期具体的适时购入价格，已真实反映了市场上该商品的价格变动，故不需要再取反映本项目原材料动力人工价格变动的 CPI（居民消费价格指数）。

第二，式中 E、F、G、L、M 等字母代表的是本企业污水处理中所实际消耗的电力及絮凝剂、液氯等原材料的年均购进单价、实际支付的污泥处理及污泥运输的年均单价，以及实际支付给生产工人的平均工资及福利费用。这些因素的资料全部来自企业自己的财务报表，没有任何假设与替代，保证了资料的可得性、及时性、真实性与准确性。

第三，消耗的物资与支出的费用均在全年财务报表中有完整的记录，且定义一致，边界清晰，能准确反映企业直接消耗的原材物料的价格变动。这些分次分批以不同价格购进的原材物料已经客观真实地反映了市场物价的适时变化。

第四，式中"$+\cdots$"表示 K 值因素的项数可以根据生产消耗物或成本构成因素自定义地取定与增加。各项因素的权重就是某选定因素的价值量在全部选定因素价值总量中的实际占比，完全消除了设置 a、b、c、d 的人为因素。

第五，n 年份结束时，企业年终报表也出笼了。$n+1$ 年份伊始，新年的调价决策即可同步进行。

公式中的上述因素都是企业生产经营所消耗的实有原材物料、动力与人力资源成本，它们的购入价格已体现了市场上四年来的实际变动，也反映了企业成本变动的真实，所以该调价公式被称为企业成本调价公式。企业成本调价公式完全摆脱了对外部因素与环境的依赖，不因世易时移、物是人非的变化而变化，却有与时俱进的灵活性，数据公开透明，可稳定地持续地采用。同时，十分有利于加强企业的财务管理和成本核算，没有任何人为因素，极有利于促进政府和社会资本双方的信任与合作。

（三）K 值因素的选择依据

产品总成本包括固定成本和可变成本两部分。其中，固定成本是由管理人员工资、管理费、销售费、职工福利费、办公费、固定资产折旧费、修理费等构成。其总额在一定时期或一定的生产设计能力范围内是基本固定不变的。这些费用虽然因市场因素和社会环境因素影响会有所变化，但整体是相对稳定的，故称为固定成本。一定计算期内的固定成本总量不会因企业同期产量的增减而增减，但单位产量负担的固定成本却随产量的增减成反比例变动。可变成本由原材料、燃料、动力与生产工人工资（主要指计件计时工人工资）等生产要素的价值构成。这些生产要素的购买价格（物价）受市场影响因素和社会环境因素影响大，敏感度高，波动频繁。如果将相对稳定的固定成本和波动频繁的可变成本合在一起，就会使原材料、燃料、动力价格与生产工人工资的波动在总成本中被弱化，从而不能充分反映市场因素和社会环境因素对产品价格（在 PPP 项目中，为计算可行性缺口补助的运营价格）的影响力。更重要的是，市场和社会环境对物价涨跌的作用力是巨大的，而企业对物价的涨跌只能被动接受而无力控制。但产品的总成本却又是可以通过加强企业管理，厉行节约，采用新的科学技术，提高操作技能，降低单位产品物资、能源和费用量等等的消耗而降低，以增加产量降低单位固定成本而增加规模效益。

正是基于上述原因，在污水处理的调价公式中，K 值因素只选择了污水处理所实际消耗的电力、絮凝剂、液氯、生产工人工资、污泥运输费用等五项主要受市场影响大的因素。这五项因素所构成的成本就是污水处理总成本中的可变成本的一部分。通过数学模型计算出来的 K 值，用其作为调价系数，与调价区间末年（基年）该产品的运营价格相乘而成为调价年产品的调整价格。该调价系数 K 值只要大于 1（即真正涨价了），在下一个区间年内，计算社会资本方投资回报的运营价格就会高于上一个区间年度的运营价格而获得应有补偿。补偿的来源要么提高产品或服务的实际售价，增加使用者付费收入，要么增加政府的可行性缺口补助。总之，这种补偿不会因其他成本因素的降低而降低。

以 K 值的增长率为依据设置调价机制启动的触发点。调价机制触发点，就是原材料价格涨到某一点时，即进行价格调整。假设某项目的调价机制启动的触发点设为：$K \geqslant 115\%$ 时，即进行调价；而 $K < 115\%$，即维持原有价格，不调价。

成本调价公式的优势不仅在于资料易得、方案可行与操作方便。此外，还把受市场因素影响大，价格不可控的成本因素与通过加强管理、能进行有效掌控、可厉行节约的其他成本因素进行了分离，从而能激励社会资本通过管理创新、技术创新、制度创新而降低项目产品总成本，提高项目整体效益和公共服务质量，不会因主要原材料涨价而抹杀管理的增效，也由此很好地体现了激励相容机制的作用。

三、调价公式计算示例

（1）公式：$P_{n+1} = P_n \times K$

式中：P＝运营价格；$n＝4$（调价间隔年份数，即每隔 4 年调整一次；n 也同时表示调价区间末年的年序）。

假若调价区间末年的年序为 2015 年。

$(n+1)$ 年份＝2016 年

$(n-3)$ 年份＝2012 年

$K=\sum$ ［若干材料的价格指数乘权重］。

$K=a (E_n/E_{n-3}) +b (F_n/F_{n-3}) +c (G_n/G_{n-3}) +d (L_n/L_{n-3}) +e (M_n/M_{n-3}) +\cdots$

（2）K 值计算

设计 K 值计算表。将调价公式计算程序与计算内容设计成一张表，然后，把从财务报表中收集整理的基本数据填入表内（本表数值是为演算而假设的数值，且假设均为上涨），如表 02 所示。

表02　　　　　　　污水处理厂污水处理价格调整 K 值计算表

原材料消耗种类	单位	$(n-3)$ (2012) 年单位消耗物价格	n (2015) 年单位消耗物价格			$n/(n-3)$ 值（物价指数）%	以 n (2015) 年权重计算的物价指数 %	
			数值	权重%				
				字母	数值			
		1	2	3	4	5=2/1	6=4×5	
E（电力）	元/吨	20	26	a	18.41	130	$a(E_n/E_{n-3})$	23.93
F（絮凝剂）	元/吨	30	34.5	b	24.42	115	$b(F_n/F_{n-3})$	28.08
G（液氯）	元/吨	5	7	c	4.96	140	$c(G_n/G_{n-3})$	6.94
L（污泥运输、处理）	元/吨	25	30	d	21.24	120	$d(L_n/L_{n-3})$	25.49
M（工人平均工资）	元/吨	35	43.75	e	30.97	125	$e(M_n/M_{n-3})$	38.71
合计	—	115	141.25	—	100	—	$K=\sum(4\times5)$	123.15

注：1. 表中 $K=123.15\%$。

2. 假设 n 末年年份（2015 年）的运营价格 $P_{2015}=2$ 元。

3. 调价年份 $n+1$（2016 年）运营价格为：$P_{2016}=P_{2015}\times K=2\times123.15\%=2.463$ 元。

4. 表内"原材料消耗种类"是指当年实际消耗的原材料、动力、人工费等，为便于表述，通称"原材料"。它们从 $(n-3)$ 年（即 2012 年）和 n 年（即 2015 年）中的企业财务报表资料中整理而来。

步骤：找到 2012 年实际用于当年污水处理的某原材料按到厂价计算的全部购入费用，除以 2012 年实际污水处理量，求出单位污水处理原材料消耗费用。也可以用 2012 年至 2015 年四年来消耗的某原材料的总购入费用除总污水处理量得出四年来平均单位消耗费用作为对比价格。

例如，$(n-3)$ 年（即 2012 年）处理 1 吨污水消耗液氯的价格是 5 元，n 年（即 2015 年）处理 1 吨污水消耗液氯的价格是 7 元。高出部分的费用（7 元－5 元＝2 元）即为液氯价格上涨的部分。

5. 表中"115"和"141.25"分别为（n−3）（即 2012）年和 n（即 2015）年处理 1 吨污水所消耗的原材料的价格。单纯从两价格比较，"2015 年的 141.25"为"2012 年的 115"的 122.83%，即上涨了 22.83%。但由于原材料所占权重不一样，实际的 K 值为 123.15%，即上涨了 23.15%。这样计算，增加了对重要原材料的考量，有利于有针对性地采取节约措施。

6. 表中权重 18.41＝26/141.25，该列其他数据类推。

7. K＝123.15%≥115%，启动调价机制。

［注］参见本书下篇《物有所值评价报告》（运营补贴支出计算）。

PPP 项目的绩效评价

内容提要：

财金〔2014〕76 号文指出："要稳步开展项目绩效评价，建立政府与服务使用者共同参与的综合性评价体系，对绩效目标实现程度、运营管理、资金使用、公共服务质量、公众满意度等进行绩效评价"。由于 PPP 项目性质不同、建设内容不同，绩效考核评价阶段不同，具体的考核评价内容与考核指标要根据具体项目的建设内容去具体设置。

设置绩效考核评价指标体系，要搞清这个项目建设的目的是什么、项目阶段性任务是什么、项目功能是什么、产出目标是什么，这些"是什么"，就是各自的量的要求与质的标准。PPP 项目分为建设与运营两个阶段（时期）。阶段（时期）不同，任务、功能、产出目标不一样。由此，绩效考核评价的内容与目的也不一样。

建设期的绩效考核评价是项目建设完成之后"项目资产所应达到的经济、技术标准"，即项目建设内容、建设规模、工程质量、建设工期、进设资金投入、社会公众满意等的完成情况是否符合规定的或预期的要求。运营期的绩效考核评价是"公共产品和服务的交付范围与标准"，即项目生产和服务的产品品种、数量、质量、成本、资金效益等的完成情况是否符合规定的或预期的要求。

绩效考核评价是一种激励机制，是促进项目实现整体利益最大化的手段，应走出只罚不奖的误区，建立有罚有奖的激励相容机制，以增强互信，实现合作双赢。[注]

关键词： 要义　　特点　　指标

一、PPP 项目绩效、绩效考核与绩效评价的基本要义

对 PPP 项目进行绩效评价，不神秘、不复杂，也不需要那么多国内外的高深理论。只要明白了 PPP 项目绩效、绩效考核与绩效评价的基本要义，就可以于实践中一步步展开与推进 PPP 项目的绩效评价工作了。

（一）什么是 PPP 项目的"绩效"与"绩效考核"

PPP 项目的绩效就是 PPP 项目产出的可用性产品与服务、产出的效果、效率与效益的一个综合概念。就某个具体 PPP 项目而言，"绩效"就是对这个 PPP 项目在某一阶段或者某一终结时期内，由施工建设所产出的（由建设投资所形成的）固定资产，以及由这些固定资产再产出的公共产品和服务的产品品种、产品数量与质量，以及经济效益、社会效益和环境效益等所有产出成果的总称。绩效可以用定性方式描述它们的属性特征。例如，丰硕的成果、重大的业绩，群众很满意，或是某事项做得好、较好、很好等这样的定性描述，以表达成果、业绩、群众态度或某事项"是怎样"的一个属性特征。这种描述"隐含着一个表现程度的层级区间值"，符合这一区间要素的绩效，就给予这一层级的描述。但层级的界线或界定点不清晰，描述有较强的主观性。例如，某企业管理制度的建立健全与执行落实情况，符合"较好"这一层级的要素，就给予管理制度建立健全"较完善"、执行落实"较好"的描述。这种描述也能使人们准确理解被描述的对象是怎么回事。这种描述称为"定性描述"。绩效也可以用经济技术指标的具体量化的数值来描述它们的数量特征。例如，某污水处理厂 2018 年污水处理量平均每天 8 万立方，某垃圾焚烧发电厂 2018 年实现净利润 760 万元，某原材料加工厂的每万元产值实际综合能耗 0.315 公斤标准煤，某项目建设期的社会公众满意度 95% 等等。这种描述没有主观色彩，一是一、二是二，表明该项绩效可以测量出"是多少"。这种描述称为"定量描述"。

PPP 项目实际产出的绩效结果虽然可以描述出"是怎样"，也能测量出"是多少"，但它们是否满足相应的预期要求，则需要通过考核来认定。评定绩效结果是否满足相应预期要求的过程称为绩效考核。

绩效考核包括对考核期具体绩效指标完成情况的真实性与准确性的考查核实、把绩效的实际完成值与设定的计划完成值进行对比计算、依据实际对计划的实现程度兑现已设定的奖惩激励措施等工作内容。绩效考核有三个基本要素：一是标准。这个标

准在不同的应用范围里或语境里，有的称"要求"、有的称"标准"、有的称"定额"、有的称"目标"、有的称"计划"等等，意思都是一样的，即未来希望达到、或要求达到的可以用来对比的一个标杆。为便于表述，除特别说明的外，以下将这些标杆统称为"计划"。就具体项目而言，这种"计划"不是单一的要求，而是一个体系的要求，是一系列所期待的预期成果产出要求、预期效益产出要求及预期项目管理要求。它们反映了在未来一定期限内，本项目需要提供的有效公共服务。这种有效公共服务是指：项目的产出有规定的产品品种、数量、质量和时效要求，项目的建设运营对经济、社会、生态环境有积极的影响，项目的管理承担了对社会的责任，公众有良好的满意程度等等。二是对比。就是用实际完成的绩效与计划要完成的绩效进行对比。两相对比的绩效需要名称一致、计算范围与口径一致。三是实现程度。实现程度就是实际完成的绩效与计划要完成的绩效进行对比的完成率，也是绩效考核的结果，兑现奖惩激励措施的依据。

为了准确描述绩效特征，需要设置一系列绩效考核指标，即一个指标体系。

（二）PPP 项目绩效考核指标类别、设置原则与设置内容

设置绩效考核指标，要搞清这个项目建设的目的是什么？项目的功能是什么？产出的内容是什么？项目的阶段性任务是什么？在 PPP 项目中，主要有建设－运营－移交（BOT）、转让－运营－移交（TOT）、改建－运营－移交（ROT）和建设－拥有－运营（BOO）等运作方式，以及由这些运作方式衍生出来的其他运作方式。上述每种运作方式都有建设与运营两个阶段。项目阶段（时期）不同，目的、任务、功能、产出的内容不一样，绩效考核的指标与要求也不相同。

1. 绩效考核指标的两大类别

绩效考核指标有指令性指标和商定性指标（或磋商性指标）。指令性指标是政府部门下达的或工程设计说明、经论证批准的项目可行性研究报告、项目采购文件、PPP 项目"一案两报告"等文件规定的必须实现的指标或必须达到的要求，一般没有商谈余地。商定性指标是考核者与被考核者双方经谈判商定确认的指标，是一种互相的承诺。

2. PPP 项目绩效考核指标设置原则

设置 PPP 项目绩效考核指标应遵循以下四项基本原则：一是指标定义明确、指向具体、范围特定、边界清晰、过程可控、结果可量。二是考核指标分层设计，范围

全覆盖，但重点突出，实操方便。考核指标至少应分为一级指标和二级指标，有的甚至还有三级指标，做到考核范围全覆盖，但重点突出、指标精干、具有可操作性，并依据各指标在指标体系中的重要程度和可控制程度设置权重。三是考核指标要有可实现性。考核指标的标准应为被考核者通过自身的努力能够实现的指标。明显超过被考核者能力极限的考核标准不但达不到考核的效果，还会严重挫伤被考核者的积极性。四是考核指标设置要有依据有来源，公开透明。绩效考核结果将要与社会资本方的绩效挂钩，既关系社会资本的投资回报，也关系政府财政支付责任和社会公共利益的保障。因此，用作考核标杆的计划指标应有据可依，有源可查。其中，指令性指标来自上述相关文件，而这些文件是政府审批确认了的，也是社会资本方在决定参与本项目合作前就已研究确认了的。其他相关考核指标，例如信息披露、社会监管、公众满意度等社会责任类指标是经过了政府与社会资本的充分商定。所以，考核指标的设置满足了有依据有来源，公正与公开透明原则。

3. PPP 项目绩效考核指标的分级设置

财金〔2014〕76 号文要求从项目产出、运营管理、资金使用、公共服务效率、公众满意度等五方面进行绩效考核评价。上述五个方面是 PPP 项目进行绩效考核评价的总内容。财政部的这一要求也符合项目绩效考核的实际。实践中，往往把绩效考核指标分为一级指标和二级指标。一级指标是解决考核项目绩效面的问题，即考核全覆盖，如上述五方面指标。二级指标是对一级指标的细化，是解决考核到点的问题。

但由于不同 PPP 项目性质不同、建设内容不同，绩效考核评价阶段不同，具体的考核评价内容与重点会有较大差异。由此，一级指标并不局限于上述五类，完全可以根据具体建设项目与经验去具体设置考核评价指标体系。例如某项目就设置了经营管理类指标、项目产出数量与质量类指标、设备维护保养类指标、经济效益类指标、安全与环境保护类指标、社会责任类指标等六类指标为一级指标。

一级指标规定了考核覆盖面，但不利操作。为此，需要将一级指标再分解细化出若干二级指标。

在指标体系中，每个一级指标在本项目中以及每个二级指标在一级指标中的作用和地位是不一样的。因此，在考核时还应给予不同的权重。全部一级指标权重合计为 100%。同样，也应在二级指标中进行权重分配，每个二级指标的权重合计为 100%。假若经营管理类指标分解细化成三项二级指标，权重分别是 50%、35%、15%，合计 100%。这样，二级指标的每个指标的绩效得分＝考核得分×二级权重×一级权重。

4. 绩效考核指标体系与考核细则的实施

绩效考核关系社会资本方的投资回报，也关系政府的合理支付。无论是不可商谈的指令性考核指标，还是可以磋商的商定性考核指标，以及以这些指标考核结果与绩效挂钩的办法细则，均必须经过充分讨论达成共识，以《PPP项目合同（附件）》《补充合同》或《补充协议》等契约形式加以固定，经同级人民政府批准后实施。经同级人民政府批准的考核指标与细则以后不能随意地临时地增减，或改变绩效挂钩规则。

（三）PPP 项目绩效考核方式

绩效考核方式采用对比法。对比就是把已经完成的实际绩效指标值与原设定的计划指标值进行对比，通过两个特征指标的对比，来考核实际特征指标对计划特征指标的实现程度。"实现程度"需要得出量化的结果，才能通过数学模型计算出整个项目的绩效分，然后再去计算社会资本方的投资回报金额。

1. 定性考核及量化方式

对于管理制度、运营机制、管理制度及其执行落实等"不需要或不方便直接用数值多少来表示的内容"，就进行定性评价。"定性"本是一种用语言文字所表达的一种结论性的评价认定。但因为考核结果将与绩效挂钩，社会资本方靠最终的绩效得分率乘绩效挂钩基数而获得实际的绩效金额。绩效得分率是整个考核指标体系的考核得分通过指标权重计算后的综合指标，所以也必须把这种"用语言文字所表达的一种结论性的评价认定"加以量化。

量化的方式就是将前面说到的"隐含着的表现程度的层级区间值"显现出来。方法是根据经验和普适性原则设置优、良、及格与不及格的完成程度的定性层级区间值。考核者依据自己的专业经验进行评判，选取符合某一区间要素的相应分值，把"优、良、及格与不及格"的实现程度加以量化，使定性评价定量化。例如，假若"管理制度的建立健全与执行落实"，设为优秀90分以上（含90）、良好75～90分（不含90）、及格60～75分（不含75）、不及格60分以下（不含60）四个等级。考核者通过现场检查或问卷调查等方式，可以在"优"这一层级区间取分，也可以在"良"或其他层级区间取分，以表明管理制度这一考核内容与原定要求的具体实现程度。若在"优"这一区间取95分，考核得分（原始分）就是95分，表明管理制度建设整体是很好的，但某点尚不尽完善。

2. 定量考核

定量考核是实际完成值对计划完成值的比较。实际完成的数值客观而真实，所以完成率的分子就是它的考核原始分值。例如污水处理计划为 10 万立方米，实际处理已达到 9.5 万立方米，完成率为 95％，考核得分就是 95 分。

3. 考核指标的级次与权重

绩效考核指标至少应设一级指标和二级指标两个层级。一级指标是大类，是解决整个项目绩效考核面的问题，通过大类指标的设置，使项目建设运营中绩效考核的范围与内容全覆盖。但一级指标还需要分解细化出二级指标，以利于准确界定考核边界，具体考核到点，又利于操作与评价。由于每级以至每个考核评价指标在项目中的作用与重要程度是不一样的，应经过调查分析，对每级与每个指标进行权重分配。其中，全部一级指标的权重合计为 100％，每个一级指标中的全部二级指标权重合计为 100％。每个考核指标的绩效得分＝考核原始分×二级指标权重×一级指标权重。全部绩效得分/100×100％即为绩效考核得分率。

二、什么是 PPP 项目的"绩效评价"

绩效评价是先有考核，后有评价，是对 PPP 项目绩效考核期里的绩效指标考核结果给出的一种肯定性结论。肯定性结论有两种表达方式。

一种是符合某种要素的肯定性评语，即定性评价。与前述定性考核相同，定性评价主要是对"不需要或不方便直接用数值多少来表示的内容"所进行的评价。这种评价是人为设置一个表现程度的层级区间，符合这一区间要素的，就给予这一层级的评价。人为设置的层级区间的层级界限或界定点是不清晰的，所以评价同样具有较强的主观性。如果有多位评价者，在多位评价者之间，会因个人的认知不同而评价差异很大，由此不得不采取某种平均法来消减这种差异。例如，评价某企业"管理制度的建立健全与执行落实"，将多位考核者的考核分加以算术平均或去掉最高分或最低分再算术平均。如果这一平均分符合"较好"这一层级要素，就给予管理制度建设"较完善"、执行落实"较好"的评价。

另一种是某项经济技术指标的考核结果达到某一具体数值后的肯定性评语，即定量评价。这是用数据说话的评价方式，界线或界定点清晰。例如，某垃圾焚烧发电厂

2018 年计划实现净利润 800 万元，实际实现净利润 760 万元，净利润实际完成率为 95%；某原材料加工厂的每万元产值计划综合能耗 0.35 公斤标准煤，实际综合能耗为 0.315 公斤标准煤，实际能耗比计划能耗降低 10%；等等。然后，对绩效完成的正负偏差情况做出评价。

PPP 项目绩效评价不是孤立的一件事，它是对 PPP 项目绩效评价期里的项目产出、运营管理、资金使用、公共服务效率、公众满意度等进行调查研究、分项考核后，给出综合评价意见的一系列工作组合，包括确定绩效标准、进行绩效考核、根据考核结果的偏差程度，落实奖惩激励措施。针对考核结果偏差，做出评价结论，提出整改完善措施。这是 PPP 项目绩效评价的全部涵义与完整过程。存在以下逻辑关系：没有标准，就没有对比；没有对比，就不能称为考核；没有激励，就不需要考核；没有考核，就没有评价的依据；没有评价，就不能发挥考核应有的积极作用，就没有对后续工作的启迪与指导。绩效考核关注的重点是考核时点以前 PPP 项目的既往绩效，即以前"做得怎样"；绩效评价关注的重点是考核时点以后 PPP 项目的未来绩效，即以后"应怎样做"。

由于 PPP 项目绩效评价是先有考核，后有评价，故往往又将其合称为"绩效考评"。

三、PPP 项目建设期与运营期的绩效考核评价内容与要求

PPP 项目全过程分建设期和运营期两期部分，两期有着显著不同的工作性质、工作内容与产出目标，由此，绩效考核评价内容与要求也大不相同。建设期和运营期考核评价什么？就是对项目产出的评价。财金〔2014〕113 号文在"产出说明"中指出：产出是指项目建成后，项目资产应达到的经济、技术标准，以及公共产品和服务的交付范围、标准和绩效水平等。这段话实际是两层意思：一是建设期的产出是"资产"。是指完成 PPP 项目设计所要求的建筑物、构筑物、设备设施、辅助或附属工程的施工建造工程量，即把建设资金变成可用性固定资产。这一产出，我们称其为该 PPP 项目的"一级产出"。一级产出的可用性固定资产的数量和质量必须达到规定的经济和技术标准。二是运营期的产出是"公共产品和服务"，是指通过一级产出的可用性固定资产所再产出来的公共产品和服务。这一产出，我们称其为该项目的"二级产出"。二级产出的产品和服务包括产品品种、产品数量和产品质量要求，以及经济效益、社会效果要求等。因此，113 号文的"产出说明"既阐明了"产出"的定义，也明确提出了项目建设期与运营期两个阶段绩效考核评价的不同内容与要求。

（一）建设期绩效考核评价与要求

建设期绩效考核评价内容仍然离不开前面已说到的六类一级指标，但它们又分属于以下三大块中。

一是产出内容、产出数量与建设投资使用等考核评价与要求。该项考核评价的指标及指标值，就是本项目根据设计需要建设的全部子项工程和子项工程的数量，以及建设投资到位情况与使用情况。例如，新建一家自来水厂，建设期产出内容，包括完成满足设计生产能力要求和生产工艺要求的取水泵房、原水输水管、格栅、预臭氧池、絮凝池、沉淀池、清水池、冲洗滤池、中间调节水池、提升泵站、主臭氧池、生物活性炭－石英砂双层滤池、吸水井、送水泵房、加药间、臭氧制作间、氧气塔等建构筑物建设，完成满足污泥收贮的污泥脱水机房、排泥池、污泥浓缩池、贮泥池等建构筑物建设，完成满足设备正常运行的变配电间、鼓风机房、机修车间、仓库等建构筑物建设，完成满足管理与生活需要的管理用房、道路、停车场等建构筑物建设。这些子项工程是该自来水厂项目的一级产出，也就是货币资金所要形成的固定资产。这是自来水厂项目能够成立、运行的基本物质条件。考核评价这些产出是否按预定的子项工程目录和子项工程数量建设完成了。通过经济指标量值的考核，来考察项目投资到位情况、投资增减变动情况、资产形成的速度以及资产的可用性功能的实现程度。

二是产出内容的质量与产出效率的考核评价与要求。考核评价一级产出物（固定资产）的内容是否达到了预先设定的数量要求、质量标准和进度时效。这些标准主要来自国家、行业规定的工程设计、建造施工、竣工验收的规范与标准，或其他关于建设工期与建设进度等的约定。

三是附属要求的考核评价与要求，是指对建设过程中的管理制度、安全生产、文明卫生、环境保护、水土保持以及信息披露、公众满意度等的考核评价。这类指标主要是项目公司的社会责任担当，关系社会公共利益。因此，在不同的项目中有一定的共同性。

项目建设期应结合竣工验收开展一次绩效评价，分期建设的项目应当结合各期子项工程的竣工验收开展绩效评价。通过建设期的绩效评价，使 PPP 项目的可用性功能达到规定的设计要求。

（二）运营期绩效评价与要求

运营期的绩效评价内容是项目"二级产出"的产品和服务所交付的范围、数量、质量和经济效益水平等。同样离不开前面已说到的六类一级指标，但它们也分属于以下三大块中。

一是"二级产出"的内容与产出数量的考核评价与要求。它们是项目建成后由各子项工程共同形成的综合生产能力再产出的结果。例如，上述自来水厂能够生产 $9.0 \times 10^4 \, m^3/d$ 净水，正是因为从原水进厂到净水出厂的工艺路线中，各环节的泵房、管道、水池等子项工程都按设计要求完成了施工建造。如果其中某一子项工程达不到设计要求，就会形成"短板"与"瓶颈"，就不可能产出这么多净水。所以自来水厂二级产出的数量考核评价，就是对净水产出能力的考核评价。而污泥处理量与进水含泥量有关，处理能力满足水处理工艺过程所产生的污泥量就可以了。

二是产出质量与运营效率的考核评价与要求。产出成果应符合国家、行业规定或其他约定的相关质量检测、检验标准。例如，自来水厂产出净水的水质应满足《生活饮用水卫生标准》（GB5749－2006）要求，实现 106 项指标全面达标，污泥含水率达到工艺设计要求。营运效率包括经营收入、运营成本、资金效率、投资回报以及管理制度建设等等。

三是适应运营期的附属要求的考核评价。例如运营期的二次污染防治、安全生产、设备完好、文明卫生以及信息披露、社会满意度等。

项目运营期应结合付费时点进行绩效考核，每年度应结合年末总付费进行一次年度绩效总评价。通过运营期的绩效评价，促使项目一级产出的各子项工程的综合能力必须实现应有的产出功能和产出效率与效果。

上述建设与运营维护评价的重点指标是产出的数量指标、产出的质量指标、资金使用指标、成本费用指标、综合效益指标等等。

四、PPP 项目绩效评价的重要意义

PPP 项目绩效评价是一种激励机制。通过绩效评价，核实项目在建设运营前原定的绩效目标是什么，建设运营后，产生了哪些实际绩效。考核这些实际绩效对计划绩效的实现程度，根据正负偏差，落实奖惩激励措施，兑现政府绩效付费，实现社会资本的合理投资回报；评价正负偏差的优劣，分析优劣的原因，制订发扬优势、规避劣势的措施；促进 PPP 项目在建设期加快建设速度、提高建设质量、降低建造成本，使资产达到应有的经济、技术标准；促进 PPP 项目在运营期产出的公共产品和服务达到规定的交付范围、交付标准和效率效益水平等。总之，绩效评价可以促进项目在长达十几甚至几十年的建设运营中，健康良性地推进与发展，持续稳定地提供优质服务，实现财金〔2014〕76 号文所要求的"要根据评价结果，依据合同约定对价格或补

贴等进行调整，激励社会资本通过管理创新、技术创新提高公共服务质量"。

PPP 项目是政府和社会资本长期合作建设运营的项目，政府方承担着重大的监管责任，绩效评价是政府对实施项目的建设、运营进行监管的重要措施，是有效掌控政府财政支付责任的可靠保障。为了更明确地强调绩效考评的必要性和严肃性，财政部在财金〔2014〕76 号文发布三年之后，再次发布财办金〔2017〕92 号文件，其中特别规定：付费机制未建立与项目产出绩效相挂钩的 PPP 项目，或 PPP 项目建设成本不参与绩效考核，或实际与绩效考核结果挂钩部分占比不足 30% 的 PPP 项目，固化政府支出责任的 PPP 项目，均不得进入省和国家的项目库，从而使没有制订规范绩效评价的拟建 PPP 项目在启动时就被阻止。

五、建立与完善激励相容机制

（一）激励相容，双赢互信

PPP 项目是政府与社会资本合作，共同承担建设运营的项目。以政府为主导的对社会资本方的建设、运营绩效进行考核评价，是十分必要的，但应建立有罚有奖的激励相容机制。绩效考核是权利与义务在效益分配上的体现。在一个合作项目中，合作一方追求自己利益的权利无可厚非，但这种对自己利益权利的追求，应与尽力创造集体利益的义务和实现集体利益最大化的目标相一致。考核是促进项目实现整体利益最大化的手段，应走出只罚不奖的误区，建立有罚有奖的激励相容机制。尤其应对增加运营收入，降低建造、运营与维护成本，降低能源及原材料消耗，节能减排，提升环境质量与优化环境保护措施等方面的优良成效予以特别奖励。而对于因实施机构或政府原因导致社会资本方不能完成某一考核指标的，应给予社会资本方的扣分豁免，以增强合作双赢的互信。

（二）保障 PPP 项目绩效考该评价的客观与公正

PPP 项目的绩效考核与评价关系社会资本方的投资回报和政府的付费责任，关系到项目可持续性发展。为此，政府或政府指定的项目实施机构应聘请第三方 PPP 咨询机构或 PPP 咨询顾问专家协助设计科学的绩效考核评价指标体系，建立有效的绩效管理制度，参与 PPP 项目的绩效管理，强化项目持续而长期的资料积累，制订可实际操作的绩效评价实施办法，以保障项目绩效考该评价的客观与公正，实现通过绩效考评促进 PPP 项目健康发展的目的。

六、绩效考核评价报告及资料归档

每一年度终结，项目实施机构应结合年度绩效考核评价，对全年绩效考核评价工作做出全面总结，向政府提交绩效考核评价总结报告。

为做好 PPP 项目绩效考核评价，实施机构需要做大量的工作，包括制订绩效评价工作方案、聘请专家主持评价、实地调查研究、召开座谈会、走访问卷、开展分析论证，提出评价结论和建议、撰写绩效评价报告等等。这一工作过程所形成的资料，特别是结论性资料是 PPP 项目建设运营期间的重要文件。它具有三方面的重要意义：一是项目建设、运营一年来阶段性成果，反映出项目建设运营一年里做了什么与做得怎么样，后续管理与运营工作将要怎样作。二是项目公司（或社会资本）的投资回报与政府按效付费与监督问责的重要依据，也是项目今后中期评估的重要参考依据。三是项目建设运营几十年的历程记录，是项目一生珍贵的"健康档案"，为项目移交后的继续运营提供重要参考。

为此，这一过程所形成的资料必须全部收集、整理归档，并按照有关档案管理规定妥善管理。归档资料包括但不限于每次考核的方案、时间、组织者与参与者，专家姓名、专业与联系方式、实地调研记录与座谈会记录、调查问卷、考核指标完成结果及其偏差情况的原因分析、发扬优势与整治缺陷的建议与措施、专家论证结论与建议，以及最后形成的绩效考核评价报告等。

评估工作完成后，除将绩效考核评价报告及时报送政府及相关业务主管部门外，还应将绩效考核评价结果及时向项目公司（社会资本）反馈，一方面落实应得绩效资金及时到位，一方面按要求落实整改。此外，还应将绩效考核评价结果及时向政府其他部门反馈，一方面使其了解项目一年来建设运营的实际情况，一方面督促各部门继续履行行政监管职责，为项目合规合法运行提供支持与保障。

七、PPP 项目绩效考核的表式设计与例示

（一）PPP 项目绩效考核表的设计

PPP 项目绩效考核表由三部分构成：一是表名与表号。这是该表的属性与次序的

必要规定。二是正表。正表是一个 $M \times N$ 的矩阵式结构表，即由 M 横行与 N 纵列构成，但行数 M 和列数 N 完全根据需要来设置。正表的第一横行从左至右分别为"一级指标名称及权重"，以及六类一级指标名称和分配的权重，权重之和为 100%。最后一栏为合计栏，该栏只有"绩效得分"有合计数。第二横行从左至右分别为"二级指标及指标间权重分配"，以及六类共 18 个二级指标名称，和每个指标在各自一类指标中的权重。第三、四、五横行分别为各二级指标的计划值、实际完成值和完成率。第六横行依据完成率和考核细则给出的考核分数。第七横行为绩效得分。正表下方有"说明"，主要列示关于正表内相关指标的边界确定、数据来源与计算方式等的交代。

（二）以自来水厂项目为例设计的 PPP 项目绩效考核表表式

自来水厂项目采用 PPP 模式中的 BOT 运作方式建设，故要分自来水厂项目建设期的绩效考核评价和自来水厂运营期的绩效考核评价。

根据设计文件、项目可行性研究报告、采购文件、PPP 项目一案两报告，可以设计出本项目建设期、运营期一系列绩效考核指标，以构成一个绩效考核指标体系。由于篇幅有限，本文在项目建设期与项目运营期的六类一级指标体系中，仅选取了 18 个二级指标作为参考示例加以说明，如表 01 所示。

表 01　　　　　某自来水厂建设项目建设期绩效考核表
（参考内容并假设每个一级指标分解成三个二级指标）

一级指标名称及权重 100%	一、项目管理指标 15%			二、产出数量与质量指标 25%			三、设备购置与安装指标 15%		
二级指标名称及权重 100%	机构设置 20%	制度建设 50%	档案管理 30%	子项工程 50%	竣工验收率 30%	验收合格率 20%	设备验收 40%	设备安装 35%	设备试运行 25%
计划									
实际									
完成%									
考核得分	95	80	90	100	95	80	100	95	95
绩效得分	2.85	6.00	4.05	12.5	7.13	4.00	6.00	4.99	3.56

四、经济效益指标 20%			五、安全环境保护指标 15%			六、社会责任指标 10%			合计
投资到位率 50%	资金使用 20%	成本控制 30%	安全防护 30%	环境保护 30%	事故0发生 40%	投诉0发生 40%	信息公示 20%	社会满意度 40%	
80	70	70	90	95	100	100	90	95	
8.00	2.80	4.20	4.05	4.28	6.00	4.00	1.80	3.80	82.01

注：

1. 建设中的自来水厂工程称为自来水厂项目，此时的管理称为"项目管理"。

2. 项目建设期的绩效考核指标可以参考但不限于表中所列分类方式和指标名称。

3. 应针对具体指标制定考核细则，明确减扣分标准。对于用定性描述的考核内容，将考核计分0～100设计出层级区间值，按定性考核及量化方式得出考核原始分。对于用定量指标进行考核的内容，计划的实际完成率分子就是考核原始分。

4. 每个考核指标的绩效得分＝考核原始分×二级权重×一级权重。

5. 建设期绩效考核得分率＝∑建设期绩效得分/100×100%。

6. 绩效费用支付额＝费用支付基数×绩效考核得分率。

表02　　　　某自来水厂运营期绩效考核表（参考内容）

一级指标名称及权重 100%	一、企业管理指标 15%			二、产出数量与质量指标 25%			三、设备维护保养指标 15%		
二级指标名称及权重 100%	制度建设 30%	档案管理 40%	应急管理 30%	产出水量 50%	水质合格率 35%	停水时数 15%	巡检记录 40%	设备安全运行天数 35%	设备完好率 25%
计划									
实际									
完成%									
考核得分	95	80	90	100	95	80	100	95	100
绩效得分	4.28	4.80	4.05	12.5	8.31	3.00	6.00	4.99	3.75

四、经济效益指标 20%			五、安全环境保护指标 15%			六、社会责任指标 10%			合计
销售收入 40%	吨水成本 30%	净利润 30%	安全防护 35%	环境保护 40%	事故 0 发生 25%	投诉 0 发生 40%	信息公示 20%	社会满意度 40%	
80	85	90	90	95	100	100	90	95	
6.40	5.10	5.40	4.73	5.70	3.75	4.00	1.80	3.80	92.36

注:

1. 自来水厂项目建设完成投入运营后,就成了某自来水厂,此时的管理称为"企业管理"。

2. 项目运营期的绩效考核指标可以参考但不限于表中所列分类方式和指标名称。

3. 应针对具体指标制定考核细则,明确减扣分标准。对于用定性描述的考核内容,将考核计分 0~100 设计出层级区间值,按定性考核及量化方式得出考核原始分。对于用定量指标进行考核的内容,计划的实际完成率分子就是考核原始分。

4. 每个考核指标的绩效得分=考核原始分×二级权重×一级权重。

5. 运营期绩效考核得分率=∑运营期绩效得分/100×100%。

6. 绩效费用支付额=费用支付基数×绩效考核得分率。

[注] 参阅本书下篇《项目"一案两报告"编制动态模式及解说》之"绩效考核评价"。

PPP 项目如何进行中期评估

内容提要：

PPP 项目具有建设内容多、建设规模大、投资规模大、建设运营期长、PPP 项目合作双方中负有投融资责任的社会资本逐利性强、负有监管责任的政府官员流动性大的特点。如何保证项目在长达二三十年的运营期里，保持持续稳定健康、合规合理合适的发展常态，稳扎稳打地实现项目预期目标，以及化解包括政府未来债务风险在内的种种风险，已引起人们的普遍关注与担忧。也正是因为需要对 PPP 项目未来相关风险的掌控，财政部提出了对 PPP 项目进行"中期评估"的要求。

PPP 项目中期评估的任务：一是用定性与定量相结合的方式，考核评估 PPP 项目的建设是否完成了项目建设可行性研究报告、PPP 项目实施方案、《PPP 项目合同》提出的建设任务、实现了产出要求；二是考察项目各项经济技术指标的实现程度；三是评估项目的经营管理与运营是否合规合理合适，是否存在不利于合作双赢、不利于持续健康发展的风险；四是找出政府监管工作的不足，提出调整政府监管工作范围和工作重点的意见与建议。

每个具体的 PPP 项目因项目性质不同，中期评估指标可以但限于从以下六类指标体系中选用：一类是建设类指标体系，二类是控制类指标体系，三类是带动功能指标体系，四类是财务主要指标体系，五类是物有所值定量评价指标体系，六类是财政承受能力指标体系。

PPP 项目中期评估的对象是已经建成并投入运营的既成项目，总体目标是对项目在 3～5 年的评估期里的建设运营状况做一个阶段性的全面检查与总结，评估项目下一阶段的运营趋势和风险，提出稳健发展的阶段措施。评估采用评估期各年度相关指标的实际完成情况与原定计划完成情况进行对比的方式，考察其偏离程度与发展趋势。对比结果等于或高于原设定计划完成指标的，为合格；否则为不合格。然后对不合格指标和低于设定分数的指标，或向不利方向发展趋势的指标进行原因分析，并提出改进措施。

关键词：中期评估　意义　内容　指标体系

基础设施工程是国民经济各项事业发展的基础，是社会赖以生存发展的一般物质条件，也是保证国家或地区社会经济活动正常进行的不可缺少的公共服务系统。城乡基础设施项目采用 PPP 模式建设，具有以下显著特点：一是项目建设内容多、建设规模大，投资规模大，建设运营期长。二是参与 PPP 项目建设的社会资本以营利为目的，逐利性强。三是负有监管责任的政府官员流动性大，更替频率高。在此情形下，如何保证 PPP 项目在长达二三十年的运营期里，不负 PPP 模式的设计初衷，保持其持续稳定健康、合规合理合适的发展常态、稳扎稳打地实现 PPP 项目预期目标，以及化解包括政府未来债务风险在内的种种风险，已引起人们的普遍关注与担忧。

正是基于需要对 PPP 项目未来相关风险的掌控，财政部在《关于印发政府和社会资本合作模式操作指南（试行）的通知》（财金〔2014〕113 号）中提出了"中期评估"的要求："项目实施机构应每 3～5 年对项目进行中期评估，重点分析项目运行状况和项目合同的合规性、适应性和合理性；及时评估已发现问题的风险，制订应对措施，并报财政部门（政府和社会资本合作中心）备案"。中期评估是 PPP 项目建设运营过程中必经程序，是保证其持续稳定发展的必然要求。按"每 3～5 年"计，我国大批 PPP 项目的中期评估即将到来。但该文件对中期评估提出的主要是原则性要求，并无评估机制的实操性办法，本文谨遵财政部的相关原则要求，就 PPP 项目中期评估机制进行粗浅探析。

一、PPP 项目的中期评估及其意义

PPP 项目中期评估的"中期"，并不是项目建设运营的"居中"时期，而是指 PPP 项目自建设始至项目合作期满前的某一个或多个特定的时间段的评估，是项目"运营中"的评估。对于一个运营期长达二三十年的大型 PPP 项目而言，"每 3～5 年"所进行的每一次评估都称之为"中期评估"。若按"每 3～5 年"一次，在 PPP 项目全生命周期中，将有多次中期评估。

PPP 项目中期评估的任务：一是检查 PPP 项目在评估期里的建设是否完成了可

行性研究报告、PPP项目实施方案、《PPP项目合同》中规定的建设任务、实现了从建设资金到固定资产的完满转变。二是项目投入运营后，是否达到了原定产能的设计要求，实现了规定的产出数量、质量与效益。PPP项目建设是否实现了促进区域经济发展与转型升级、促进政府工作职能转变与促进新型城镇化建设；三是检查PPP项目原定物有所值指标、财政承受能力指标的实现程度。四是评估PPP项目的经营管理与运营是否合法合规合理合适、是否存在不利于合作双赢与不利于持续发展的问题，及时提出解决问题、化解风险的有效措施。五是帮助政府全面掌握PPP项目各阶段的运行状况，找出政府监管工作的不足与问题，提出调整政府监管工作范围和工作重点的建议。

通过以上五项基本任务可以看出，PPP项目的中期评估既要分析项目在过去3～5年的评估期里运行效果，更要通过每项评估指标在评估期的完成情况，分析项目运行的发展趋势，制订兴利除弊措施，促进PPP项目下阶段继续稳定健康的发展，以保障社会资本的投资获得合理回报，保障社会公共利益不受侵害，政府的支付责任处于财政承受能力之内。因此，认真扎实做好PPP项目的中期评估，不仅关系项目本身的成败及项目合作双方在微观上的受损受益，更关系着国家经济战略决策的落实，关系着一系列重大宏观社会效益的实现。正如财金〔2014〕76号文指出的：推广运用政府和社会资本合作模式，是促进经济转型升级、支持新型城镇化建设的必然要求，是加快转变政府职能、提升国家治理能力的一次体制机制变革，是深化财税体制改革、构建现代财政制度的重要内容。推广运用政府和社会资本合作模式，已确定为国家的重大经济改革任务，对于加快新型城镇化建设、提升国家治理能力、构建现代财政制度具有重要意义。实现这些国家层面上的重大任务和重大意义，是国家推广采用"PPP模式"建设运营基础设施项目的根本初衷，也是要对PPP项目进行中期评估的终极目的。

二、PPP项目中期评估的主要内容

基于PPP项目所承载的重大社会责任与使命，PPP项目中期评估也应包括较为广泛的内容。项目建设运营时间跨度大，前后时期的情况表现与要求也不一样。为此，中期评估应分为首次中期评估与后续中期评估两种类型。首次中期评估是对PPP项目第一次评估时点前的项目建设与运营工作的检查与评价，包括对项目工程设计建造、运营维护管理、产出效率与效益的检查与评价。首次中期评估实际是对项目建设完成并投入运营后进行的一次后评价，检查建设资金变成的固定资产是否达到了原设计规定的经济技术要求，该固定资产再产出的产品和服务是否达到了原设计规定的品种、数量、质量、效率与效益要求；后续中期评估是指在首期中期评估后至合作期满前的若干年内可能进行的多次中期评估。后续的中期评估主要是分别对每个评估期的运营维护、产出效率与效益的检查与评价，也是对上次中期评估后需要加强与解决问题的落实结果的检查与再评价。

中期评估的主要内容将分为三大部分：一是 PPP 项目的合法合规性评价。PPP 项目从识别、准备、采购、合同签订到执行，政府都曾依规依法依程序进行了科学决策。通过 PPP 项目建设工程设计、可行性研究报告、招投标、实施方案等文件，对 PPP 项目运行要求及必须要完成的相关经济技术指标进行了规定。这些规定也为社会资本方通过投标承诺和"采购结果确认谈判"所确认。这些规范化文件已对合作双方构成了法定的约束力。例如，PPP 项目要满足城市整体规划要求、维护社会公共利益和劳动者权益、增加社会创业与就业机会；要节约土地、节约能源、保护生态环境。对于有关核心内容与边界条件，则签订了以《PPP 项目合同》为核心的各类合同加以固化，以规范 PPP 项目的执行行为。例如，要履行双方合作的权利与义务，要提高公共产品和服务的质量、确保安全生产，要建立合理的价格体系、收费机制、调价机制、退出机制以及政府补贴机制，以保障社会资本的合理投资回报和政府在财政承受能力内的合理支付责任，要遵守 PPP 项目的施工、监理、融资及其他合作协议规定的权利与义务。总之，要评估相关履约情况，通过 PPP 项目合法合规性评价，使 PPP 项目始终受相关法律文件的监督，始终在法制轨道上运行。二是对 PPP 项目预期经济技术指标实现程度的评价，主要对 PPP 项目可研报告、招投标文件、实施方案、PPP 项目合同等文件所确立的建设任务、建设规模和建设方案中一系列经济技术指标的实现程度进行评价，对 PPP 项目物有所值评价报告、财政承受能力论证报告所确定的定性定量指标的实现程度进行评价。例如，建设工程的数量与质量指标、项目产出的数量与质量指标、投资效益指标、相关财务分析指标的实现程度，按照公共部门比较值（PSC）和 PPP 项目所确立的建设成本、收益、运营维护成本、竞争性中立调整值、风险分担成本、收入、权益等指标的实现程度。总之，要通过这一系列原设定的计划完成指标，与建设运营实际完成指标进行对比后的实现程度，以确定项目运行的正负偏离幅度，发现负偏离所暴露的问题并评估问题的风险程度，制订应对措施。通过在评估期的 3～5 年里的指标完成轨迹线，分析项目今后的运行趋势，兴利除弊，使 PPP 项目能持续稳定地获得良好的经济效益、社会效益和环境效益。三是要评估评估期曾经已识别风险的出现率及防范效果，对项目今后运行中可能出现的新的风险进行再识别，进一步制订风险分配方案和防范措施。

三、PPP 项目中期评估时点的设定

PPP 项目投资动辄十几亿或几十亿，故多为组合工程，即由一些既可以独立使用或运营，又可联合运行、互为配套以大幅提升项目综合能力的分项工程或子项工程组合而成。PPP 项目的中期评估应当在项目全部工程建设完成并投入运营一定时间后开展。按照"每 3～5 年"进行一次中期评估的要求，首次中期评估应于全部项目建设完成并联合运营至少两个完整会计年度之后进行。这一设置是十分必要的。因为，第一，所有新建基础设施工程均需经历多个春夏秋冬的日月雷电、风霜雨雪等自然伟力的考验，所有设备设施均需在不同负荷状态下进行较长时期的承载与运转，使性能完全趋于稳定。第二，项目投入使用或运营后，政府监管工作常态化需要一个过程，项目公司的合作双方也需要磨合、调整、互相适应，其组织架构、管理制度需要落实与完善。第三，首期评估至少需要 1～2 个连续、完整会计年度的财务资料以及其他运营成果资料为评估提供各类数据。首次中期评估重点在对项目工程投资、工程设计、建造施工全过程的检查与评价，以及相关产出能力的实现程度。首次中期评估之后的其他各期评估可"每 3～5 年"一次地逐次进行，其评估重点将主要转向运营期的维护、管理与产出效率、效益的实现及其发展趋势上。

四、PPP 项目中期评估的资料准备

一个建设运营期长达三十年的项目，若按"每 3～5 年"一次，中期评估至少进行 4～5 次，最多可达 7～8 次。其中，首次中期评估包括建设、运营两种状态，资料要求全面而广泛。后续中期评估则主要为运营期，资料具有较强的针对性与专项性。这些需要准备的资料大致分为三大类。

第一类是建设、运营期的常规资料。包括但不限于：1. 城市或区域规划。2. 项目建设的立项报告、可研报告及其批复。3. 政府其他专业（如涉及航道、空域、文物等）部门的批文。4. 用地预审文件。5. 项目规划条件。6. 环境影响评价报告及批复。7. 节能评估报告及批复。8. 水土保持方案。9. 三废治理方案。10. 工程设计图纸。11. 工程竣工验收报告。12. 工程竣工决算报告。13. 经营期内各年度的生产、服务能

力及质量实际完成报告。14. 经审计的公司财务报表等。

第二类是 PPP 项目实施与运作的专项资料。包括但不限于：1. 政府就实施 PPP 项目发出的批文、批示、授权等文件。2.《PPP 项目合同》《融资合同》及其他协议。3. 社会资本资格预审文件。4. 项目采购文件。5. 已行合作的社会资本投标文件。6. PPP 项目实施方案。7. 物有所值定性评价和定量评价报告。8. 财务测算资料、财政承受能力论证报告。9. 本级财政审核意见。10. 社会资本履约保证措施。11. 政府的监管机构与制度。12. 绩效考核办法与考核结果。13. 风险识别与风险分配方案。14. 社会资本的可行性缺口补助收入与投资回报。15. 政府为本项目的累计支付责任。

第三类是拟进行中期评估区间年内的资料，即首次中期评估以后的其他各次中期评估时需要准备的资料。包括但不限于：1. 上次中期评估后的全部档案资料。2. 本次中期评估区间年内各年度的企业生产经营计划、经审计的企业财务报表、劳动人事资料、设备大修理计划及总结等。3. 本次评估期中各年度已做过的绩效考核评价工作与评价结论。

上述资料在收集整理时，即应编目编号建档，并存于专门档案室，以便根据需要随时调用。

五、PPP 项目中期评估的指标体系及指标来源

每个具体 PPP 项目因项目性质不同，中期评估的指标体系也不一样，现设计了如"表 1"所列六类指标体系供选择使用。其中：一类是建设类指标体系。该类指标主要检查 PPP 项目建设期产出的建设内容与规模、投资效益、社会责任等经济技术指标是否按预定要求完成。二类是控制类指标体系。该类指标主要检查项目建设是否符合相关规划、国土、环保、节能、绿色建筑等要求，是否实现国家和社会公共利益最大化。三类是带动功能指标体系。该类指标一般事先未设置具体的量化数据，但在项目建设可行性研究报告和 PPP 项目实施方案中关于建设必要性中一定有所论述，也有着客观的要求与事实的存在。例如采用 PPP 模式修建城市路网工程，必然会带动道路周边土地的开发与城市的扩张，带来新的企业兴建，提供更多创业与就业机会，等等。带动功能指标充分体现了项目建设的社会公共利益与社会效益，体现了 PPP 项目物有所值的外延价值和社会价值，使项目建设的必要性从抽象的定性认定到具体的量化分析。因此，它应是 PPP 项目中期评估的必要内容之一。四类是运营类主要指标体系。该类指标反映了 PPP 项目建成后产出的产品与服务的品种、数量、

质量指标，设备运行完好指标，各类财务指标、资金效率与效益指标，以及运营期所应承担的社会责任指标等。它们是反映本 PPP 项目建设目的最重要的经济技术指标体系。五类是物有所值评价指标体系，包括传统模式成本（PSC 值）指标和 PPP 模式成本指标，以及物有所值的定性与定量指标。这些指标是从项目自身的投入产出出发，用数据说明项目建设采用 PPP 模式与采用传统模式相比是值还是不值。故实际是传统模式下与 PPP 模式下两种建设成本的比较，VFM 值＝PSC 值－PPP 值＞0，即为"值"。六类是财政承受能力指标体系，主要检查政府方的财政支出责任规模及其是否在控制范围与财政承受能力之内。

　　上述各类指标可以参考但不限于表 01，它们仅为一般项目的部分通用指标或指标类别。执行时，可以根据具体项目与评价要求进行选择与增减，但用于检查对比的指标，其指标名称、指标涵义、计算口径、取值依据必须一致，以确保可比性原则。

表 01　　　　　　　　PPP 项目中期评估的指标体系表（参考）

序号	指标名称	序号	指标名称	序号	指标名称
一类	建设类指标体系	2.9	其他污染物消除量	五类	VFM 定量评价指标体系
1	建筑物工程量	2.10	水土保持类指标	1	传统模式成本
2	构筑物工程量	2.11	绿色建筑评价指标	1.1	建设运营净成本
3	生产与服务能力	2.12	其他环境保护指标	1.2	竞争性中立调整值
4	水利等专业工程量	三类	带动功能指标体系	1.3	风险支出数额
5	环境治理工程量	1	毗邻土地开发面积	2	PPP 模式成本
6	各类质量指标	2	毗邻路网新增公里	2.1	股权投资支出数额
7	建设投资类指标	3	毗邻新建建筑面积	2.2	运营补贴支出数额
8	社会满意度指标	4	周边新增创业企业	2.3	自留风险承担支出数额
9	建设时效要求	5	周边新增就业人数	2.4	配套投入支出数额
二类	控制类指标体系	6	区域 GDP 增长率	3	物有所值量值
1	主要控制指标	7	区域三产业结构改善	4	物有所值指数
1.1	规划符合性指标	8	其他带动功能指标	5	PPP 与 PSC 的各分项比较
1.2	项目用地面积	四类	运营类主要指标体系	6	其他指标
1.3	具体规划条件指标	1	项目产品数量指标	6.1	政府分红
1.4	容积率	2	产品与服务质量指标	6.2	使用者付费收入
1.5	绿地率	3	设备运行完好指标	6.3	融资利率利息支出
1.6	建筑密度	4	运营总收入	6.4	财务费用
1.7	其他控制指标	5	运营总成本	六类	财政承受能力指标体系
2	主要环境保护指标	6	利润总额与净利润	1	当年公共预算支出金额
2.1	污水排放量	7	总资产	2	全部项目支付责任金额
2.2	相关污染物控制	8	总负债	3	全部支付占当年预算比

续表

序号	指标名称	序号	指标名称	序号	指标名称
2.3	重金属治理	9	资产负债率	4	本项目支付责任金额
2.4	噪音控制	10	所有者权益	5	本项目支付占当年预算比
2.5	废气排放控制	11	投资回报（利润）率	6	地方均衡性影响指标
2.6	固废治理控制	12	全投资内部收益率	7	行业均衡性影响指标
2.7	循环利用类指标	13	信息披露与用户投诉		
2.8	各类水体改造指标	14	公众满意度指标		

上述评价指标的计划完成数据和实际完成数据均来源于档案室备存的如"表02"所列资料。

表 02   **评估指标资料主要来源表（参考）**

序号	指标类别	指标名称	指标数值来源
1	一类	建设类指标体系	可行性研究报告、建设项目设计图纸、工程竣工验收报告、PPP项目实施方案、PPP项目各类合同、产品和服务供给数量及质量的年度实际完成报告等
2	二类	控制类指标体系	发改部门的立项与可研报告批复，国土部门用地预审、规划部门规划条件以及环保、能源、安全等政府部门相关批复文件，设计图纸，PPP项目合作合同，社会资本方的履约保证等
3	三类	带动功能指标体系	政府工商管理、社会与人力资源、国土、市政等部门调查资料等
4	四类	运营类指标体系	可研报告、产出说明、财务报表及审计报告、绩效考核报告等
5	五类	物值定量指标体系	物有所值评价报告、财务测算资料、公司财务报表、政府支出报告等
6	六类	财承指标体系	财政承受能力论证报告、财政审查意见、政府支出报告等
7	七类	社会责任指标体系	政府监管部门反馈、媒体报道、社会公众投诉、问卷调查等

六、PPP 项目中期评估的程序与评估方式

PPP 项目中期评估由政府指定的项目实施机构发起，并与委托的中介评估咨询机构共同组织财政、资产评估、金融、法律、工程建设、项目管理和环境保护等方面专家进行，政府财政部门（或 PPP 中心）、行业主管部门及项目公司合作双方代表参与评估。

（一）评估程序

PPP项目中期评估程序主要流程：

（1）项目实施机构委托中介评估咨询公司具体组织。评估咨询公司通知项目公司（被评估单位）接受中期评估。

（2）实施机构与评估公司共同从表01的六类指标体系中确定本次中期评估的具体指标。指标分定量分析指标与定性评价指标两类。设计定量分析与定性评价的相关表格（统称"评价表"），确定评审细则与计分原则。其中，有些指标在评估期各年都要有计算结果，绘制各年各指标完成率曲线图，反映某指标发展趋势。具体选择哪些指标依据具体项目定。

评价表根据被评价内容设置，现就定量分析和定性评价分别提出如下通用参考表式：

表03 _____ **PPP项目第（ ）次中期评估定性评价表（一类：建设类指标）**

被评估单项工程名称	序号	评价指标名称	主要评价内容简述	评价结论		主要整改建议
				分值	结论	
	1					
	2					
	……					

注：评价分值按区间设置：优（91～100）、良（75～90）、及格（60～74）、不及格（0～59）。

专家签名_____

年　月　日

表04 _____ **PPP项目第（ ）次中期评估定量分析表（一类：建设类指标）**

序号	指标名称	单位	计划完成	实际完成	对比±%	评价结论		主要整改建议
			1	2	3＝1/2	分值	结论	
1								
2								
……								

注：评价分值按完成率计算，完成率分子就是评价分值。

专家签名_____

年　月　日

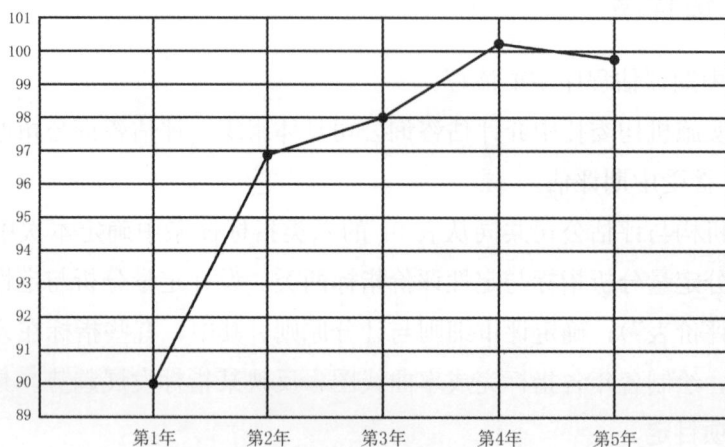

图 01　某项目达产率趋势示意图

注：达产率是指实际生产产量与项目设计能力之比。

（3）评估公司协助项目公司做好全面资料准备，分类列出资料清单。

（4）项目公司初步自评，重在根据具体评估指标准备对应资料。

（5）实施机构与评估公司聘请专家进场。

（6）项目公司全面介绍项目（建设）运营情况。

（7）专家现场调查、走访、踏勘。

（8）专家独立或联合评估评价。

（9）评估公司汇总专家意见。

（10）专家组长分别宣布六类指标的定性评价结论和百分制综合评分结论，提出书面整改意见。

（11）形成书面评估报告。

（二）评估方式

PPP 项目中期评估的对象是已经建成并投入运营的既成项目，由专家采取现场查看、观看影像记录、查阅评估期已有资料、数据计算与复核、集体座谈、个别访谈、问卷调查等方式，对被评项目进行全方位的认真调研考察核实。

根据实际完成情况与原定基数（目标、标准）进行对比，考察其偏离程度，进行定量分析与定性评价。

定量分析就是通过对某单项工程（或工作内容）的具体经济技术指标在项目运行

中完成情况的数值与原定计划指标数值进行对比计算，考察单项经济技术指标的实现程度。定性评价就是对某单项工程、单项指标或某项工作内容反映出来的运行结果，给出实事求是的定性评价结论。

在上述定量分析与定性评价中，专家要将打分评价、做出评估结论、提出整改建议等工作一次完成。

（三）评估报告内容及归档保存

中期评估工作结束前的最后程序，是由实施机构与中介评估公司对本次中期评估工作进行梳理与总结，形成《某 PPP 项目第（ ）次中期评估报告》。评估报告主要由五部分内容构成：一是本次评估工作的组织，包括本次中期评估的组织者，参与中期评估的各方人员，评估时间和地点以及评估专家姓名、职称、专业、联系方式等。二是被评项目概况，简要介绍项目由来，本次中期评估时间段，项目当前现状及主要问题综述。三是评估的内容与过程，对中期评估方案、评估指标体系专家审查、评估流程、评估方式等进行归纳阐述。四是综合评估结论与建议，综合专家组对各单项评估内容和具体经济技术指标的定量分析与定性评价分析，对本项目在本次中期评估期间的整体运行效率与效果给出综合评估结论，包括值得肯定的方面与需要整改的问题及其整改建议。五是附件，将本次中期评估进行中所有所形成的全部文字资料、数据资料、图片照片资料分类整理，作为本次《某 PPP 项目第（ ）次中期评估报告》的附件。

中期评估报告要由评估专家组全体成员签名认可，实施机构与项目公司相关负责人、其他参与人员、评估公司人员均需签名确认。其中，评估报告主件根据需要一式多份，分别呈送政府及政府相关部门，报告主件及附件存项目公司档案室，永久保存。

七、结束语

PPP 项目自 2015 年起已开始大规模落地执行，按照 3～5 年的评估时间间隔，今后三四年起将陆续有项目要进行中期评估。为扎实推进与努力搞好中期评估工作，不走过场、不流形式，实现中期评估应有的目的，PPP 项目公司自成立之日起，就应为中期评估做好制度设计。其中最重要的是要抓紧抓好档案管理的制度建设，强调对项目建设、运营维护相关资料的收集、整理，并及时存档。要有专室存放档案、专人管理档案。完善的档案资料是顺利开展 PPP 项目中期评估的基础，也是加强企业管理、政府绩效考核、增强项目合作双方互信以及期终进行项目移交的必要措施。

农业供给侧领域的
PPP 模式探索

内容提要：

我国是个历史悠久的农业大国，也是世界人口大国，对土地的要求历来主要在于如何为庞大人口提供足以温饱的粮棉等主要农产品。经过多年不懈努力，我国农业农村发展不断迈上新台阶。进入新的历史阶段后，我国农业的主要矛盾由总量不足转变为结构性矛盾，突出表现为阶段性供过于求和供给不足并存，矛盾的主要方面在供给侧。

农业供给侧矛盾亟待破解，破解的力量需要协同发挥政府和市场"两只手"的作用。于是，农业供给侧领域PPP模式将肩负起应有的担当。

农业供给侧领域的PPP模式是在农业生产性基础设施领域里引入社会资本，实现以优化粮食等重要农产品供给结构、增加供给数量、提高供给质量为目的的合作。农业供给侧领域的PPP模式具有社会资本完成基本农业基础设施建设、利用该基础设施提供有效供给、以该基础设施为基础创造其他供给的特征，形成了具有中国农业特色的"政府＋（集体＋农户）＋社会资本"的合作模式。

关键词： 农业供给侧　背景　特征　农业生产性基础设施　中国农业特色

农业承担着保障国家粮食安全和重要农产品供给，促进农民增收的重要任务，为了多渠道增加农业的资金投入和技术投入，推动农业供给侧结构性改革，本文拟对引入社会资本共同参与以增加农业有效供给为目的的合作进行研究探索。农业供给侧领域的PPP模式是在农业生产性基础设施领域里引入社会资本，实现以优化粮食等重要农产品供给结构、增加供给数量、提高供给质量为主要目的，带动与促进增加其他供给的合作模式。

一、实行农业供给侧领域 PPP 模式的背景

2018 年国民经济和社会发展统计资料显示，我国常住人口城镇化率已达到 59.58％。其中，农村人口仍有 5.64 亿，是继印度之后世界农村人口最多的国家。我国耕地总量仅次于美国和印度，而人均耕地大致在世界排名 126 位左右。"以农为本"是我国的基本国策与国情，农业关系着国家的粮食安全和庞大农民群体增收致富的大计。为此，中国始终把农业、农村、农民问题放在国民经济和社会发展的首要位置。中共中央自 1982 年至 1986 年连续 5 年，又自 2004 年至 2019 年连续 16 年发布以"三农"为主题的中央一号文件，对农业发展、农村改革、农民致富做出具体部署，一次次强调"三农"问题在社会主义现代化建设时期"重中之重"的地位。十八大以后提出的"中国要强，农业必须强；中国要富，农民必须富；中国要美，农村必须美""任何时候都不能忽视农业、忘记农民、淡漠农村"等理念已成全党共识。2019 年中央一号文件《关于坚持农业农村优先发展做好"三农"工作的若干意见》再次提出必须坚持把解决好"三农"问题作为全党工作重中之重不动摇，进一步统一思想、坚定信心、落实工作，巩固发展农业农村大好形势，发挥"三农"压舱石作用。

习近平主席更是要求，要始终重视"三农"工作，持续强化重农强农信号；要准确把握新形势下"三农"工作方向，深入推进农业供给侧结构性改革；要在确保国家粮食安全基础上，着力优化农业产业的产品结构；要把发展农业适度规模经营同脱贫攻坚结合起来，与推进新型城镇化相适应，使强农惠农政策照顾到大多数普通农户；要协同发挥政府和市场"两只手"的作用，更好地引导农业生产、优化供给结构；要尊重基层创造，营造改革良好氛围。

我国是个历史悠久的农业大国，也是世界人口大国，对土地的要求历来主要在于如何为庞大人口提供足以温饱的棉粮等主要农产品。在党和国家的长期高度重视、大力支持扶植下，特别是随着土地承包到户与农户经营自主权的落实，以及种子的改良和化肥农药的普及，粮棉等主要农产品总量大幅增加，部分农业区域的农产品总量成倍增加，变化如沧海桑田。吃饱穿暖的"温饱"这一千年夙愿早已实现，如今全面小康的目标却是更加宏伟高远。然而，现实是，解决"三农"问题起点越来越高，资源环境约束越来越紧促。加之一乡一地、一家一户仍以乡土产品为主导、以保产为目标，也多传承传统的农耕理念与农耕技术，缺少资金与技术投入，导致有的农产品因总量的增加而存积却又不愿或是无力改变现状。正如 2017 年中央一号文件《关于深

入推进农业供给侧结构性改革，加快培育农业农村发展新动能的若干意见》指出的："经过多年不懈努力，我国农业农村发展不断迈上新台阶，已进入新的历史阶段。农业的主要矛盾由总量不足转变为结构性矛盾，突出表现为阶段性供过于求和供给不足并存，矛盾的主要方面在供给侧"。"必须顺应新形势新要求，坚持问题导向，调整工作重心，深入推进农业供给侧结构性改革，加快培育农业农村发展新动能，开创农业现代化建设新局面"。

农业供给侧矛盾亟待破解，破解的力量需要协同发挥政府和市场"两只手"的作用。于是，农业供给侧领域 PPP 模式必将肩负起应有的担当。

二、农业供给侧 PPP 模式的基本特征与合作形式

农业供给侧 PPP 模式具有三个基本特征：一是社会资本首先完成农业基本基础设施建设；二是社会资本利用该基础设施提供有效供给；三是以该基础设施为基础创造其他供给。基于上述特征，农业供给侧 PPP 模式就不完全是英文"Public‐Private Partnership（PPP）"所表述的在基础设施建设领域里"政府和社会资本合作"的内涵了，而只是借用这个概念，成立由"政府＋（集体＋农户）＋社会资本"共同参与的农业项目公司，形成具有中国农业特色的"政府＋（集体＋农户）＋社会资本"的运作模式。其中，政府是乡政府或县级及以上的政府农业农村主管部门，他们受政府委托代表政府参与合作。"集体＋农户"作为一个主体参与合作，是因为农业供给侧项目的根基立于农村土地或农业用地之上，即在耕地、林地、草地、湖泊和农村其他土地上进行种养与经营，并获得收益。而农村土地及其农用地的所有权属于集体所有却又为农户所承包经营，PPP 项目合作的权责利涉及每一农户。分散的农户需要农村集体组织机构例如村委会或农户自主选出的经济组织机构来组织领导，社会资本方应对的也不是若干分散的农户，而是一个有组织的集体。

三、农业供给侧 PPP 模式的特点

农业产业的经济活动包含两大体系：一是农业基础设施工程建设体系，二是农业产品的生产与经营活动体系。农业基础设施又分农业生产性基础设施工程和农业非生产性基础设施工程。农业生产性基础设施工程包括农业生产基地及农田水利建设工程、天然林资源和湿地资源等生态环境的保护与建设等工程。这些基础设施的直接服

务对象是附于它上面的农业种养物。例如将位于某乡某村的农田进行土壤改良、自流灌溉和防渗漏治理，或将分散的小块农田改造成适合水稻、棉花等规模化种植与收割的现代化农业大田；将零星湖泊、堰塘、沟渠修建成完善的规模化水利系统，以利于蓄水调节和对农田的自流灌溉等。水利系统在灌溉农业作物、为人畜提供饮用水源的同时，又可养殖水产与禽畜等等。这种"农田整理与水利系统修筑"就是农田水利基础设施工程的主要内容。但农田水利基础设施工程本身不能自动提供供给，它需要人类利用农田水利基础设施工程进行农业产品的生产经营活动——培育种养物并收获种养物的成果，使其成为农业供给的基本物资产品。

优良的农田水利基础设施是农业种养物生存生长的基础条件，但不是全部条件。人类对工业产品已基本可以做到想要什么就可以生产什么，并能对其进行全生产周期、全生产过程的事先精心设计，甚至可以全部采用机械化操作与电脑程序控制，完成工业产品供给的一条龙作业。农业产品不一样，为要获得高产优质的农产品，除了需要一块好的土地与充足水源这一"基础条件"外，还需要劳动者在"这块土地上"针对具体的种养对象，用科学的种养技艺、先进的管理方法，对包括种、育、收、储、运在内的全生命周期的每一阶段、每一环节以至每时每刻地进行精心呵护，才能获得理想的收成。也就是说，农业基础设施工程本身不能提供供给，也不能改变供给侧结构。提供供给、改善与优化农业供给侧结构的，是农业基础设施建设之外的大量其他工程。

由此，可以将农业供给侧 PPP 模式与城市基础设施领域 PPP 模式做一简单比较：城市基础设施领域 PPP 模式中，例如采用 BOT 方式完成某项电力工程。社会资本方完成电力工程的建构筑物等设施的土建工程建设和电力设备设施安装及联动试运转正常后，即可安全发送电并将电力卖出而获得收益，通过运营维护，使该电力工程运营至期满移交。电力工程安全发送电是项目"本身"必要的功能与终极目的，项目建成后运营维护的对象也是该项电力工程本身。它们是整体的连续的过程，而项目发送出去的电力的购买者是不确定的人群，利用电力也可以生产不确定的任意产品。

农业供给侧 PPP 模式不同。社会资本方在完成某处农田水利基础设施工程建设后，要在这块土地上运用现代农业理念、现代农业管理方法和可持续集约发展理念，运用现代农业科学技术和创新精神，来挖掘这块土地的潜力，优化这块土地上种养物的结构，提高种养物的产品数量与质量。只有通过这一系列与"农田基础设施建设"完全不一样的工作，才能确保实现增加有效供给。此外，在大力增加粮棉油瓜果禽畜等农产品实物量供给的同时，为挖掘"农田基础设施"潜能，还要鼓励社会资本加强区域内森林、湿地、奇山秀水等自然资源的保护，对文物古迹、特色村落、民族风情、传统建筑、农业水利灌溉工程遗产、名人故里、美食特艺等人文资源的保护与建设，与乡村振兴战略和美丽乡村建设相结合，增加乡村康养与旅游产品等其他供给。如果社会资本方完成"农田水利基础设施工程建设"后，不再继续合作，而是将其交还原来的农户，由农户继续沿用原来的粗放型生产经营模式、获取原有规模的产品与产量。那么这种对农田水利基础设施的投入与建设将对改变"这块土地"的供给结构、提高供给质量、增加供给数量毫无意义，也不是农业供给侧 PPP 模式的范畴。

因此，具体建设某处农田水利基础设施、在该处农田水利基础设施上获得新的供给、利用该处农田水利基础设施增加延伸的供给是三个不同领域的内容。每一个领域都要由特定的人群来经营，提供特定的农业产品与服务。农业供给侧 PPP 模式是"政府＋（集体＋农户）＋社会资本"在这三个不同领域里同时且连续的合作模式。

总之，要通过引进社会资本，实现特定农业区域内的农业产业绿色发展、农业多种经营、农业资源永续利用，使现代农业、现代农村、现代农民为社会提供质量更优秀、结构更合理、市场更需要的更多农产品。解决了农业主要矛盾的主要方面，就为提升农业竞争力、扩大供给市场、增加供给附加值创造了条件，最终能够落实到稳定农民增收上。

农业供给侧 PPP 模式仍然是政府与社会资本在基础设施建设领域里的合作，只是合作领域依据农业基础设施特点进行了扩展与延伸，符合国家发改委和农业部联合发布的《关于推进农业领域政府和社会资本合作的指导意见》（发改农经〔2016〕2574 号）文件精神。

四、引入社会资本，改变农业投入与农业经营模式

我国对农业的资金投入，传统渠道基本是"国家＋农户"模式。首先是国家投入。农产品是一种特殊商品，具有特殊的使用价值。农业提供的吃穿用产品和其他产品是人类赖以生存与发展的基本物质基础，是关系国计民生、保障国家经济安全与社会稳定的主要战略物资。农业产品的这种功能使它既具有交换的经济职能，又具有非经济的社会性质。它的这种准公共产品的社会属性，决定了政府必然要为农产品的生产与供给承担政策支持与财力投入的责任。为此，我国自新中国成立以来，历由国家出资、农民出力改造农田，改良土壤，兴修水利，培育良种，甚至直接建立国营农林

场及育种场，兜底各项投入。后来，全面取消农业税收，发放各种惠农补贴，实际上也是一种对农业的间接投入。其次是农业生产者的投入。农业生产者又分个体农户和以个体农户入股或承包其他农户土地经营权、集体土地经营权后形成的农业企业或家庭农场。这些农户全程参与着农产品的生产与经营，为农业的耕育种管收储销投入了必要的大量的资金与无尽的辛勤劳作。

然而，农业产业是一种特殊的产业，农业种养物的收成受地域、气候、水、肥、土、种及农耕方式与技术影响极大。农产品的初级产品都是鲜活产品，其收获、储存、运输、销售受气候、季节、市场供需等影响大，不可控因素多。我国地区差异大，基础设施差，技术底子薄，投资需求极旺，而投入有限，投资供需极不平衡。根据《中华人民共和国 2017 年国民经济和社会发展统计公报》，全国全年 19 个大行业固定资产总投资 631684 亿元，其中以农、林、牧、渔为代表的农业行业的投资是 24638 亿元，比上年增长 9.1％，占总投资的 3.9％，比上年增长 0.1 个百分点。由此看出，国家对农业产业十分重视，投入量在不断加大。但由于我国地域辽阔，农业产品的种养面广点多，看似庞大的 24600 多亿投资，分散到每个点面后便是杯水车薪。从生产者角度看，我国农业仍属小规模经营。据有关资料：在农村，承包土地的农户有 2.3 亿户，平均每户承包的土地仅半公顷（约 7.5 亩）左右。这种没有规模又仍未脱离小农经济的经营模式，使农户们既无力承担足以抗衡自然与市场巨大压力的资金投入与技术投入，而且在人力成本及生产资料物价不断上涨的情况下，有限的资金投入也仅能维持其简单再生产。

基于上述种种原因，传统的农业资金投入、农业技术、管理与生产运营模式已不能担当发展现代农业的重任。引进资金充足、拥有现代农业管理理念和大农业开阔视野、拥有现代农业研究机构和技术人才的农业龙头企业（社会资本），来践行现代农业供给侧结构改革，来实际增加农业农村的有效供给，已成推动我国农业进步的新动力，成为有效解决"三农"新问题的新途径。

五、项目的识别与准备

农业供给侧 PPP 模式的合作项目是一个标的多元的项目。因为它不是在"这块"土地上修一条道路、建一座桥梁、造一栋房子那样目标清晰且量化唯一。农业供给侧 PPP 模式的合作过程是一项通过认识自然、利用自然、改造自然去创造一个新自然的过程。它就像只为你提供一块有价值的天然璞玉，至于怎样将璞玉的潜能发挥到极致，怎样雕琢出一个有价值的艺术品，不同的人可能有若干不同的方案。而方案不同、雕琢技艺不同，其艺术成果有可能价值连城，也有可能平平如也。农业供给侧 PPP 模式的合作项目，项目发起者提供的只是一个"农业合作区域"。在这个区域里怎样去创造高品质的供给，政府可以提出规划建议，提出保护耕地资源、保护生态资源、保护社会人文资源以及适度规模化等原则性要求。但这块土地怎样规划，这块土地上的种养物怎样培育，具体方案由社会资本方设计、政府审定，并根据审定的设计方案再确定合作的项目以及合作的方式。例如粮油等农作物的种植项目、牛羊猪鸡鸭等家禽家畜的种养项目、农产品的加工与销售项目，以及需要利用集体和农户土地的其他项目。

我国广大农村，从整体上说，无论是山区还是平原，无论是沿海还是内陆，每块土地都是一块"璞玉"。加上现代农业科学技术支撑下的现代农业创新思维，每一块土地都是可造化之地，农业供给的变革一切皆有可能，理想定能变成现实。之所以现在很多条件明显优越的农村仍然还在"一穷二白"，仍然还在"广种薄收"而导致出现当前农业发展中的新矛盾，只是因为这些地方有的是因为"养在深闺人未识"或"酒香巷深无吆喝"，有的是因为"不识庐山真面目，只缘身在此山中"的熟视无睹习以为常，有的则因为明知守的是金山银山却无力挖掘，总之是没有慧眼发现，没有实力开发。

而更有一个不可忽视的现实是，由于城市繁荣的诱惑和农业劳动的艰辛、农作物种植成本高而收入低微，当代农村青壮年几乎全部拖家带眷外出发展，且基本无重回故里重操祖辈父辈旧业的愿望。坚守者均为老弱妇孺，村中了无生气，大量宝贵耕地无奈又"广种薄收"，甚至荒芜。这种现象，确让人有一种"荒凉"之感，但另一面的积极因素是，也因此腾出了大批量的农业用地资源，为农业供给侧结构改革实施 PPP 模式创造了前提条件。

基于这种现实，政府部门特别是农业农村主管部门应充当项目的发起者，通过甄别筛选，利用广阔的农村土地资源，通过土地流转，整合出最优的潜在合作区域。将该区域的区位条件、地形地貌、基础设施、水质土质、气候特征、物产资源、人文环境等详细现状，以及区域规划、农业供给侧改革方向、愿景目标、政策优惠、鼓励措施等制成 PPT，向社会进行广泛的宣传推介，向农业龙头企业进行重点的宣传推介，加大政策支持，引进有实力实施的社会资本与政府合作。通过对农业生产性基础设施的改造与建设，增加该地域农业成果的供给数量与质量。同时，遏制土地特别是耕地的荒芜，带动美丽乡村建设，促进农村人力资源回归，重塑活力乡村景象。

六、农业供给侧 PPP 模式需要处理好三大关系

（一）分清农业基础设施项目类别，妥善处理好不同性质项目的合作关系

农业基础设施工程可以分为农业生产性基础设施工程和农业非生产性基础设施工程。其中，农业生产性基础设施工程是指利用该基础设施并通过施于该基础设施上的农业生产劳动可以直接获得农业产品的工程项目，例如农田水利建设与维护工程、动植物保护及良种培育工程、现代渔港建设工程、森林和湿地的保护与建设工程等。农业非生产性基础设施工程是指不能利用该基础设施直接获得农业产品的工程项目，如饮用水、沼气、乡村级道路、农业面源污染治理、农业物联网与信息化、农产品批发市场等工程项目。在上述项目中，又分经营性项目、准经营性项目和非经营性项目。不同性质的项目适应于不同的合作模式和投资回报机制。

农业生产性与非生产性基础设施工程，经营性、准经营性与非经营性项目共处一个地域，联系密切，互相影响。采用农业供给侧 PPP 模式，应分清农业基础设施项目类别，优先选择好农业生产性基础设施领域里的能优化供给结构、增加供给数量、提高供给质量为目的的合作项目，做好区域农业发展与合作规划，制订好具体的实施方案，然后以乡村振兴和建设美丽乡村、增加乡村其他供给为目标，逐步开展其他项目的 PPP 合作。

（二）农业用地受国家法律约束力大，妥善处理好土地的权属关系

《中华人民共和国土地管理法》规定，我国土地实行社会主义公有制，即全民所有制和劳动群众集体所有制。严格限制农用地（包括直接用于农业生产的耕地、林地、草地、农田水利用地及其中的养殖水面等）转为建设用地，对耕地实行特殊保护。《农村土地承包法》规定，农村土地采取农村集体经济组织内部的家庭承包方式，国家依法保护农村土地承包关系的长期稳定，承包地不得买卖。社会资本方在对土地进行科学规划、综合治理和相关基础设施建设时，不能改变土地的用地性质，对耕地面积严格实行占补平衡；要用契约形式妥善处理好与集体和农户关于土地的使用权和经营权的权属关系。

（三）在保证社会资本投资回报的同时，妥善处理好集体和农民增收的关系

在城镇基础设施建设的 PPP 模式中，设定的投资回报机制有使用者付费、可行性缺口补助和政府付费三种方式，以确保社会资本获得可靠的投资回报，而且这种"投资回报"的收益来自项目本身的直接产出。例如发电厂项目是电厂直接出售电力的销售收入，污水处理厂是直接处理污水所获得的收入。城镇基础设施是社会公共产品，服务于不定向的社会大众，能从项目本身的直接产出而直接获取使用者付费收入。公益性基础设施工程所占用的土地，要符合 2001 年国土资源部第 9 号令《划拨用地目录》中所列城市基础设施用地和公益事业用地标准，经有批准权的人民政府批准后，可以用划拨方式无偿提供土地使用权，政府无偿提供土地后也不以土地作为资本获取回报。

但农业供给侧 PPP 模式不同。社会资本虽然同样可以通过使用者付费、可行性缺口补助和政府付费三种方式获得投资回报，但这种"投资回报"的收益不是来自项目本身的直接产出。即不是使用者"使用"了如农田水利基础设施一类的"基础设施"后的直接付费，而是社会资本方通过施于该"基础设施"上的劳动获得了农产品，再将农产品及其加工产品销售出去，以获得销售收入来实现投资回报。这是一个再生产过程，并需要新的投入。任何农产品都离不开土地，于是这种"回报"就与土地及土地的所有者和承包者——农村集体经济组织和农户有着唇齿相依的密切关系。农村土地归劳动群众集体所有，又为农民所承包经营，土地上种养物的产出是农民的主要经济来源，农民依靠土地来维持生计。即便现在很多农村人口已离了农村，他的土地已经荒芜，但这块土地的所有权仍归乡村集体，经营使用权仍归农户。在农业供给侧 PPP 模式中，只能是农村集体经济组织和农户以土地的使用权、经营权作为资本投入，参与项目的合作，获得资本性收益。因此，在保证社会资本利益的同时，同样需要保护集体和农民的利益，要处理好集体与农民增收的关系，确保集体与农民在农业供给侧 PPP 模式中有显著的增收实效。农民增收的基本途径除了土地使用权、经营权作为资本入股分红外，还应以合同制农业工人身份获取劳动报酬和相关社会保障。

七、结束语

2017 年"一号文件"指出："近几年，我国在农业转方式、调结构、促改革等方面进行积极探索，为进一步推进农业转型升级打下一定基础，但农产品供求结构失衡、要素配置不合理、资源环境压力大、农民收入持续增长乏力等问题仍很突出，增加产量与提升品质、成本攀升与价格低迷、库存高企与销售不畅、小生产与大市场、国内外价格倒挂等矛盾亟待破解"。党中央对农业的重大关切，体现了加快培育农业农村发展新动能的迫切要求。

农业供给侧 PPP 模式的设计，符合国家发改委和农业部联合发布的《关于推进农业领域政府和社会资本合作的指导意见》（发改农经〔2016〕2574 号）关于农业重点领域里采用 PPP 模式，以增加农业供给的要求。即"拓宽社会资本参与现代农业建设的领域和范围，重点支持社会资本开展高标准农田、种子工程、现代渔港、农产品质量安全检测及追溯体系、动植物保护等农业基础设施建设和公共服务；引导社会资本参与农业废弃物资源化利用、农业面源污染治理、规模化大型沼气、农业资源环境保护与可持续发展等项目；鼓励社会资本参与现代农业示范区、农业物联网与信息化、农产品批发市场、旅游休闲农业发展"。在这些领域里，可以通过引进社会资本的资金实力、现代农业理念、现代农业管理方法和现代农业科学技术与科技创新精神，改变一个目标农业区域的现状。即以调整优化区域内农业产业体系、生产体系、经营体系，完善要素配置为手段，以调整优化该区域农业种养物结构、提高农产品数量、增加农产品质量为主要目标，带动和促进区域内美丽乡村建设和其他供给的增加，确保农民增收。

在农业主要矛盾解决与农业供给侧结构改革中引进社会资本，为农业农村发展新动能注入动力，将是加快我国农业现代化进程的必然选择，也必将成为我国实施新型城镇化发展战略的重要措施。但在农业供给侧领域，采用 PPP 模式是一件新生事物，尚无经验借鉴。由此，农业供给侧 PPP 模式的运作如何与我国的农业财税政策相衔接，一系列惠农政策怎样落实到供给侧 PPP 项目上来，以及怎样操作项目的投资测算、资本结构、投资回报与绩效考核等等，很多问题需要在理论上进行深入研究与创新，在实践上进行试点与探索。但我们坚信：在习近平总书记一系列三农问题重要讲话精神和治国理政新理念新思想新战略指导下，坚持新发展理念，创新理念，一定能在推进农业现代化、新型城镇化、农业供给侧结构性改革等方面创造出适合中国农业农村农民特色、破解农业转型升级新矛盾的新途径。

中共中央办公厅、国务院办公厅于 2017 年 5 月 31 日印发《关于加快构建政策体系培育新型农业经营主体的意见》并发出通知，提出了加快培育新型农业经营主体的战略部署。农业供给侧 PPP 模式引进社会资本后所形成的"农业项目公司"适应了这一新形势的要求，有利于进一步培育成为新型农业经营主体。它们将从财政税收、金融信贷、基础设施建设、扩大保险、拓展营销市场、人才培养引进等六个方面得到国家政策全方位的大力支持，必将迅速而健康地发展，也必将为我国实现农业现代化、促进农业供给侧结构性改革、带动农民致富、加快美丽乡村建设做出历史性的重大贡献。

创新 ROT 转让运作方式，
加快存量项目重焕新生

内容提要：

我国以项目为单位聚集的存量资产数量庞大，占有大量的国有资金与物质资源。随着时间的推移，存量资产原存价值将在有形与无形的磨损过程中消耗殆尽，盘活它们已刻不容缓。但盘活存量资产，特别是盘活聚集着大量设备设施的存量项目既需要管理与技术措施，更需要大量资金的集中投入，这正是政府所缺乏的。为此，采用 PPP 模式中的 ROT 运作方式是最佳的选择。但存量资产的有偿转让，社会资本方需要首先支付大量转让金；在成立项目公司时，又需要交付大量资本金；为了恢复存量项目使用功能并实现理想产出目标，需要再次投入大量提质改造资金。庞大的资金筹集往往成为社会资本方参与存量项目合作的拦路虎。

但调整思维，创新 ROT 转让运作方式，有助于难题的解决。以盘活污水处理厂存量项目为例，政府聘请资产评估中介公司评估出存量项目的资产价值，政府方依据在项目公司中的持股比例计算应出的资本金数量，以存量资产评估价值中的等量价值作为资本金入股项目公司，该部分存量资产所有权为政府所有，并获得股权权益；剩余存量资产价值全部由社会资本方受让，并以此价值作为社会资本方的资本金入股项目公司。转让金本息由社会资本在整个 PPP 项目合作期内按年支付，支付方式为抵减政府当年应给社会资本方经绩效考核后的可行性缺口补助，即政府以扣减的可行性缺口补助收回社会资本受让的存量资产价值。这样，既盘活了濒于消亡的国有存量资产，又保障了国有存量资产的保值增值。这一创新 ROT 转让运作方式，无疑对政府方有着显而易见的重大意义，对社会资本方也因能大幅减轻其资金压力，而大大激发社会资本方参与盘活存量项目的积极性。

关键词： 存量资产　转让　ROT　盘活

本文所述存量项目是指由生产某一产品所必需的符合生产工艺要求的设备设施资产集群所构成的独立经济单位，且特指其中闲置的国有生产性固定资产存量项目。我国的这类存量项目数量庞大，占据着大量的国有资金，是一批宝贵的物质资源。它们的继续存在，不但不能发挥资产效益创造价值，反而在不断地有形无形地消耗着人力物力与财力，是一种极大的多重浪费。但盘活存量资产，特别是盘活聚集着大量设备设施的存量项目既需要管理与技术措施更需要大量资金投入，这正是政府所缺乏的。为此，采用 PPP 模式是最佳的选择。政府与社会资本合作盘活存量项目，适用的是"改建－运营－移交（ROT）"运作方式，ROT 是指政府在"转让－运营－移交（TOT）"运作方式基础上，增加改扩建内容的项目运作方式。TOT 的核心是存量资产所有权的有偿转让。政府与社会资本站在各自的立场上，纠结的正是国有资产权益如何转让。现以创新 ROT 转让运作方式盘活存量项目中的乡镇污水处理厂项目为例提出对策，并通过对污水处理厂存量项目的 ROT 阐释，为其他存量资产、存量项目的盘活提供借鉴。

一、乡镇污水厂存量项目的由来与成因

我国是典型的农耕社会，家庭产生的生活污废水、家禽家畜粪便等历来并无浪费，而是千方百计地进行点滴收集，为庄稼提供养料，从无污染环境之说。然而，随着人口的大量增加，化肥的大量使用，家产的生活污废水、家禽家畜粪便等再不被当作制肥原料利用了。而是随意丢弃、随意泼洒或是无序排放，使这些宝贵资源瞬间变宝为害，成为污染源，没几年便形成了现在乡村随处可见的黑臭水体。随着黑臭水体的流动和塘渠的渗漏又不断扩大成农业面源污染，并不断恶化着。当这些污染水体严重危害着农业发展和居民身体健康的时候，治理开始了。从前些年起，不少乡镇已陆续投资建设了一些规模不一的污水处理厂，以期对农村生活污废水进行净化处理，达到合格的排放标准。这些厂子兴建时热热闹闹，但虎头蛇尾，呈以下四种资产存积状态者居多：一是因资金不济而无力于后续配套建设的在建未完工程；二是突发变故或无管理、无技术又无资金而不能竣工扫尾投入正常使用的工程；三是设计缺陷、来水不足而停停打打、污水处理并无实效的先天不足工程；四是污水、污泥处理设备设施的内在技术含量低、工艺路线落后，出水水质或污泥含水率达不到排放标准而等待提质升级改造的工程。

这些问题工程不是单台的设备设施资产，而是具有特定功能和工艺要求的设备设施资产集群，统称为存量项目。

二、盘活污水处理厂存量项目的紧迫性

国务院 2015 年 4 月 2 日发布《水污染防治行动计划》（国发〔2015〕17 号）（简称"水十条"），提出了"为建设'蓝天常在、青山常在、绿水常在'的美丽中国而奋斗"的口号，以及"按照国家新型城镇化规划要求，到 2020 年，全国所有县城和重点镇具备污水收集处理能力，县城、城市污水处理率分别达到 85％、95％左右"的目标。污水处理等环境整治已上升到了国家社会经济发展的战略层面。

此外，污水处理厂的机器、仪表、管道以及池类罐类等设备设施的尚存价值会因日雨风霜及地下水的锈蚀、腐蚀、摧损而有形流失，会因外界技术进步被淘汰而无形流失。因此，如不尽快运转使用、维护保养，它们很快将成为一堆一文不值的废铁与水泥渣，恢复其使用功能所需投入的资金也将更大，甚至比重建还要更大的投入。

因此，盘活这些存量项目，使这些行将彻底湮灭的设备设施起死回生，充分发挥尚存国有资产的积极作用，促其转入良性经营，保值增值，是政府国有资产管理部门亟待研究解决的问题，刻不容缓。

三、采用 PPP 模式是当前盘活存量项目的有效办法

存量项目要加快盘活，使这些行将彻底湮灭的国有资产起死回生，必然要进行处置。关于国有存量资产的处置问题，国家出台了一系列关于国有存量资产管理的法律法规政策等文件[注]。这些文件的核心就是要依法依规进行清产核资、资产评估，合理确定价值，防止公共资产流失和贱卖。一方面要加快盘活存量资产，一方面又要防止流失和贱买，这两者必须统一。统一的有效途径是通过政府和市场两只手，即采用 PPP 模式，实现政府与社会资本在盘活存量项目上的长期合作。财政部《关于推广运用政府和社会资本合作模式有关问题的通知》（财金〔2014〕76 号）指出："政府通过政府和社会资本合作模式向社会资本开放基础设施和公共服务项目，可以拓宽城镇化建设融资渠道，形成多元化、可持续的资金投入机制，有利于整合社会资源，盘活社会存量资本，激发民间投资活力，拓展企业发展空间，提升经济增长动力，促进经济结构调整和转型升级"。《国家发展改革委关于加快运用 PPP 模式盘活基础设施存量

资产有关工作的通知》（发改投资〔2017〕1266 号）指出：运用 PPP 模式盘活基础设施存量资产，要在符合国有资产管理等相关法律法规制度的前提下，解放思想、勇于创新，优先推出边界条件明确、商业模式清晰、现金流稳定的优质存量资产，提升社会资本参与的积极性；对拟采取 PPP 模式的存量基础设施项目，根据项目特点和具体情况，可通过转让－运营－移交（TOT）、改建－运营－移交（ROT）、转让－拥有－运营（TOO）、委托运营、股权合作等多种方式，将项目的资产所有权、股权、经营权、收费权等转让给社会资本。

采用 PPP 模式盘活污水处理厂存量项目，符合上述政策要求，适宜采用 PPP 模式中的 ROT 运作方式。ROT（改建－运营－移交）是指政府在 TOT 模式的基础上，增加改扩建内容的项目运作方式。TOT（转让－运营－移交）是指政府将存量资产所有权有偿转让给社会资本或项目公司，并由其负责运营、维护和用户服务，合同期满后资产及其所有权等移交给政府的项目运作方式。

本项目采用 ROT 运作方式对政府是有利的。因为，将一个已陈旧多年的污水处理存量项目转让给社会资本方，资产没有流失。而且，通过提质改造、运营维护管理，"死"项目变活了，资产增值了，可以迅速发挥出原有污水处理资产应有的功能。社会资本方分担了项目融资建设与经营管理风险和市场风险，政府减轻了沉重压力。采用 ROT 运作方式，对社会资本方也是有利的，存量项目已有了一定的甚至很好的基础，通过提质改造能很快产生经济效益。与政府合作，能得到政府的政策支持，并由政府承担主要政策风险和政府协调风险责任，项目有可靠的投资收益。

采用 PPP 模式，发生资产所有权的转移。第一步是资产的审批与评估。财政部《关于规范政府和社会资本合作（PPP）综合信息平台项目库管理的通知》（财办金〔2017〕92 号）明确规定："涉及国有资产权益转移的存量项目未按规定履行相关国有资产审批、评估手续的，不得入库"。第二步选择转移方式。《企业国有资产交易监督管理办法》（国资委财政部令第 32 号）第十三条规定，产权转让原则上通过产权市场公开进行。通过产权交易机构网站分阶段对外披露产权转让信息，公开征集受让方。第三十一条规定，以下情形的产权转让可以采取非公开协议转让方式：一是涉及国家安全、国民经济命脉的重要行业和关键领域企业的重组整合，对受让方有特殊要求，经国资监管机构批准，可非公开协议转让；二是同一国家出资企业及其各级控股企业或实际控制企业之间因实施内部重组整合进行产权转让的，经该国家出资企业审议决策，可非公开协议转让。第五十二条规定：资产转让价款原则上一次性付清。

通过上述转让方式，有的问题可以解决。例如，以存量资产盘活为内容的合作方是通过公开招标采购、符合污水处理特定招标采购条件、已确定为本项目进行合作建设运营的社会资本方，是已通过招标方式选定的特许经营项目投资人，故可以由其按评估价直接受让，不再通过产权市场公开拍卖转让，也不适应非公开协议转让方式。但资产转让价款"原则上一次性付清"最符合地方政府的要求，而社会资本方却无法做到。因为全部存量项目的有偿转让需要大量现金支出，合作成立项目公司时又需要大量资本金投入，将久存过时的存量项目进行提质改造、恢复使用功能、实现理想的产出目标，更需要大量的资金投入。社会资本在短期内筹集如此庞大的资金压力巨大。这是存量项目采用 PPP 模式建设的最大拦路虎，转让不成，也就无从谈论 ROT 了。

四、调整思维，创新 ROT 转让运作方式

PPP 模式只是一种就某一具体工程项目由政府与社会资本"合作"投资、建设、运营的模式。合作双方的权利义务与共守条件将通过"合同体系"中的一系列专业合同进行约定，其中，依据《中华人民共和国合同法》制订的《PPP 项目合同》是最核心的法律文件。一切意愿只要达成共识，都可以在《PPP 项目合同》中加以约定，经政府批准后即可执行。因此，这种 PPP 模式以契约为纽带，通过激励相容机制，共同把项目建设好、运营好、双方投资获得应有回报，最后将项目完整移交给政府。

PPP 模式中的 ROT 是建立在 TOT 基础上的运作方式。为此，政府方应调整"存量项目"资产所有权转移的思维方式，实事求是地考虑濒于消亡的"存量项目"与能"促进企业国有资产的合理流动、国有经济布局和结构的战略性调整"的完好国有资产的差别，从维护国有资产所有权转移的合法性方面把关，在存量项目"盘活"与"不盘活"的价值"有、无"上对比衡量，为有效遏制国有资产不被有形流失与无形流失着想。根据《国家发展改革委关于加快运用 PPP 模式盘活基础设施存量资产有关工作的通知》（发改投资〔2017〕1266 号）精神，建议对转让方式采用如下创新运作。

（一）以存量资产充当资本金

政府出资代表和社会资本方依据持股比例，分别以存量项目资产评估价值中的一部分资产价值作为资本金入股项目公司。如果存量项目资产评估的总价值量恰好等于或近似等于本项目资本金量〔指（存量资产评估总价值＋补充的新增建设投资）×按国发〔2015〕51 号确定的资本金比例）〕，则将存量资产评估总价值按股权比例在政府

与社会资本之间分配，分别充当各自的资本金；如果存量资产评估总价值量小于资本金需要量，在满足政府资本金需求后，剩余存量资产价值量由社会资本受让成资本金的一部分，其不足资本金的部分以货币资金补充；如果存量资产评估总价值量大于资本金需要量，在满足政府资本金需求后，剩余存量资产价值全部由社会资本方有偿受让。社会资本方可以用其中的一部分称当社会资本的资本金（作"实物投资"），多出社会资本方资本金的另一部分存量资产视为非对外融资资金计入总投资。转让时，如果涉及相关税费，则按当期税费政策处理。

（二）签订转让协议

政府与社会资本方签订《存量项目资产有偿转让协议》，并约定：社会资本方购买存量资产（包括购买用作实物投资的存量资产）的转让金在整个项目合作期里偿付，偿付的方式为以每年"等额本息"偿还方式逐年支付给政府。

（三）转让金的本息不用社会资本方现金支付

政府从应支付给社会资本的可行性缺口补助额中，抵扣社会资本方在当年应支付给政府的转让金本息。上述转让运作方式，在"PPP 项目合同"中约定。

五、模拟示例

现用模拟数据说明某污水处理存量项目采用 ROT 的转让运作方式的资金投入。

某市有 A、B、C、D、E、F、G 七家污水处理厂，存量项目资产评估总价值为 4600 万元。政府出资代表和社会资本分别持股 49% 和 51%，合作期 21 年，其中建设期 1 年，建设资金融资利率在当期市场报价利率 4.9% 基础上上浮 30%，即 6.37%。经项目建设可行性研究测算，为将上述七厂存量资产恢复或提高使用功能、污水出水水质从一级 B 标准提高到一级 A 标准，需补充新增改扩建投资 9778 万元（不含利息）。其中，工程费 8120 万元，工程建设其他费 818 万元，预备费 715 万元，拆迁补偿费 125 万元，共 1658 万元（合称"其他项费用"）。采购社会资本时，竞争条件规定，工程费须下浮 5%。根据以上已知边界条件，计算相关数据。

（一）计算 ROT 项目的债务资金

本项目债务资金有两部分：一是按可行性研究报告测算的工程费下浮 5% 后重新

计算的新增改扩建总投资。其中，下浮后的工程费由 8120 万元降为 7714 万元，其他项费用 1658 万元不变，新增改扩建资金合计 9372 万元。二是铺底流动资金。铺底流动资金的理论测算，按全部流动资金的 30% 计。但在实践中，主要是根据实际需要再结合经验进行估算。本存量项目有七个污水处理厂，每厂按 15 万元估算，合计 105 万元统筹使用。两项合计，全部债务资金为 9477 万元。

（二）计算建设期债务资金融资利息

建设期一年，融资利率 6.37%，融资利息 = 9477 万元 × 6.37%/2 = 302 万元。

（三）计算 ROT 项目总投资

项目总投资 = 债务资金（含铺底流动资金 105 万元 + 建设期利息 302 万元）+ 存量项目资产评估价值（非对外融资资金及资本金）= 9779 万元 + 4600 万元 = 14379 万元。

（四）计算项目资本金

项目资本金按项目总投资的 30% 计，项目资本金 = 14379 万元 × 30% = 4314 万元。

（五）政府与社会资本方的资本金数额

政府方资本金 = 4314 万元 × 49% = 2114 万元；社会资本方资本金 = 4314 万元 × 51% = 2200 万元。

（六）存量资产分配

本项目存量资产评估总价值为 4600 万元，大于本项资本金总额。按社会资本采购条件，存量资产评估总价值量大于资本金需要时，满足政府资本金需求后的剩余存量资产价值全部由社会资本方有偿受让。计算社会资本方受让的存量资产价值：存量项目资产评估总值 4600 万元，政府用于资本金的存量资产价值 2114 万元，社会资本方受让的存量资产价值 = 4600 万元 − 2114 万元 = 2486 万元。

将上述数据录入"附表 01　七污水厂存量资产评估价值和可研报告新增改扩建投资估算表"和"附表 02　七污水处理厂采用 ROT 运作改扩建总投资一览表"。

附表 01　七污水厂存量资产评估价值和可研报告新增改扩建投资估算汇总表

资产名称	存量资产评估值（万元）			可研报告测算新增改扩建投资估算（万元）					
	小计	资产去向		工程费	其他项费用			小计	合计
		政府实物投资	转让给社会资本		建设其他费	预备费	拆迁费		
七污水处理厂	4600	2114	2486	9778	818	715	125	8120	14378
					1658				

附表 02　　七污水处理厂采用 ROT 运作方式改扩建总投资一览表

ROT 运作项目总投资（万元）										
对外融资的债务资金					非对外融资资金及资本金					合计
新增改扩建投资		铺底流动资金	建设期利息	小计	转让给社会资本的存量资产	社会资本方资本金	资本金		小计	
可研工程费下浮5%后的工程费	可研其他不变项费						政府实物投资	社会资本实物投资		
7714	1658	105	302	9779	2486	−2200	2114	2200		14379
9372					286		4314		4600	

六、创新 ROT 转让运作方式的重要意义

根据以上模拟数据，盘活存量项目采用 ROT 创新转让运作方式有重要意义。

（一）对社会资本方的重要意义

1. 减少了社会资本方受让存量资产支付现金的资金压力。在一般情况下，社会资本方须一次性受让全部存量资产，并以现金支付转让金（本模拟数为 4600 万元）。创新转让方式后，社会资本方只受让了部分存量资产（本模拟数为 2486 万元，为全部存量资产的 54%）。2. 减少了社会资本方筹集资本金现金的压力。社会资本方按持股比例，用受让的存量资产价值的一部分作资本金（实物投资）入股项目公司（本模拟数为受让的 2486 万元中的 2200 万元）。故不需要筹集用于资本金的现金，有利于社会资本方集中精力筹集其他债务资金。3. 平滑了社会资本方资金的支出，减少了筹集压力。社会资本方应付给政府的存量资产转让金本息，是在运营期里按每年等额支付

的，分摊到每年的偿还额度已很小（本项目模拟数为运营期 20 年，社会资本方受让的存量资产价值 2486 万元，利率以 6.37％计，平均每年仅需偿还等额本息 223.29 万元）。4. 减少了社会资本方的利息支出。社会资本方在分期归还存量资产转让价值时，虽然也需要支付利息，但存量资产价值量并非由对外融资而来，即不是对外融入的现金，故可以商谈，利率应该比融资利率 6.37％要低。由此，也会整体降低社会资本方的融资成本。5. 社会资本方用政府支付给自己的可行性缺口补助款抵减支付给政府的存量资产受让金本息，不需要用现金支付。

正是因为对社会资本方有上述多种有利因素，采用 ROT 创新专业让运作方式能更好地激发社会资本方参与政府盘活存量资产的积极性。

（二）对政府方的重要意义

1. 激发了社会资本参与盘活存量项目的积极性，将促进存量项目重焕新生，尽快产生经济效益、环境效益和社会效益。2. 政府用部分存量资产（本模拟数为 2114 万元）作资本金入股项目公司，资产所有权为政府所有，且同股同权获得资本收益。3. 转让给社会资本方的存量资产（本模拟数为 2486 万元），将在合作期内连本带利收回。4. 濒于消亡的存量资产盘活了，产生了可观的经济效益、社会效益和环境效益；运营期收回了转让时存量资产评估的价值和 20 年的利息；合作期满前，项目公司要进行彻底的大修理，使项目资产处于全部完好状态。合作期满，将全部资产移交给政府，相当于政府多得了一个大大超过原评估值的同类项目，真正实现了存量资产的保值增值。5. 政府以存量资产价值作资本金入股项目公司，减少了政府财政支出现金的负担。6. 以逐年扣减支付给社会资本方的可行性缺口补助的方式收回存量资产转让金的本息，既有效保证了转让的存量资产价值连本带息收回，又减少了政府财政当年的现金流出。

上述一系列的制度设计、法定程序和合同约束不但保障了国有资产不流失，保障了原有资产的保值增值，而且就资产价值而言，既收回了利息，又创造了新的价值。

［注］国有存量资产管理的法律法规政策文件包括但不限于：

1.《中华人民共和国资产评估法》（中华人民共和国主席令第 46 号）。

2.《国家发展改革委关于加快运用 PPP 模式盘活基础设施存量资产有关工作的通知》（发改投资〔2017〕1266 号）。（要点：运用 PPP 模式盘活基础设施存量资产，要在符合国有资产管理等相关法律法规制度的前提下，解放思想、勇于创新，优先推出边界条件明确、商业模式清晰、现金流稳定的优质存量资产，提升社会资本参与的积极性；对拟采取 PPP 模式的存量基础设施项目，根据项目特点和具体情况，可通过转让—运营—移交（TOT）、改建—运营—移交（ROT）、转让—拥有—运营（TOO）、委托运营、股权合作等多种方式，将项目的资产所有权、股权、经营权、收费权等转让给社会资本。）

3.《国务院转发财政发改人行〈关于在公共服务领域推广政府和社会资本合作模式指导意见〉的通知》（国办发〔2015〕42 号）。（要点：存量公共服务项目转型为政府和社会资本合作项目过程中，应依法进行资产评估，合理确定价值，防止公共资产流失和贱卖。）

4.《国有资产评估管理办法》（中华人民共和国国务院令第 91 号）。（要点：第六条规定，国有资产的评估范围包括固定资产、流动资产、无形资产和其他资产。存量 PPP 项目评估范围取决于实施方案确定的交易范围，评估对象包括所有权、土地所有权、经营权、知识产权和专有技术。）

5. 发改委《政府和社会资本合作项目通用合同指南》。〔要点：第 18 条规定，项目合同前期工作内容及要求包含转让资产（或股权）的合作项目，应明确项目尽职调查、清产核资、资产评估等前期工作要求。〕

6.《财政部关于印发〈政府和社会资本合作项目财政管理暂行办法〉的通知》（财金〔2016〕92 号）。（要点：第三十条规定，存量 PPP 项目中涉及存量国有资产、股权转让的，应由项目实施机构会同行业主管部门和财政部门按照国有资产管理相关办法，依法进行资产评估，防止国有资产流失。）

7. 财政部《关于规范政府和社会资本合作（PPP）综合信息平台项目库管理的通知》（财办金〔2017〕92 号）。（要点：涉及国有资产权益转移的存量项目未按规定履行相关国有资产审批、评估手续的项目不得入库。）

8.《企业国有资产交易监督管理办法》（国资委财政部令第 32 号）。（要点：第十三条规定，产权转让原则上通过产权市场公开进行。通过产权交易机构网站分阶段对外披露产权转让信息，公开征集受让方。第三十一条规定，以下情形的产权转让可以采取非公开协议转让方式：（一）涉及主业处于关系国家安全、国民经济命脉的重要行业和关键领域企业的重组整合，对受让方有特殊要求，企业产权需要在国有及国有控股企业之间转让的，经国资监管机构批准，可以采取非公开协议转让方式；（二）同一国家出资企业及其各级控股企业或实际控制企业之间因实施内部重组整合进行产权转让的，经该国家出资企业审议决策，可以采取非公开协议转让方式。第五十二条规定，资产转让价款原则上一次性付清。）

9.《财政部关于印发企业会计准则解释第 2 号的通知》（财会〔2008〕11 号）的第五点解答。〔要点：企业采用建设经营移交方式（BOT）参与公共基础设施建设业务应当如何处理？答：企业采用建设经营移交方式（BOT）参与公共基础设施建设业务，应当按照以下规定进行处理：其中，本规定涉及的 BOT 业务应当同时满足以下条件：①合同授予方为政府及其有关部门或政府授权进行招标的企业。②合同投资方为按照有关程序取得该特许经营权合同的企业（以下简称合同投资方）。合同投资方按照规定设立项目公司（以下简称项目公司）进行项目建设和运营。项目公司除取得建造有关基础设施的权利以外，在基础设施建造完成以后的一定期间内负责提供后续经营服务。③特许经营权合同中对所建造基础设施的质量标准、工期、开始经营后提供服务的对象、收费标准及后续调整做出约定，同时在合同期满后，合同投资方负有将有关基础设施移交给合同授予方的义务，并对基础设施在移交时的性能、状态等做出明确规定。〕

"后勤保障合作"——PPP 模式建设公立医院新思路

内容提要：

我国公立医院的就诊患者一直人满为患，长期存在着优质医疗资源供给不足与人民医疗服务需求日盛的医患供求矛盾，由此引发的医患矛盾也时有发生。加快公立医院建设不仅是广大人民群众的强烈呼声，也是政府放眼长远的战略考量。

采用传统模式建设公立医院，需要一次性地投入大量资金，这对地方政府而言无疑是沉重的资金压力。如果采用引进社会资本的常规 PPP 模式建设，又因社会资本在项目公司中的完全控股地位而使医院不可能成为公立医院。为吸引社会资本的投资，减轻地方政府一次性投资压力，又确保公立医院的公"姓"地位及其独立性与公益性，特提出创新"后勤保障合作"PPP 模式，加快公立医院建设的新思路。

"后勤保障合作"是以后勤保障服务体系为项目建设内容而进行的合作，社会资本方负责投融资、建设好"后勤保障体系"，政府租下这些"后勤保障"，然后，安顿好"基本医疗服务体系"，完成公立医院建设，并支付使用者付费（租赁费）。社会资本方收取使用者付费（租赁费）收回投资并获得合理回报。合作期满，项目公司将全部产权移交政府或其指定机构。

关键词： 公立医院　后勤保障合作　租赁　新思路

一、加快公立医院建设势在必行

我国地域辽阔，人口数量庞大，城镇化率不断提高，全民医疗服务需求持续提高。但医疗卫生资源总量不足、质量不高、结构与布局不合理、服务体系碎片化，尤其是三甲医院类优质医疗资源不足，医疗服务能力与实际需求差距也越来越大，不能满足公立医院的功能定位要求。2015 年 3 月 6 日，国务院办公厅发布的《全国医疗卫生服务体系规划纲要（2015—2020 年）》对公立医院进行了准确定位，指出："公立医院是我国医疗服务体系的主体，应当坚持维护公益性，充分发挥其在基本医疗服务提供、急危重症和疑难病症诊疗等方面的骨干作用，承担医疗卫生机构人才培养、医学科研、医疗教学等任务，承担法定和政府指定的公共卫生服务、突发事件紧急医疗救援、援外、国防卫生动员、支农、支边和支援社区等任务。"公立医院拥有人才广泛、设备精良、学科全面等优质医技资源，良好的医疗效果以及公益性所决定的相对合理的收费标准等优势，一直是患者向往的求诊求治之地。长期以来，公立医院天天人满为患，大量患者满怀求生之望，不顾千里奔波、舟车辗转，仍趋之若鹜。好不容易到达医院之后却又一号难求，医技人员也是满负荷甚至超负荷工作。公立医院业务的爆满反映的是我国优质医疗资源供给不足与社会对优质医疗资源需求旺盛的矛盾，反映的是人民群众的求医之难。

广大人民群众从关注自身健康出发，要求加快速度、加大力度建设公立医院的呼声十分强烈。在 2016 年 8 月 19 日召开的全国卫生与健康大会上，习总书记发表重要讲话，深刻指出："党的十八届五中全会明确提出了推进健康中国建设的任务。这是因为，健康是促进人的全面发展的必然要求，是经济社会发展的基础条件，是民族昌盛和国家富强的重要标志，也是广大人民群众的共同追求。"

为此，加快公立医院建设，增加优质医疗资源供给势在必行。

二、创新 PPP 模式，加快公立医院建设

为满足广大人民群众对优质医疗资源的渴求，化解一直以来突出存在的供求矛盾以及因优质医疗资源供给不足而引发的医患矛盾。2013 年的《国务院关于促进健康服务业发展的若干意见》（国发〔2013〕40 号）提出，"要广泛动员社会力量，多措并举发展健康服务业"。2015 年的《全国医疗卫生服务体系规划纲要（2015—2020 年）》也要求"坚持政府主导与市场机制相结合。切实落实政府在制度、规划、筹资、服务、监管等方面的责任，维护公共医疗卫生的公益性。大力发挥市场机制在配置资源方面的作用，充分调动社会力量的积极性和创造性，满足人民群众多层次、多元化医疗卫生服务需求"。2015 年，国务院办公厅再发《关于在公共服务领域推广政府和社会资本合作模式指导意见的通知》（国办发〔2015〕42 号），提出"在能源、交通运输、水利、环境保护、农业、林业、科技、保障性安居工程、医疗、卫生、养老、教育、文

化等公共服务领域，广泛采用政府和社会资本合作模式"。这一系列文件为建设包括公立医院在内的医疗卫生服务机构提供了政策指导。

但采用传统模式建设公立医院，需要一次性地投入大量资金。据估算，建设一家拥有急普门诊专业科室、医技科室、1500 床位的住院科室，医学科研、健康管理等功能较齐全、规模适当的现代化三甲综合医院的基础工程部分投资至少在 7 亿元以上。此外，还有人力资源投资，药物、医技设备购置投资以及后勤保障方面的其他投资等。这对地方政府而言，无疑是沉重的资金压力。如果采用引进社会资本的常规 PPP 模式建设，又因社会资本在项目公司中的完全控股地位而使医院不可能成为公立医院。在重大公共卫生突发事件发生时，这类私有性质的医院既不会主动抽调优质医疗资源，国家也无法调拨，从而不能体现公立医院的功能定位。为吸引社会资本的投资，减轻地方政府一次性投资压力，确保医院建成后的公"姓"地位及其独立性与公益性，特提出创新"后勤保障合作"PPP 模式加快公立医院建设的新思路。

"后勤保障合作"是基于部分基础设施与基础设施所承载的服务功能可以分离的规律而提出的。在城市公共服务基础设施中，有的基础设施只有一种服务功能，且设施与设施所承载的服务功能是融为一体、不可分割的。例如市政自来水管道，自来水管道承载输水服务功能，没有管道，就不能提供输水服务。管道也只有输水一种功能，若不再输水了，该管道便只能废弃。此外，公路、拦河坝、发电厂、污水处理厂等基础设施也一样。但有的基础设施有多种服务功能，而且设施与设施所承载的服务功能又是可以互相分离的。例如同一房屋建筑既可以用于人员居住，也可以用作储物仓库。承载医院功能的"基础设施"也属于这种情况。任何医院都由两大体系构成：一是"基本医疗服务体系"。该体系是指医疗资源要素与医院的管理，包括拥有专业医疗技术的医护人员、医技科研教学人员和医院管理人员等人力资源，药物、医疗器材、器械与设备等物质资源，以及医院内部严谨的组织架构、严格的管理制度与顺畅的运作机制等管理资源。这一体系也是医院的功能体系，是实现医院功能定位的综合系统。对公立医院而言，这是政府掌控的核心医疗资源。对此，政府有着不可动摇的主导地位。二是承载医院基本医疗服务体系的"后勤保障体系"。医院"后勤保障体系"是指满足特定医疗功能所需要的建筑物、构筑物，以及维护这些建构筑物，保障水电气供应、提供生活服务与安全保卫等的管理系统。它们是医院的"基础设施"。

医院的这两大体系是可以分开、独立运行的，具有可以互相剥离的特殊性。例如，医生可以到处游走看病、药品可以在任意药店购买、医技科教人员的工作也不限于此时此地等等。而"后勤保障体系"在不为"基本医疗服务体系"提供服务时，也可即刻改换门庭，为一切需要房屋建筑及后勤保障的商家、机构等提供服务。

公立医院的"基本医疗服务体系"涉及国家安全与重大公共利益，根据财政部《关于规范政府和社会资本合作（PPP）综合信息平台项目库管理的通知》（财办金〔2017〕92 号）的精神，它属于"不适宜采用 PPP 模式实施"之列。但"后勤保障体系"采用 PPP 模式建设却不受此限制，所以创新公立医院建设采用"后勤保障合作"PPP 模式成为可能。"后勤保障合作"是指以后勤保障服务体系为项目建设内容所进行的政府和社会资本的合作。社会资本方负责投融资、建设好"后勤保障体系"，包括上面举例所示的 7 亿元以上的基础工程建设及其维护、后勤安保等部分。政府在项目公司中可以出资持股也可以不出资不持股，但负有监管、绩效考核的责任。项目建成后，政府租下这些"后勤保障体系"，实现"后勤保障"租赁。然后，派出医技人员与医院管理人员，通过政府采购方式，购置医疗用品、药品、医疗器械仪器以及医技科研设备等，健全"基本医疗服务体系"，完成公立医院建设，并支付使用者付费（租赁费）。"后勤保障"租赁是以建筑物为租赁对象、以租用建筑物面积数量为支付租赁费依据的租赁行为。租赁费表象上以租用的建筑物面积数量为依据，但却包含了全部后勤保障服务所付出的成本及其新增价值。社会资本通过收取"后勤保障"的租赁费来收回投资并获取合理的投资回报，合作期满后，将全部资产产权移交给政府或其指定机构。

"后勤保障合作"PPP 模式落实了财办金〔2017〕92 号文件中关于涉及国家安全或重大公共利益的项目不适宜由社会资本承担建设运营的规定，回避了社会资本方介入"基本医疗服务体系"这一敏感话题。

三、"后勤保障"租赁，公立医院使用者付费的可行性

（一）"后勤保障"租赁是普遍的市场经济现象

随着社会的不断进步，社会分工更加细化，后勤保障服务社会化已成趋势，"后勤保障"租赁更是普遍的市场现象。现今，市场上绝大多数的商铺、工厂、实体公司的经营者无不是根据自己的财力、经营规模，在合适的时间、合适的地段、租赁合适的建筑物面积。这样投资小，压力小，收效快，"拎包入住"，省却了大量的物业管理等后勤保障上的成本。公立医院建设运营也可仿效。政府有了"基本医疗服务体系"各要素，有了核心医疗资源，再租赁符合医院规范要求的包括建构筑物在内的全部后

勤保障，符合普遍的市场经济现象。

（二）公立医院"租赁费"支出符合预算法及相关政策法规规定

公立医院支出租赁费是医院运营的必要支出，是医院的预算内支出，符合预算法和卫生部、财政部于 1988 年 2 月 2 日发布的《医院财务管理办法》的相关规定。

预算法第二十七条指出：一般公共预算支出按照其功能分类，包括一般公共服务支出，外交、公共安全、国防支出，农业、环境保护支出，教育、科技、文化、卫生、体育支出，社会保障及就业支出和其他支出。公立医院租赁用于运营的"后勤保障"，是卫生类的预算支出之一。

在《医院财务管理办法》中，更有多处明确规定。第四条规定，医院财务管理的范围包括预算管理、收入管理、支出管理、财产物资管理、货币资金管理等，以及财务分析和监督检查。第十六条规定，医院是差额预算管理单位，国家对医院实行"全额管理，差额（定额、定项）补助，超支不补，结余留用"的预算管理办法。医院的各项收支均纳入预算内管理。第十七条规定，医院预算是国家预算的组成部分。医院根据国家的有关方针、政策，按照主管部门下达的事业计划指标、任务，本着收支平衡的原则，编制医院预算。在第二十条的"医院支出预算的编制"中有 17 项支出内容，其中，第 14 项即为"租赁费"，"参照上年度执行情况和预算年度实际需要计算"。

（三）公立医院支出租赁费，在国家预算体系内运行，不形成地方隐形债务

在 PPP 项目合作期内，社会资本方或项目公司拥有项目内建构筑物的使用权和经营权。国家租赁项目内的建构筑物设立公立医院，为社会提供基本医疗服务，支付的租赁费为必要的"预算支出"。医院预算是国家预算的组成部分，按法定程序编制，然后逐级审核上报，最终纳入国家财政的总预算之中，使用时再经审批核准。"租赁费"完全在国家预算体系内运行，不占用地方政府一般公共预算 10% 的财承控制指标，不形成地方政府隐形债务。租赁费用逐年审批核准支付，从宏观角度上平滑了国家整体建设投资支出和一般公共预算支出。

（四）公立医院支付租赁费，提升了 PPP 项目使用者付费比例

合作项目的投资回报由项目租赁费收入和其他使用者付费收入两部分构成。租赁费是国家（医院）作为"后勤保障"使用者的付费；其他使用者收入包括停车场收入、餐饮商场收入以及其他非基础医疗服务的收入（例如，康养、美容类服务收入）。由此，PPP 项目的投资回报全部为使用者付费，使用者付费比例为 100%。

公立医院的"后勤保障体系"采用 PPP 模式建成后，社会资本方用租赁费收入和其他使用者付费收入收回投资并得到合理回报，符合《财政部关于推进政府和社会资本合作规范发展的实施意见》（财金〔2019〕10 号）关于 PPP 项目规范发展的精神。

（五）公立医支付租赁费，地方政府无筹资压力，也无超支之虑

在本 PPP 模式中，医院"后勤保障体系"由社会资本方投资建设，地方政府不投入任何资金，无集中投资压力。医院实现了后勤服务保障社会化，也没有了运行过程中庞大的后勤管理与琐碎的后勤保障之忧。租赁费以满足全投资回报率为上限，不会超出预算，控制了政府的支出总额。

四、租赁费计费基数、计算依据

（一）计算项目现金流入量

用全投资内部收益率（IRR）的公式计算项目现金流入 CI：

$$\sum_{t=1}^{n} (CI - CO)_2 (1 + IRR)^{-t} = 0$$

式中，CI＝现金流入量；CO＝现金流出量；$CI - CO$＝净现金流量；n＝计算期；t＝当年年份的序号；IRR＝内部收益率；$(1 + IRR)^{-t}$＝以内部收益率计算的复利现值系数。

在本 PPP 项目中：

全投资内部收益率（IRR）由《PPP 项目合同》约定，已知；

现金流出量 "CO"，可视为本项目的建设、运营维护总成本，已知。

现金流入量"CI"＝项目总收入＝租用总建筑面积×单位面积租金＋项目内其他使用者付费收入＝项目租赁费收入＋项目内其他使用者付费收入。

(二)计算项目租赁收入

项目租赁费收入＝CI－项目内其他使用者收入＝租用总建筑面积×单位面积租金。

(三)"激励相容"原则

鼓励社会资本方在不违规违法、不与"基础医疗服务"形成竞争的前提下，增加其他使用者付费的收入总量。

五、"后勤保障合作"PPP 模式，将为加快公立医院建设发挥十分重要的积极作用

上述分析证明，利用医院服务功能与"基础设施"可以各自独立运行的特性，可以将公立医院"基本医疗服务体系"与"后勤保障体系"分开建设。采用"后勤保障合作"PPP 模式，由社会资本建设公立医院的建构筑物等基础设施部分，解决地方政府资金紧张、筹资难的问题。政府完成"基本医疗服务体系"建设，实现公立医院维护国家公共卫生安全和社会重大公共利益的功能定位，符合 2019 年 3 月 7 日财政部财金〔2019〕10 号文关于"在公共服务领域推广运用政府和社会资本合作（PPP）模式，引入社会力量参与公共服务供给，提升供给质量和效率"的要求，必将为促进优质医疗资源供给侧结构改革，破解越来越突出的以公立医院为主的优质医疗资源供给不足与人民群众对优质医疗资源需求不断增长之间的矛盾，构建与国民经济和社会发展水平相适应、与居民健康需求相匹配的医疗卫生服务体系发挥应有的积极作用。

如何看待 PPP 项目
的"值"与"不值"

内容提要：

研究"物有所值"，不仅要研究商品交换中被交换商品的交换价格，也要研究交换商品的交换价格与价值相背离的价值，研究交换商品内含的外延价值。同时，PPP 项目是政府与社会资本合作的项目，也是以政府为主导的服务采购项目。因而，还应研究该项目的建设所创造的社会价值。"物有所值"是一个"交换"的概念、一个"比较"的概念、一个"有所值"的定性认定概念。物有所值是指在交易行为中，交易双方对自己的付出与收益进行价值衡量后的预期满足。核心是"衡量"，它包含着"有与无""这与那"的深刻比较分析。所谓"预期满足"，就是按照现在的分析与设想，认定未来的收益一定会大于现在的付出，因而它是"值"的。这个"值"，只能是在"一定会实现"的假设前提下对未来价值的认可。对 PPP 项目进行物有所值定性评价，是合作双方对合作项目是否长远有益所进行的项目外延值与社会价值的评判。

PPP 项目交易双方均要从"同一个"项目的建设运营上获得各自的预期收益：政府获得最大化社会公共利益，社会资本获得最大化资本收益，实现合作双赢。因而在项目合作的全过程中，双方必须有法律约束、有风险分担、有"激励相容"等机制相辅助，共同促使项目价值的实现。正是 PPP 项目的外延价值与社会价值奠定了 PPP 项目"物有所值"定性评价指标设置的理论基础。

关键词：物有所值　交换　比较　有所值

2015 年 12 月 28 日，财政部发布的《PPP 物有所值评价指引（试行）》（财金〔2015〕167 号）（下称"指引"），为今后 PPP 项目的物有所值评价指明了方向。《指引》明确指出：物有所值评价"现阶段以定性评价为主，鼓励开展定量评价"。在《指引》第三章的"定性评价"中，提出了六项基本评价指标和六项补充评价指标，规定了指标的权重和分值设计原则，文末还附了"物有所值评价工作流程图"和"物有所值定性评价专家打分表"两个附件。由此，以《指引》为依据，就基本可以进入物有所值定性评价的实操程序了。

本文拟就"物有所值"的经济学内涵和定义，以及对 PPP 项目"物有所值定性评价"的认识浅抒已见，为地方政府推行 PPP 模式提供参考。

一、"物有所值"非为"某种建设运营模式"而生

关于 PPP 模式"物有所值"的定义，从很多文章中看，大家理解不一，表述不一。如财政部财金〔2014〕113 号文的定义是"物有所值（Value for Money，VFM），是指一个组织运用其可利用资源所能获得的长期最大利益"。此外，PPP 专家学者及业内人士还提出了很多其他的若干种定义，其中，多从公私合作项目与其他采购方式项目相比能够提供更好的服务，或从政府与社会资本合作建设运营项目全寿周期成本与传统模式总成本相比，可以得到更多的价值增值等方面来定义物有所值。这些理解与定义，仁者见仁，智者见智，不以孰是孰非论。但仅从比较项目的建设运营采用某两种建设运营模式的角度来理解与定义物有所值，却存有商榷的余地。因为"物有所值"并非为"某种建设运营模式"而生。它是一个经济学术语，只是为分析评价一个拟建项目"可不可以"采用当今所拟议的"政府与社会资本合作（PPP）模式"建设运营而"借用"而已。

二、"物有所值"生于商品的交换之中

马克思揭示的最原始的商品经济是羊与牛的"物物交换"。当时双方衡量交换得失的标准是"社会平均必要劳动时间"，认为养一头牛所花费的"社会平均必要劳动时间"相当于养三只羊所花费的"社会平均必要劳动时间"，于是就有了"一头牛＝三只羊"的交换公式。但这时的交换还只是为生存而进行的原始"物物交换"阶段。交换的行为简单，我把一头牛给你，你把三只羊给我。交换的目的也很单纯，就是自身的生存或"换换口味"。随着生产力的提高、物质的丰富，交换变得频繁而复杂起来。"物物交换"已很不方便、很不适应了，于是出现了"等价物"——货币，形成了

以货币为中介的交换。

货币的出现改变了人们的交换形式，也改变着交换者的交换目的。用货币交换回来的物资（商品），不再只是满足现时为生存而吃用，而是为未来所需的储备与发展，以争取更长远的利益。例如，甲在用相当于三只羊的货币换回一头牛的时候，其目的已不只是吃牛肉了，而是另有盘算：他有一块水草丰饶的牧场，他要利用"已有"牧场的有利条件或者牧场可以进一步"扩大"的有利条件来繁殖牛犊，养更多的牛，产更多的牛肉，甚至还有牛奶与牛皮。然后，通过再次"交换"去获得更多的货币。由于有了这种长远利益的考量，甲就认定这种用"相当于三只羊的货币换回一头牛"的交换是"物有所值"了，甚至哪怕是多付了相当于一只羊耳朵的货币。乙用相当于一头牛的货币换回三只羊的时候，其目的也不只是吃羊肉。因为他也有规划：他有把羊肉加工成羊肉干、把羊毛加工成毛衣的技术，他想繁殖更多的羊，产出更多的羊肉和羊毛，并把羊肉加工成羊肉干、把羊毛加工成毛衣。正是因为有了这种长远利益的考量，乙也认定这种用"相当于一头牛的货币换回三只羊"的交换是"物有所值"了，甚至哪怕是多付了相当于一条牛尾巴的货币。在这里，甲乙双方不仅得到了各自需要的牛或羊，还因为可以以这种原始资源（牛或羊）为桥梁，分别去实现心中的规划目标——得牛者进一步扩大牧场，养殖更多的牛，发展牛奶和牛皮制品；得羊者发挥羊肉羊毛专业加工技术优势，发展羊肉干和毛线毛衣生产工业。于是双方都能扩大再生产，形成产业链，甚至由此而改变得牛者和得羊者今后的经营方向。在当时的牛羊交易中，当得羊者与得牛者都没有办法去核算各自养羊或养牛的真正成本的时候，就只能凭他们自己的经验、自己的资源，以及通过交换的商品与自己资源相结合所产生的未来美好期许去决策，认定交换所得商品"物有所值"了。于是，"物有所值"正是产生于这种对投资未来怀有美好期许的成功交易之中。

三、什么是"物有所值"

正本清源，从认识"物有所值"的本原说起。"物有所值"首先是一个"交换"的概念。在羊与牛互换的"物物交换"中，只因为羊主人和牛主人都有将手中的羊换成牛或将手中的牛换成羊的交换意愿，才有了我的羊换你的牛，或我的牛换你的羊到底"值"与"不值"的考量。羊和牛不准备进行交换，就无从谈"值"与"不值"的问题。第二是个"比较"的概念。当交换意愿变成具体的交换行为时，才有羊换成牛或牛换成羊"值"与"不值"的比较。即羊主人和牛主人才会去寻找羊换成牛、牛换成羊的交换"值不值"的价值标准。当时用以"比较"的标准是"社会平均必要劳动时间"。通过将养羊的人工看护、喂养饲料等折算成"必要劳动时间"与养牛的同样"必要劳动时间"进行比较，认为养一头牛所花费的"必要劳动时间"相当于养三只羊所花费的"必要劳动时间"。不"比较"就没有"值"与"不值"的界定。第三是"有所值"的判定概念。三只羊换一头牛的交易之所以成功，是羊主人和牛主人都自认为"值"。而"值"的衡量标准是各自都看中了未来的增值。因为他们都有自己的盘算：牛主人有扩大牧场，增加更多的牛肉、牛奶和牛皮的规划。羊主人有发挥羊肉羊毛加工技术特长，增加羊肉、羊毛和毛衣的规划。并且羊主人和牛主人都对未来规划所得的预期效益充满着信心。正是这三种概念与三个过程的综合才有了"物有所值"的真实内涵。

由此，笔者认为：物有所值是指交易行为中，交易双方对自己的付出与收益进行价值衡量后的一种预期满足。本定义回归了物有所值概念的本原，表达了如下三层意思：第一，物有所值产生于具体的交易行为中，交易中有确实的交易对象、确定的交易意向与合法的交易行为。第二，交易双方都有权力用自己设定的评价标准、期望目标"对自己的付出与收益进行价值衡量"。第三，衡量价值的标准是基于各自的现实需求与长远增值的考量。即交易双方通过比较与分析，认定了本次交易所得商品既能满足自己的现实需求，并且与自己所拥有或所掌控的资源相结合，能产生预期的更大更长远的利益。定义的核心是"衡量"，它包含着"有与无""这与那"的深刻比较分析，而进行比较、衡量、分析得出"预期满足"的过程就称为"物有所值评价"。

四、"物有所值"定性评价指标设置的理论基础

"等价物"货币的出现，使商品在交换时产生了"交换价格"。"交换价格"在"供求"因素影响下会发生"波动"。波动了的交换价格并不能反映商品的真实价值，于是就有了商品价格与商品价值的"背离"。在马克思主义政治经济学中，价格是商品内在价值的外在体现，是一串以货币为表现形式的，为商品、服务及资产所订立的价值数字。因而，价格是表象的，价值是内涵的。内涵的价值既体现于商品本身的使用价值上，例如，满足必要的数量、质量与可用性功能，又体现于商品的外延价值上。例如，牛羊主人对牛羊的互换，从各自单纯获取牛肉或羊肉以满足现时果腹之需外，还延伸至今后通过牛与羊而发展的产业链上。因为有了牛，使牛主人有了扩大牧场的条件，从而可以增加更多的牛肉、牛奶与牛皮。如果不换回新增加的牛，牧场只

是一块空长野草的处女地，也不会有新增的牛肉、牛奶与牛皮。有了羊，使羊主人能发挥羊肉羊毛加工技术的优势，从而新增了羊肉干、毛线与毛衣。如果不换回新增加的羊，羊肉和羊毛加工技术就没有用武之地，也不会新增羊肉、毛线和毛衣。

由此可见，交易双方对交易商品的"值"与"不值"的认识是各有理解、各有期盼、各有标准的。市场上也因此出现了三种购买者：第一种以价格为导向，只看商品价格，哪里便宜去哪里，认为在同类商品中，付出的钱少、买回的商品量多就"值"了。这是对单位货币购入商品的"量"的当期满足。第二种以使用价值为导向，在关注商品价格的同时，重点关注商品的使用价值。在同类商品中，花钱买的商品质量好，又与价格相匹配，货真价实也就"值"了。这是对单位货币购入商品的"质"的当期满足。这两种"值"都是很直观很现实的，只需要"比较"，不需要"评价"。这两种购买者是一种"货比三家"的比较型采购者。第三种以长远增值为导向，既关注商品价格，又关注商品的使用价值，更关注通过这次商品交易能给未来带来哪些长远价值。这是具有远见卓识的商业精英们的考量，他们不但进行了"比较"，更进行了"评价"。他们的眼光远大，思维活跃，就像买牛人和买羊人一样，超越了当次交易的得失，更看清了"山外之山"的长远价值的实现。他们通过评估与评价，确认用本次交易所得与自己资源相结合能否获得新的"发展过程、机会或者权利"而产生更大的长远价值，从而得出这次交易是"值"还是"不值"的结论。这是对单位货币购入的商品在"量"与"质"的当期满足的同时，对商品未来增值的预期满足。这种购买者是引进了"物有所值"的评价型采购者。

以上仅是商品所有者个人从被交换商品本身的使用价值与外延价值来理解本次交换的"值"与"不值"。但通过交换，客观上又产生了另一种为私有化商品所有者个人并不关注，而为代表社会公共利益的政府所特别关注的价值。那就是，无论是原始的"物物交换"还是以货币为"等价物"的大规模市场化交换，都在实际促进着商品生产的发展、商品流通的加快、商品交换中管理的提升、社会资源的重新配置以及供给侧结构的调整。这是一种由商品交换所产生的重大社会价值。

所以，研究交换商品的"物有所值"，一要研究交换商品表象的交换价格，评估自己的购买能力。二要研究交换商品内含的使用价值，以保障换回的商品能充分发挥可用性功能。三要研究商品内含的外延价值，研究通过本次交换，未来能得到什么样的"发展过程、机会或者权利"。四是作为国家行为的采购（货币与物资或服务的交换）项目，还应研究与评价这种交换所带来的社会价值。

PPP 项目"物有所值"定性评价正是研究了 PPP 项目外延价值与社会价值的表

现特征，才设置了相应的定性评价指标。财金〔2015〕167 号文件设置的全生命周期整合程度、风险识别与分配、绩效导向与鼓励创新、潜在竞争程度、政府机构能力、可融资性等六项基本评价指标，以及项目规模大小、预期使用寿命长短、主要固定资产种类、全生命周期成本测算准确性、运营收入增长潜力、行业示范性等六项补充评价指标，均已超出了被评 PPP 项目本身的价格与使用价值范畴，而是延伸到了本 PPP 项目的实施对社会的影响以及由此所产生的社会价值。这些社会价值的大小，又以专家的评分分值来量化。因而，这十二个指标是被评 PPP 项目外延价值与社会价值的反映。同时，反过来，以政府为主导的采购项目所具有的外延价值与社会价值也为 PPP 项目定性评价指标的设置奠定了理论基础。

五、用法律约束和激励相容机制促进 PPP 项目物有所值的实

　　财金〔2015〕167 号文设置的十二个评价指标能较好地评价一个拟建项目采取 PPP 模式建设与采用传统政府投资模式建设相比，到底"值"与"不值"。这些指标的设置是从评价实践中来的，又是对评价实践的总结与提炼。但 PPP 项目物有所值评价"通过"的结论只是一个"预期满足"。所谓"预期满足"，就是按照现在的分析与设想，未来收益一定能实现，并且收益一定能大于付出。而实际上，这个"预期满足"却具有很大的不确定性。其原因在于，现在一切被定性的结论、被量化的收益（价值）都是在环境稳定、执行顺利、过程阳光、假设等于真实的理想条件下的预测结果。然而，这只是美丽的憧憬。PPP 项目在长达十几年甚至二三十年的全生命周期中，日转星移、寒来暑往，项目外部的政治经济形势、科学技术发展、市场供应与需求变化、人事更替以及项目本身技术能力的衰减等均存在太多的、无法预测的变数，用以评价的相关假设会大大偏离实际。由此，无论你的预测手段是多么的科学、高明，不到项目全生命周期终结，谁也不能保证这些定性的结论、被量化的预期收益（价值）一定会实现。所以，你认为的"值"，只能是在"一定会实现"的假设前提下对未来价值的认可。

　　同时，PPP 项目的物有所值评价，与牛主人和羊主人在牛羊交换中的物有所值评价有着本质的区别。牛主人和羊主人在牛羊相互交换中是简单的交易行为，是私有资本间的博弈。双方对"交换商品"的物有所值评价，是对"两个不同交换商品"的评价，是站在各自立场上，用对方商品与自己所拥有或所掌控的资源相结合，对未来价值是否最大化而进行的权衡。待交易完成后，双方便各自拿着交换来的商品分道扬镳了。今后的"过程、机会或者权利"全靠自己去争取与创造，利益也各不相干。但 PPP 项目不一样，交换中的一

方是政府，一方是社会资本。PPP 项目合作双方进行物有所值评价的是一个将要共同建设运营的项目，并均要从"这个"项目的建设、运营上去争取"发展过程、机会或者权利"而获得各自的预期收益的满足。合作双方所拥有和所掌控的资源不一样，对未来的期望也不一样。政府考虑的是社会公共利益最大化，社会资本考虑的是资本收益最大化。为在PPP 项目的合作过程中实现合作双赢，必须有法律约束和风险分担，要制订"激励相容"等机制，鼓励双方为创造更多的集体利益而努力，以共同促使项目预期效益的实现。

六、"物有所值"定性评价为城镇基础设施建设打开了思路

财政部财金〔2014〕76 号文件对推广运用 PPP 模式寄予了很高的期望。该文指出："当前，我国正在实施新型城镇化发展战略。城镇化是现代化的要求，也是稳增长、促改革、调结构、惠民生的重要抓手。立足国内实践，借鉴国际成功经验，推广运用政府和社会资本合作模式，是国家确定的重大经济改革任务，对于加快新型城镇化建设、提升国家治理能力、构建现代财政制度具有重要意义。"这是国家为实现社会公共利益最大化进行的经济制度的顶层设计，也是采用 PPP 模式加快城镇基础设施建设的初衷。但不是所有城镇基础设施项目都可以采用 PPP 模式建设，开展物有所值定性评价是确定拟建项目"可不可以"采用 PPP 模式建设的第一个决定性步骤。

以某市一个桥梁项目的建设为例。位于河东的古老城市已人满为患、拥挤不堪，经济发展受到严重制约。河西人烟稀少，资源丰富，拥有大量可供开发的处女地。市政府早已制定城市经济发展规划，拟将城市西扩，将河西拓展为新城区，并拟先建桥以解决交通问题，为河西的开发创造条件。然而，因为一次性投资巨大，市政府财力不济而多年未能成功，规划一直搁浅。现政府拟采用 PPP 模式建桥，请就可不可以采用 PPP 模式建桥提出决策建议。

如果就桥评桥，它不过就是一项能让人车抵达彼岸的设施，这也是桥的功能与使用价值。因而，可能只会关注桥的功能实现以及投资的付出与收益，并为建桥资金、建设成本、运营维护、过桥收费定价、收取时限以及风险责任等现实难点而头痛。甚至为符合某种意图而人为操纵，使分析评价不能真实反映桥梁建设的价值。由此，必然影响甚至动摇政府与投资者的信心。但如果从"物有所值"定性评价本意出发，根据桥的建设能够实现市政府原定的城市西拓的城市经济发展规划，能促进河西土地开发，能吸引更多社会投资发展新的产业，为本市社会经济发展带来新的经济增长点，能增加大量创业与就业机会，有利于加快推进本市新型城镇化建设，能加快政府管理

职能转变、提高政府治理能力等长远而深层次的社会价值因素和外延价值因素来评价，使桥的建设有一种新增价值的预期满足，又必是另一番结论。由此，"物有所值"定性评价能改变政府与投资者的投资理念，为城镇基础设施采用 PPP 模式建设打开新的思路。

七、结束语

物有所值定性评价是对拟建项目"可不可以"采用 PPP 模式建设，在识别阶段所做的外延价值与社会价值的初步评价。财金〔2015〕167 号文设置的十二个评价指标对开展 PPP 项目物有所值发挥了积极作用。但根据几年的 PPP 工作实践来看，其评价指标体系还有继续研究、补充、完善的空间。例如，建议增加能反映关于与区域经济发展规划的衔接与适应、与生态环境质量的改善与提升、与新型城镇化建设的加快与促进，以及与本项目相关联的其他发展机会的指标。通过对于这些指标的评价，可以使政府看到实现社会公共利益最大化的目标，也使社会资本方看到新的潜在投资机会，从而更坚定拟建项目可以采用 PPP 模式建设的信心。